蔡呈腾 / 著

科学史上的动人时刻

伟大的走钢丝者

WEIDA DE ZOU GANGSIZHE

天津出版传媒集团
天津科学技术出版社

图书在版编目（CIP）数据

科学史上的动人时刻．伟大的走钢丝者／蔡呈腾 著
—天津：天津科学技术出版社，2018.6

ISBN 978-7-5576-3085-0

Ⅰ．①科… Ⅱ．①蔡… Ⅲ．①自然科学史－世界－普及读物 Ⅳ．①N091-49

中国版本图书馆 CIP 数据核字 (2017) 第 144467 号

责任编辑：吴文博
责任印制：兰 毅

天津出版传媒集团
天津科学技术出版社

出版人：蔡 颢
天津市西康路 35 号 邮编 300051
电 话：（022）23332369 23332697（发行）
网 址：www.tjkjcbs.com.cn
新华书店经销
浙江开源印务有限公司印刷

开本 787×1092 1/16 印张 15.75 字数 270 000
2018 年 6 月第 1 版第 1 次印刷
定 价：59.80 元

自序

写这样一套书，劳心劳力，仅仅为了满足个人许久之前的一个梦想。但我到现在还是不确定，自己的初衷是否已经得到满足。

初衷是什么？

无非就是想为正在学习《科学》的朋友们和教授《科学》的教师们讲点儿科学知识本身的前世今生。这种“初衷”是宏大的，我相信以自己的能力，不可能完全实现。但应该有个完成的“度”，如果真能实现那么几成，也够欣慰的。

最初写这一系列文章，纯粹是因为杏坛中挥斥方遒（qiú，坚固，雄健有力）后的激情余韵缭绕，兴之所致去挖掘和索引章句。一旦扎入纸堆中发现了有意味的东西后，兴奋莫名！觉得如果能把教材中每个章节的科学知识背后的“故事”讲出来，对学习科学知识应是如虎添翼。所以，写文章也是“放任自流”般任意涂抹，随意想到哪里就写到哪里，没有系统和章法的约束。但自从知道要把这些文字变成学习者的“参考资料”出版后，就变得庄严起来，压力也随之而来。

这套书预计出版六册，以“科学史上的动人时刻”为线索去探索科学史上有科学精神内核的故事，再分别以《寻找层级世界》《变化的世界》《不再孤独》《谁是主宰者》《伟大的走钢丝者》《大同世界》为主题分别阐述。每篇文章都从一个科学事实中挖掘科学史上的动人故事。在这些文字中力求简要地陈述科学事实，显露科学发现过程中的能力与方法，并能在文字中流露出一定的科学精神。总而言之，这是科学史和科学哲学的文字。

粗略一算，这套书能写成百万字的“皇皇巨著”。但这“皇皇巨著”只能形容它的篇幅，并不能形容它的深度。

近几年一有业余时间，就投入到科学史海中去索引钩沉。每每想至此，脑中总是跳出"皓首穷经"四个字来。

皓首，是真实的！写这套书，是从不惑之年开始的。原本一头乌黑的、雄姿英发的秀发，仅仅过了两三载之后就雄风不再。流年呐！华发早生，你奈何带来两鬓斑白！

穷经，则过于夸大！虽然不特意做义理考据，但为了写好每一篇文章，还是从实体图书馆、自家藏书、网络图书馆、文库、学术杂志等当中去寻找、考究、印证。每当遇到不同来源的信息有矛盾时，就需要反复比对、研判、分析、抉择。这里就有犹豫的烦恼。尤其是面对网络资料，信息芜杂，良莠不齐。有些信息通过比对后，发现根本就是以讹传讹。所以，对网络上的信息，最后的选择一般以有出处为准；如果都有出处，则选择更知名的学术单位。而中文科学史资料的匮乏也在寻找资料的过程中体现出来，这不得不求助国外的资料库。有时就为了确认一个不知名的人名、一件不确定的小事和可有可无的年代而不断消耗时间与精力。

书中的内容并非仅仅是呈现某个科学事实，而是利用这些科学事实来表达我个人的科学哲学观点。如《科学仪器是形而下的"器"》《幸运砸中了伦琴这颗有准备的脑袋》《既生牛顿，何生胡克》《试管婴儿：创造奇迹还是屠戮生命》《食蛙时的罪恶感》《双性人，那是上帝的意外！》《神化"牛顿"》《向阿基米德学习什么样的科学精神？》《世界矾都的明矾命运》《一部化学元素发现史几乎就是一部化学史》《舍勒的遗憾》《伽利略为何成为"异端"》等，这些章节的标题就能大概地流露出我的"思想野心"，其中流淌的科学思想内核正是科学哲学所要赋予的科学素养。

最重要的是，文章中的所有文字是个人精心创作，特别是文字的个性化，体现得尤为明显。

但是，我不是科学史和科学哲学的专业研究者，也没有科学史和科学哲学的专业背景，而仅仅是在二十多年教授自然科学的实践中和阅读自然科学专著典籍的过程中，有所思、有所悟，把所思、所悟付诸实践而已。

不管是阅读，还是著作，不同科学史家对科学史秉持的科学哲学观是不同的。

实证主义科学史观认为，科学是实证知识，科学史是实证知识的积累史，而实证知识也是通过经验而确证的知识；但他们忽视了科学思想观念，特别是思辨性的东西。英国著名科学史学家乔治·萨顿的巨著《科学史导论》就是实证主义科学史观的代表作。

观念论科学史观认为,科学本质上是观念,科学观念的发展是内在的和自主的,科学史是观念更替的思想史。观念论科学史观把注意力集中在科学观念的内在演变之上,比较关注与科学观念相关的哲学史和思想史。如俄裔法国人亚历山大·柯瓦雷的《伽利略研究》就是其中的代表。

科学社会史观认为,科学本质上是一种社会活动,而社会的物质资料的生产方式决定社会的上层建筑和意识形态,所以他们关注科学的社会原因。如英国晶体学家、科学史家贝尔纳的《历史上的科学》就是其中的代表。

还有一种科学史观为"辉格史",它是英国历史学家赫伯特·巴特菲尔德创造的一个编史学概念。科学辉格史观从当下的眼光和立场出发,把科学史描写成朝着今日目标发展的进步史。这种编史方式,过分注重现在,反而忽视了过去,忽视了真正意义上的科学发展历史。澳大利亚史学家舒斯特的《科学史与科学哲学导论》就是一本科学辉格史专著。

这套书秉持什么样的科学史观?

还是让读者自己去辨别吧!

但这里需要说明的是,从一开始就不想把此套丛书写成只能成为专业人士阅读的书籍,而是想成为非科学专业人士也能阅读的通俗著作。所以,书中的文字尽量直白、轻松,尽量不引入公式、符号等专业性、抽象性强的内容,每篇文章的切入尽量从平常生活开始。书中的资料来源,由于受到时间、精力、能力的限制,不可能全是一手的,但即便是二手资料,也是经过多方面比对后精心而慎重选择的结果。当然,还是那句话,科学资料的呈现不是目的,目的是蕴含在科学资料背后的科学思想和科学精神。

书中内容难免存在纰漏,恳请提出宝贵意见和建议。为了及时将你的意见或建议反馈给我,可关注微信公众号。扫描下方的二维码,或搜索公众号"科学教师读书",可在任何一篇文章下留言,我会及时回复。

作揖感激!

蔡呈腾

2017.11.1

伟大的走钢丝者

自然界中的万物都在运动着,变化着,从一种状态变成另一种状态,从一种物质变成另一种物质,从一种能量变成另一种能量……这些都是自然界最基本现象。变化,意味着打破原来的平衡。世界就是在不断地发展中,但发展是有方向的,有限度的,这就需要建立一个新的平衡。伟大的自然就存在着这股神秘的力量,他不会让自然发展犹如脱缰野马任意驰骋,他总是像一位经验老到的牧马人,随时挥舞着马鞭指点着马群奔驰的方向。自然界就是一位伟大的走钢丝者,他总是在打破原有平衡与建立新平衡之间找到最佳的契合点。

酸碱盐氧化物等物质之间的转化,成为无机化学的重要组成部分。自从阿伦尼乌斯创立了电离理论之后,电解质之间的转化找到了平衡的理论依据。而索尔维和侯德榜们,就是在转化之间,发现了这个变化的物质世界处于不断地失去平衡与建立新平衡之间。

金属与酸的反应,金属与盐的反应,都能反应出金属的活泼性。而有机物的形成,特别是新型的人工合成的有机物,已经占据了我们的日常生活,它们的转化更值得我们去关注。自然界中的天然物质的性质并非都能满足人们所愿,人们还是在伟大的走钢丝者的“操控”下,小心奕奕地在按照自己的意愿改变着物质的结构和性能。

在迈尔、焦耳、亥姆霍兹等科学家发现能量守恒定律之前，人类的思维触角还没有伸向能量的领域。而当人们真正进入能量的领域后，发现自然界这位伟大的走钢丝者不但在物质转化领域是位平衡高手，在能量转化领域更是一名不折不扣的“平衡主义者”。人类发现自然界是位“伟大的走钢丝者”这个奥秘，离不开历代科学家、发明家和工程技术人员的呕心沥血。他们发现，这位平衡高手总是在努力地在转化过程中，使能量更多的流向人类可利用的方向。在能量转化的过程中，任何逆“平衡”的想法和做法，都是不被那位伟大的走钢丝者所包容的，所以发明永动机之类的违背能量守恒的行为，都是徒劳之举。

新陈代谢包括了物质和能量两方面的转化，他们同样要接受那位伟大的走钢丝者的“约束”。当我们去探索食物的成分，寻找膳食在人体转化过程中的营养平衡时；当我们在追寻发现血液循环艰辛的历程中，寻找血液的稳定与平衡时；当我们在观察人体作为统一的整体而总是处在平衡的状态时……我们不得不惊叹，那位走钢丝者在看似摇摇欲坠的前行中又能坚守着平衡。

目录 Contents

第 3 章　亦步亦趋追随走钢丝者

第 4 章　怀着平衡心追寻走钢丝者

ZHUIXUN
ZOUGANGSIZHE DE ZUJI

第1章 追寻走钢丝者的足迹

在化学世界里，电解质之间的相互转化，自有其规律可言。这些规律从拉瓦锡的“氧化学说”与酸理论开始，经过玻意耳写了那本让他彪炳青史的《怀疑的化学家》，再到成就阿伦尼乌斯的酸碱理论，长江后浪推前浪，后浪往往成为伟大的走钢丝者。犹如索尔维和侯德榜，在平衡的世界里都有他们一显身手的天地。

触目惊心的重金属中毒事件

在这个现实世界中，总有那么几件事让人牵肠挂肚，总有些问题让人百思不得其解，甚至有时对这些“不解的问题”感到困惑，迷惘。只要看过“朱令案”的人，大都会产生这种“不良”的情绪。

朱令，北京人，1973年生，1992年考入清华大学。作为中国著名高等学府的高才生，朱令多才多艺，有清华大学“才女”之誉。但天妒红颜，朱令于1994年和1995年两次遭人蓄意用铊（tā，一种金属元素，用来制造光电管、低温度计、光学玻璃等。它的盐类有毒，用于医药）下毒。起初，医生对朱令莫名掉发、头痛等怪异病症束手无策；后经当时就学于北京大学的朱

毒金属危化品竟随意网购

令高中同学通过互联网向全世界“求救”，最后才被医生确诊为“金属铊盐中毒”，属于重金属中毒。随后，医生很快就用普通工业颜料普鲁士蓝给朱令解毒。但经过这么长时间的“折腾”，虽然普鲁士蓝已将朱令体内的铊基本排除，但由于重金属中毒的不可逆性，朱令还是留下了可怕的后遗症：双目几近失明，体重暴增，全身瘫痪，大脑轻度萎缩，失去了生活自理能力，只能坐在轮椅上行动。曾经的花样年华和美好青春一去不复返，令人扼（è）腕叹惜，甚至有点儿惊悚。加上朱令的父母已经年迈，仅仅依靠微薄的退休金维持一家三口的生活。而据网友猜测，被怀疑向朱令投毒的室友孙某，也曾一度被警方控制，但因为种种原因而使这场投毒案因“证据不足”而无疾而终。孙某也已经秘密前往美国生活，“朱令案”就成了悬在许多知情者心头的一种痛，成为国人难以释怀的一件郁闷事！

医疗上可以用普鲁士蓝来解铊中毒，就是因为普鲁士蓝中的铁可以置换铊盐中的铊，形成不溶性物质，使铊能随粪便排出体外。

七擒孟获

中国古代历史上是否也发生过重金属中毒事件？正史上几乎没有任何记载。但元末明初小说家罗贯中[①]在章回体小说《三国演义》中对“诸葛亮七擒孟获”一事进行了演绎渲染。在《三国演义》第89回“武乡侯四番用计，南蛮王五次遭擒”中，当孟获被诸葛亮四次擒获后，孟获还是不服，诸葛亮又放了他。此

① 罗贯中（约1330～约1400）是元末明初小说家，《三国志通俗演义》的作者。《三国志通俗演义》（简称《三国演义》）是罗贯中的力作，这部长篇小说对后世文学创作影响深远。

时正值农历五月，天气非常燥热，诸葛亮在行军渡过泸水（今云南东川铜矿区附近）后，由于长途跋涉，将士们个个口干舌燥。正在此时，士兵们发现了有一眼泉水，立刻争先恐后地去取泉水解渴。虽然泉水味道苦涩，但因为实在是口渴难忍，许多将士还是喝了这眼泉里的泉水。可怕的事情发生了，“比及到大寨之时地，皆不能言，但指口而已”，所有喝过泉水的士兵都变哑了！后来，将士们找到了当地一个富有经验的老药农，才知道他们饮用的是“哑泉”之水。饮用“哑泉”之水的人，轻者声音嘶哑，重则中毒身亡。很神奇的是，当将士们向药农求救解药时，药农指引那些喝过“哑泉”之水的将士们喝不远处的另一口泉水，那些变哑的士兵得救了，于是他们把这口救命泉称为“安乐泉”。

用现代化学知识解释，“哑泉”的泉水中含有硫酸铜，正是铜离子使声带细胞的蛋白质变性，破坏了声带的功能；而“安乐泉”中含有氢氧化钙，可以使铜离子转化为沉淀物氢氧化铜而通过消化道排出体外，不会被消化道所吸收。

北宋著名科学家沈括[①]在他著名的《梦溪笔谈》里也有关于“苦泉”的记载。在江西信州铅山县就有一口“苦泉”，“流心为涧。挹（yì，舀，把液体盛出来）其水熬则成胆矾（硫酸铜晶体），烹胆矾则成铜。熬胆矾铁釜，久之亦成铜。水能为铜，物之变化，固不可测。”这里沈括并没有提及这口“苦泉”有没有使当时百姓中毒，但他在这里介绍了两个非常重要的化学反应，一是“烹胆矾则成铜”，加热硫酸铜晶体后进一步反应得到铜；二是“熬胆矾铁釜，久之亦成铜”，即用铁把硫酸铜中的铜置换出来。由此可知，在古代的中国，确实就有“苦泉”或“哑泉”之类的存在，误饮此泉水的人带来的中毒反应，肯定也不少。

所谓重金属中毒，是指相对原子质量大于65的重金属元素或其化合物引起的中毒，如汞中毒、铅中毒等，其实质就是重金属离子通过血液进入人体细胞，使细胞中的蛋白质变性，破坏细胞结构。这种中毒是不可逆的，能

① 沈括（1031 ~ 1095）是我国北宋政治家和科学家。其一生致于科学研究，在众多学科领域都有很深的造诣和卓越的成就，被誉为“中国整部科学史中最卓越的人物”。其名作为《梦溪笔谈》，内容丰富，集前代科学成就之大成。

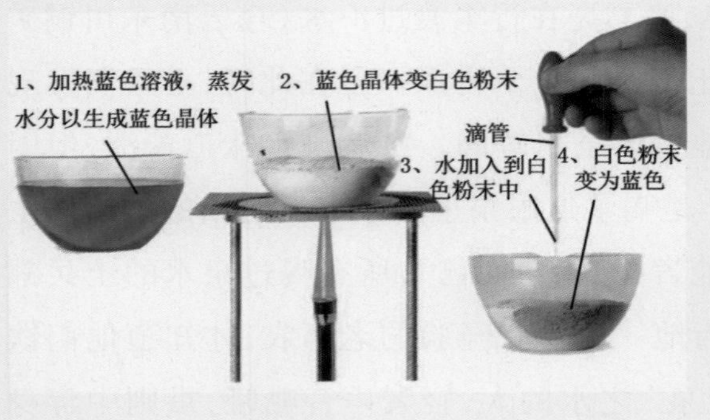

硫酸铜遇水变色

够解毒的方法，就是利用其它化学试剂，使这种重金属离子转化为不溶物，排出体外。

虽然，类似于“朱令案”的人为利用铊投毒的事件不是孤例，但这些事件毕竟是小概率事件。真正发生重金属中毒的大规模的事件，在历史上还是触目惊心的。

铁和硫酸铜的置换反应

从 1949 年起，位于日本熊本县水俣（yǔ）镇的日本氮肥公司开始制造氯乙烯和醋酸乙烯。制造氯乙烯要使用含汞的催化剂，但这些含有汞的废水未经处理就排放到水俣湾。到了 1954 年，居住在水俣湾周围的人和猫开始出现一种奇怪的症状，患这种怪病的人步态不稳、抽搐、手足变形、神经失常、身体弯弓高叫，非常痛苦而恐怖，直至死亡。经过近十年的分析，日本科学家终于找到了幕后黑手——工厂排放的废水中的汞，人们也将此怪病以地名命名，称之为“水俣病”。这些含有大量汞的废液被水生生物食用后，在体内转化成甲基汞；甲基汞又通过鱼虾进入人体和动物体内，侵害脑部和身体的其他部位，引起脑萎缩、小脑平衡系统被破坏等多种危害，毒性极大。据初步估计，当时日本食用了水俣湾中被甲基汞污染的鱼虾的人数达数十万。而 1972 年日本环境厅公布的数据表明，水俣湾和新县阿贺野川下游就因为汞中毒有 283 人，其中 60 人死亡。这就是著名的“水俣病事件”。

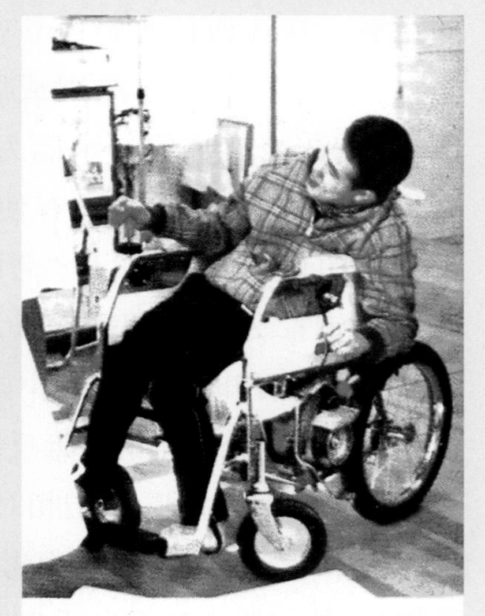
水俣病患者

在各国工业发展之初，工业发展带来经济繁荣的同时，也往往带来严重的环境污染问题，严重威胁着人们的身心健康和生命安全。同样在日本，1955 ~ 1972 年富山县神通川流域，就发生过著名的“骨痛病事件”。该事件是因为处于平原神通川上游的神冈矿山在从事铅、锌矿的开采、精炼及硫酸生产，因为采矿过程及堆积的矿渣中产生的含有镉等重金属的废水长期直接流入周围的河流中，神通川流域两岸的居民利用被污染的河水进行农田灌溉，导致水田土壤、河流底泥中产生了镉等重金属的沉淀堆积。镉通过稻米进入人体，首先会引起肾脏障碍，逐渐导致软骨症。在妇女妊娠、哺乳、内分泌不协调、营养性钙不足等诱发原因存在的情况下，使妇女得上一种浑身剧烈疼痛的病，称为痛痛病，也叫骨痛病。患这种病的患者，严重者全身多处骨折，在痛苦中死亡。据统计，从 1931 年到 1968 年，神通川平原地区被确诊患骨痛病者有 258 人，其中 128 人死亡，至 1977 年 12 月又死亡了 79 人。

骨痛病患者

骨痛病发病区域图

进入 21 世纪以来，中国大陆居民也饱受环境污染事件的困扰与迫害，其中重金属污染事件频发，最著名的就是血铅事件。

所谓血铅，指的是血液中铅的含量超过了正常值，造成铅中毒。血铅会引起机体的神经系统、循环系统、消化系统的一系列异常。铅元素对人体无任何生理功用，最理想的血铅浓度为零。但环境中铅是普遍存在的，这些铅难免会进入人体。儿童对铅的毒性特别敏感，研究发现，血铅水平在 100 微克 / 升左右时，成年人还不会表现出特异性的临床表现，但已经对儿童的智能发育、体格生长、学习能力和听力上造成不良影响。

近年来发生的血铅事件不少，以下仅择其中几件叙述之：

从 2006 年开始，甘肃徽县有色金属冶炼公司造成了 300 多名儿童血铅超标，其中中重度铅中毒的儿童达 62 名。

2007 年 12 月 12 日，河南省卢氏县环保局领导集体被诉，起因就是该县的一家早就该关闭的高污染粗铅冶炼厂，不仅没有被当地环保部门依法关停，反而多次扩大规模，在环保局工作人员的眼皮底下非法生产 7 年之久，最终导致附近居民 437 人铅中毒，造成了严重的铅中毒事件。

2009 年 8 月，陕西凤翔县因铅污染而发生大规模的血铅中毒事件，在抽检的 731 名儿童中有 615 人血铅超标，其中 166 人中重度铅中毒。

2009 年 9 月，福建龙岩市上杭华强电池公司在生产过程中排放含铅的烟尘和废水，导致 120 人血铅中毒，1 人轻度铅中毒。

2009 年 10 月，河南济源市因铅冶炼企业污染环境，造成 1000 余名 14 岁以下儿童血铅超标，血铅值都在 250 微克 / 升以上，达到中重度中毒。

2010 年 2 月，湖南嘉禾县爆发儿童血铅超标事件。该事件的始作俑者就是铅企业腾达公司，该公司曾被市、县两级环保部门几度叫停。但他们视国法为儿戏，视民众生命健康为草芥（小草。比喻不足珍惜的无价值的东西），在利益的驱使下我行我素继续生产。

2010 年 12 月 25 日起，安徽怀宁县高河镇新山社区的儿童有血铅中毒迹象，这些儿童陆续被送至安徽省儿童医院接受血铅检查，结果发现有 228 名儿童血铅含量超标，其中超过 250 微克 / 升的儿童 23 名。

2011 年 3 月，浙江德清县海久电池公司周边陆续发现血铅超标患者，检测发现有 332 名为血铅超标者，其中 99 名为儿童。

2011 年 3 月中旬，位于浙江台州市路桥区峰江街道的台州市速起蓄电池有限公司引起的铅污染，造成当地居民血铅超标168人，其中儿童53人，需要驱铅治疗3人。

2011年5月30日，根据广东省人民政府调查组技术组的调查报告，检测广东河源市紫金县三威电池有限公司周边村民血样2231份，结果发现其中血铅超标者254人，达到血铅中毒标准者96人，其中儿童57人。

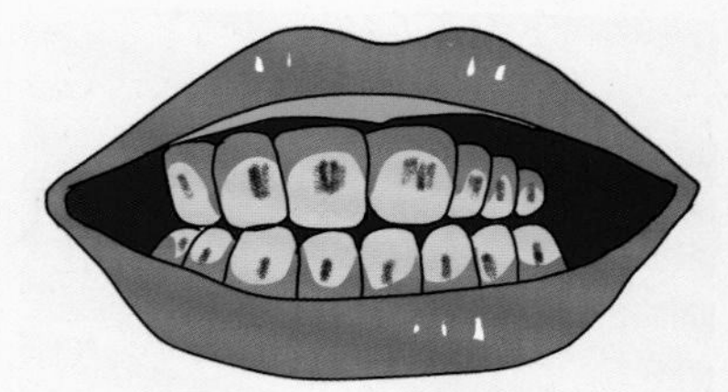
血铅中毒引发的牙齿发黑

此外，镉污染事件也频发。2009年8月，湖南长沙湘和化工厂造成的镉污染事件正式被确认。在这次被检测的的2888人中，有509人镉超标，多人因镉中毒而死亡。2014年，广西壮族自治区大新县五山乡三合村的大新铅锌矿已造成周边部分居民患严重的“骨痛病”。

以上所举的仅仅是重金属中毒事件中的冰山一角，现实远远比这些更触目惊心。

对此，一方面国家要出台相应的法律法规，对不符合排放标准的企业的违规行为，追究责任人的刑事责任，使这些人永远失去办企业的权利；另一方面，每一个公民都要增强法律意识和生命安全意识，一旦发现自己或他人的生命安全受到威胁，除及时就医等自我保护外，还要及时向相关部门反映，坚决抗争。

拉瓦锡的氧化学说与酸理论

提起拉瓦锡[①]，我们首先想到他是“近代化学之父”，是法国的贵族，包税官，最后还被送上了断头台。我们姑且不论拉瓦锡在18世纪末的法国政治舞台上到底扮演什么角色，单从他被称为“近代化学之父”，就可知他在近代化学领域对化学发展的贡献，除了我们所熟知的发现质量守恒定律和氧气外，他还建立了燃烧的氧化理论。而正是在氧化理论中，拉瓦锡构建了他的酸理论体系。

① 安托万-洛朗·德·拉瓦锡（Antoine-Laurent de Lavoisier，1743～1794）是法国贵族、著名化学家和生物学家，被广泛认为是人类历史上最伟大的化学家，被后世尊称为“化学之父”“现代化学之父”。可参阅《谁是主宰者》一书中的《化学家拉瓦锡的开创之举》一文。

早前，许多科学史学家都不把拉瓦锡的酸理论当回事，认为它是错误的，毫无学术价值。英国化学史学家柏廷顿[1]就是持这种观点与态度的代表，在他著名的四卷本《化学史》著作中，几乎完全忽视了拉瓦易对酸的贡献。但是，越来越多的科学史学家在对待科学发展观的问题上，越来越客观。他们认为，在科学发展的过程中，科学的进步不仅仅只由那几位“成功”的科学家书写，科学史著作的编写，也不能仅仅是让那几位“成功”的科学家当主角，科学发展是复杂的、多样的、丰富的，这其中当然少不了众多在科学发展过程中的“失败者”，如果没有这些“失败者”作为配角，如何体现主角们工作的精彩与艰辛！何况，拉瓦锡的酸理论并非如之前化学史学家们所认为的一无是处，它对构建酸的科学理论，奠定了不可忽略的基础。20 世纪 70 年代，化学史学家们再也不能无视拉瓦锡对酸理论的贡献，他们纷纷在专著、编写的教材中表示，如果在酸理论的发展过程中缺少了拉瓦锡的存在，这场化学发展史上精彩纷呈的盛宴就会变成仅由几位成功者自我陶醉的小型庆功会，从而根本无法反映真实科学应有的“热闹”与“纷杂”。于是，许多化学史学家纷纷又在他们的著作或编写的书中，不惜笔墨地加上了拉瓦锡的贡献，使这场原本就非常精彩的学术发展史更加丰富，也更符合它的真实情况。这些化学史学家表示，拉瓦锡的酸理论在 18 世纪的很多化学现象中给出了令人满意的解释，也只有事后诸葛亮才会无端指责它的“科学性”。拉瓦锡的酸理论，就像其他任何科学理论在发展过程中所经历的一样，仅仅是科学理论构建之前的一个发展阶段，是不可或缺的过程；如果从科学理论发展角度来看，拉瓦锡的酸理论在某个小范畴内是科学的。而最重要的是，拉瓦锡的酸理论为化学家构建更科学的酸理论打下了良好的基础。

在介绍拉瓦锡对酸理论的贡献之前，我们有必要先了解一下 18 世纪化学发展的情况。

在 18 世纪的欧洲，化学理论体系被“燃素说”占据。德国医生和化学家施塔尔和他的老师贝歇尔[2]所建立的“燃素说”正是当时化学发展的理论基

① 詹姆斯•里迪克•柏廷顿（James Riddick Partington，1886 ~ 1965）是英国化学家和化学史学家。

② 乔治•恩斯特•施塔尔（Georg Ernst Stahl，1659 ~ 1734）是德国的化学家、医生和哲学家。约翰•贝歇尔（Johann Joachim Becher，1635 ~ 1682）是德国医生、炼金术士和化学研究者。可参阅《谁是主宰者》

础，他们利用“燃素”来解释金属的氧化和还原反应，建立了比较全面的燃烧理论，我们一般称之为“施塔尔学说”或“燃素说”。虽然在化学史著作中很少

施塔尔

贝歇尔

详细地介绍“施塔尔学说”，就像著名化学史学家柏廷顿等学者对待“错误”的化学理论的态度一样，这种已经被历史淘汰的理论，他们的创造者也往往像垃圾一样被扫入历史的阴沟中，但这是极不负责的史学和科学态度。毫无疑问，施塔尔的“燃素说”可以说是人类历史上第一个系统的化学理论，从它的孕育到后续的影响，至少持续有半个世纪之久。当然，我们已经知道，“施塔尔学说”最后还是被拉瓦锡的“氧化学说”彻底推翻了。其实，“施塔尔学说”并没有涉及我们现在形成的酸理论，只是对燃烧的本质问题进行了探讨，以及对物质进行了分类。但“施塔尔学说”也确实对酸理论进行了探讨，并把酸理论融入到自己的理论体系中去。当然“施塔尔学说”中的酸理论在现在看来是完全错误的。

“施塔尔学说”认为，自然界中存在着“普遍酸”，而其他所有种类的酸都来源于“普遍酸”，或者包含有“普遍酸”，或者是“普遍酸”转化的产物。施塔尔所说的“普遍酸”就是指硫酸（矾油）。

在施塔尔理论中，物质大概可以分为三层：第一层是结合物，或称之为第二要素，是最简单的一层，只有少数的化学物质属于这一层，比如贵金属金、银和普遍酸（硫酸）；这些结合物或第二要素由“要素”（如汞、硫、盐、水等）结合而成，贵金属则由三种土（石土、油土、汞土）依照不同的比例结合而成，比如

书中的《聊聊已被淘汰的燃素说》一文。

金是由油土和汞土结合而成的，而银则由石土和油土结合而成的；普遍酸（硫酸）则是由玻璃状土与水结合而成的。第二层是复合物或第二结合物，它是通过结合物与结合物之间相结合而成，或者是结合物与要素结合而成的；第二层中最典型的物质就是硫，施塔尔认为，硫是由硫酸（结合物）与可燃土组成的，所以硫比硫酸复杂。第三层是超级复合物，这一层更加复杂，是由两个或多个第二层的复合物组合而成。很明显，斯塔尔的化学体系与现代化学的认识完全不同，特别是“硫酸比硫简单，硫酸处于第一层，是水和玻璃状土的合成物，而硫处于第二层，是硫酸、玻璃状土和沥青的合成物”。我们知道，硫是单质，硫酸是化合物，硫酸当然比硫复杂。这种错误的认识，在18世纪流行了相当长的时间，直到拉瓦锡的酸理论的出现，才把这个颠倒的次序纠正过来。

拉瓦锡为什么能纠正施塔尔的结论？因为拉瓦锡发现，硫酸里面含有氧。1772年，拉瓦锡通过实验发现，“硫酸里含有某种空气”，但他当时并没能确定这种空气的具体成分是什么。经过几年的研究，拉瓦锡于1777年明确提出，硫酸是硫和氧气化合而成的。此外，1772年后，拉瓦锡还做过大量的磷、硫燃烧实验。通过这些实验，拉瓦锡发现磷燃烧后空气的体积减少了，而磷转变成一种极亮的白色片状物质，它能吸收空气中的水蒸气从而转变为酸。1789年，拉瓦锡在代表他一生最高科学成就的《化学基本论述》一书中总结了磷酸形成的过程。

在这里，我们不得不指出，早期的拉瓦锡的酸理论是存在问题的：他认为

博物馆中的拉瓦锡实验室

酸是含有“空气”的物质，从现代化学知识来看，这是把酸看成混合物。但是到了晚期，拉瓦锡已经把酸和空气中的氧联系起来，认为酸中含有氧（其实是氧元素），这是了不起的进步。在《化学基础论述》一书中，拉瓦锡认为，所有酸都是由某些物质燃烧形成的；所有酸性物质都含有氧元素；酸性物质的酸性强弱因相关物质被氧化或被酸化的程度不同而不同。在这里，我们不难发现，拉瓦锡犯了一个大错误，就是他认为酸的形成就是氧化的过程，而氧化的过程就是燃烧的过程。所以，在拉瓦锡看来，酸比氧化物更高级、更复杂，是燃烧的产物。如果我们用现代化学知识来判断拉瓦锡的酸理论，拉瓦锡所指的酸仅局限于像硫酸、硝酸、磷酸等含氧酸，而完全没有考虑到盐酸、氢硫酸等无氧酸。这种认识，与他构建的氧化理论是分不开的，所以才会出现“酸中肯定有氧元素”的错误结论。

在《化学基础论述》一书中，拉瓦锡将化合物根据氧化程度不同分为四个等级：第一等级是简单的氧化物，相当于现代化学中的氧化物，如二氧化硫，它是硫和氧气氧化而成的，属于第一氧化度；第二、三、四等级则是高级氧化物，也就是酸。拉瓦锡认为，一种物体的第一或最低氧化程度，使这种基本物体转变成氧化物；如果继续被氧化，则会形成酸，如亚硝酸和亚硫酸等，如硫和更多的氧气氧化为亚硫酸，属于第二氧化度；到第三氧化度时，这些酸又变成更高级的酸，像硝酸和硫酸就是第三等级被氧化形成的，如硫和充足的氧气氧化成硫酸，属于第三氧化度；最后，如果在酸的名称上加上“被氧化的”，则代表是氧化程度最高的第四等级。这样，拉瓦锡的化学物质分类体系里，物质只有两类，一类是简单物质，还有一类是化合物；而化合物都是通过氧化形成的；氧化物和酸都是通过这些物质与氧气不同程度的氧化形成的。

其实，如果没有我们已经掌握的化学知识的“正确引导”，拉瓦锡的氧化理论是非常有“道理”的，这里所指的“道理”是指符合逻辑，至少在拉瓦锡自己创设的理论框架体系内是符合逻辑的，是自洽（按照自身逻辑推演的话，自己可以证明自己至少不是矛盾或者错误的）的。

这样，在拉瓦锡的第二等级和第三等级的氧化过程中，形成了相应的酸。拉瓦锡对酸的形成还有更翔实的论述和解释：在他看来，可燃物以及其他可转化为酸的物体，它们在被氧气氧化过程中，与氧气的反应是有不同“饱和度”的。也就是说，不同的物质，需要氧气的量不同，也就是被氧化的程度不同。这样，产生的酸虽然是由相同的元素组成（如亚硫酸和硫酸），但构成它们的元素比例是有差异的，也造成了它们具有不同的性质。拉瓦锡还是以硫与氧气为例来进一步说明，如果硫与小比例的氧气氧化时，形成一种处于第二氧化度的挥发性酸，这种酸有刺激性气味，具有非常特殊的性质。这样，拉瓦锡构成了自己的化学体系，并用自己的新化学语言对它们进行命名。他认为，硫在与氧气化合的过程中，就有两种饱和度：第一度（或低饱和度）构成的是亚硫酸，它具有挥发性和刺激性；第二饱和度（或高饱和度）产生的是硫酸，它是固定的，无气味的。拉瓦锡按照这样的逻辑体系，发现了很多元素形成的酸存在类似硫氧化的规律，比如，亚磷酸和磷酸，亚硝酸和硝酸等。

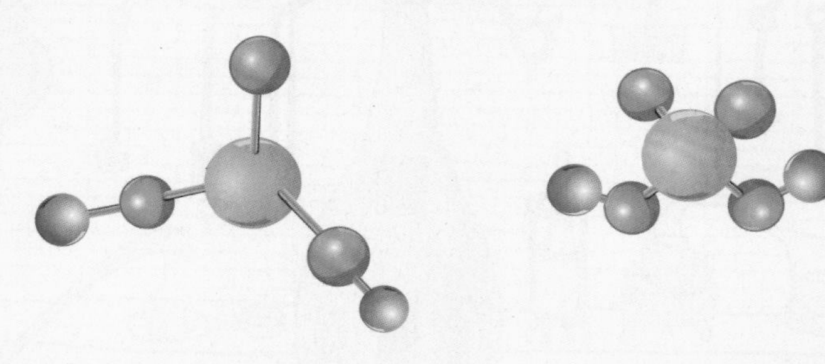

亚硫酸分子结构图　　硫酸分子结构图

在非常有限的实验证据的支持下，拉瓦锡在1780年后逐渐得出了结论：一切酸都含有氧，且氧化程度越高，酸性越强。

如果用现代化学对含氧酸的定义来评价拉瓦锡对酸的定义，发现它是符合逻辑的。确实在含氧酸中，氧化程度越高，酸性越强。但拉瓦锡对酸的定义最大的问题，是认为氧是它的“标志”，而现代化学认为是“氢”。特别值得指出的是，拉瓦锡还错误地将氧化盐酸（其实是氯气）当作第四级氧化物。当然，拉瓦锡将氯气当作第四级的氧化物，还是有它现实原因的。

1774年，瑞典化学家舍勒[①]在化学实验中发现，将黑锰灰（也称软锰矿，即二氧化锰）溶于浓盐酸时，会产生一种令人窒息的黄绿色气体。舍勒是个坚定

① 卡尔·威尔海姆·舍勒（Carl Wilhelm Scheele，1742～1786）是瑞典著名化学家，氧气的发现人之一，同时对氯化氢、一氧化碳、二氧化碳、二氧化氮等多种气体都有深入的研究。可参阅《谁是主宰者》一书中的《舍勒的遗憾》一文。

舍勒

的“燃素说”支持者，他将发现的这种黄绿色气体命名为“脱燃素海酸”（其实就是现在所说的氯气，但舍勒把它当作含氧酸了）。舍勒同时还在实验时发现，氯水（氯气溶于水并与水反应的产物）对纸张、蔬菜和花具有永久性的漂白作用。如果用现代化学知识去解释当时舍勒所做的实验，氯气产生的实验可用下列化学方程式表示：

$$4HCl（浓）+MnO_2 \xlongequal{\triangle} MnCl_2+2H_2O+Cl_2\uparrow$$

氯水对纸张等的漂白作用，是氯气与水反应生

舍勒的实验室

成次氯酸的结果，可用化学方程式表示：

$$Cl_2+H_2O \xlongequal{\triangle} HClO+HCl$$

拉瓦锡亲密的研究伙伴贝托莱[①]在1785年重复了舍勒的实验，发现氯气对布料有永久性的褪色作用。氯气能漂白的性质很快受到工业界的重视，但贝托莱与舍勒一样，也认为氯气是一种化合物，并含有氧，是一种酸。虽然贝托莱支持拉瓦锡的“氧化学说”，但毕竟这个时期拉瓦锡的“氧化学说”刚刚

① 克劳德·贝托莱（Claude Louis Berthollet，1748 ~ 1822）是法国化学家。他和拉瓦锡制定的化学命名法沿用至今，发现氯气具有漂白作用，确定了氨气的成分。

问世，“燃素说”在化学界还有很大的影响，而且拉瓦锡的“氧化学说”并没有完全摆脱“燃素说”的思维禁锢（gù）。虽然贝托莱和舍勒都发现了氯气的漂白功能，但他们对氯气漂白功能的解释是不同的，舍勒的解释是以“燃素说”为基础，而贝托莱的解释却以拉瓦锡的“氧化学说”为基础。在我们看来，舍勒以“燃素说”为基础的解释并不科学，因为它的理论基础——“燃素说”都已经被淘汰了；而贝托莱作为拉瓦锡的研究合作者，又是拉瓦锡的“氧化学说”的坚定拥趸，他的解释更科学客观一些。但事实恰恰相反，舍勒的解释更接近于现代化学的真实解释。在舍勒看来，氯气（舍勒称它为“脱燃素海酸”）是由“盐酸”脱去“燃素”后形成的。在舍勒的命名体系下，他把易燃的空气（即氢气）等同于燃素，所以他认为氯气是盐酸失去氢气后的产物。舍勒对氯气的描述，在1810年被英国著名化学家戴维[1]发现氯元素后所证实，戴维还特意强调舍勒对氯气构成的描述是正确的，当然此是后话了。而贝托莱利用“氧化学说”的解释则完全相反。1785年4月6日，贝托莱在法兰西科学院讲演时，把“脱燃素海酸”（氯气）的形成过程解释为“脱燃素空气与盐酸化合”，这样，他把“脱燃素海酸”（氯气）的形成过程当成是一个氧化过程。贝托莱还指出，“脱燃素海酸”（氯气）并不显示出酸的性质，严格地说，“脱燃素海酸”不是一种酸。在这一点上，贝托莱是实事求是的，他举例了他作出这样判断的依据：一是“脱燃素海酸”（氯气）在溶解铁和锌的时候并没有泡腾现

贝托莱

① 汉弗莱•戴维（Humphry Davy，1778 ~ 1829）是英国化学家、发明家，电化学的开拓者之一，也是法拉第的老师。可参阅《谁是主宰者》一书中的《法拉第与老师戴维之间的恩怨》《被推迟若干年发现的电磁感应现象》两篇文章。

象[①];二是“脱燃素海酸”(氯气)能漂白植物的颜色,比如将“脱燃素海酸”(氯气)通入石蕊试剂时,并没有使石蕊一直显红色,而是石蕊变红色后,很快就褪色了。

在1786年的一篇论文里,贝托莱记录了他做过的一个实验。贝托莱把“脱燃素海酸”(氯水,主要成分为盐酸、次氯酸、氯气,贝托莱不分氯气与氯水)装满一个小瓶子,并将它放在阳光下;再将一根管子连接小瓶子和一个气体化学容器。不久,贝托莱发现有很多小气泡从小瓶子的液体中冒出来;再过

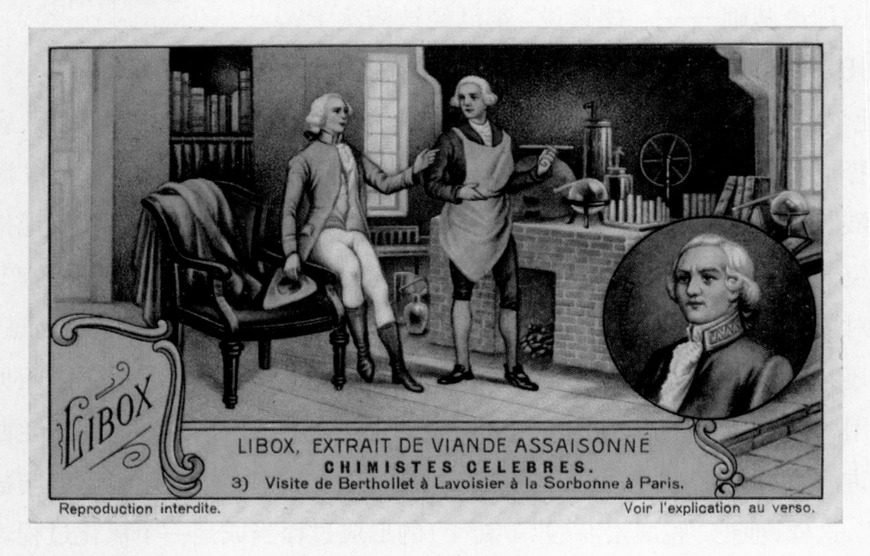

拉瓦锡与贝托莱

几天,贝托莱还看到,与管子连在一起的化学容器里有着相当数量的生命空气(氧气)。而随着生命空气从液体中分离出来,液体已经不再是黄色的了。同时液体也不再使石蕊试剂褪色,却能使它变红;液体只有微弱的“脱燃素海酸”(氯气)的气味;液体和碱发生反应有泡腾现象。最终,“脱燃素海酸”恢复了普通海酸的所有性质。贝托莱还通过这种方法分析了氯水中海酸(盐酸、次氯酸)、氯气和水的比例。

通过这个实验,拉瓦锡和贝托莱坚定地认为,“脱燃素海酸”(氯气)的组成是海酸(盐酸、次氯酸)和氧气。这是由于贝托莱没有意识到氯气和水是可

① 泡腾现象是指在液体溶剂中,由于化学或物理反应致使固体或液体不溶物溶解(分解),并从液体中不断出现气泡的现象,如稀盐酸与大理石或石灰石的反应。

以发生化学反应造成的错误结果。关于对氯气的命名问题，大约从1785~1786年间，贝托莱称之为“脱燃素海酸”，后来他依照拉瓦锡的命名方法，将氯气改称为“氧化盐酸”。很明显，贝托莱虽然借用了拉瓦锡的方法，但并不认为氧化盐酸是一种酸。在1785年和1788年贝托莱发表论文指出，实际上“脱燃素海酸”或“氧化盐酸”的酸性远低于盐酸，而根据拉瓦锡的酸理论，“氧化盐酸”作为氧化程度更高的酸，它的酸性应该大于盐酸才是。这就相当于贝托莱的实验发现，给了拉瓦锡在他的酸理论体系中把氯气当作第四级的氧化物的做法一个现实的巴掌。

贝托莱的实验虽然积累了丰富的关于氯气性质的材料，但这并没有引起拉瓦锡的“警惕”和“反思”，拉瓦锡只是想更好地给“脱燃素海酸”在他的氧化理论框架中寻找一个符合逻辑的恰当位置。但是，为了使“脱燃素海酸”（氯气）更符合他的酸理论，“脱燃素海酸”的命名就涉及盐酸的命名。在这里，拉瓦锡只管“脱燃素海酸”（氯气）在自己的酸理论中是否符合逻辑，而不管现实试验的证据了。其实拉瓦锡也认为，盐酸是氧化的产物，盐酸自然也是含氧酸。甚至在这一点上，拉瓦锡“强词夺理”地指出，“虽然我们不能构成这种海盐酸，也不能分解它，但我们丝毫不怀疑，这种酸与所有其他酸一样，是由氧与一种可酸化基结合而成的。”拉瓦锡当然不可能为他的“强词夺理”找到任何实验证据来证明盐酸含有氧元素，甚至自己也觉得这样的“强词夺理”不能让人信服，于是就千方百计地找理由自圆其说。拉瓦锡假定盐酸的根里面含有金属，因为在当时有些金属和氧的亲和力被认定为是很大的，还没有物质能够把氧从金属和氧的结合物中分离出来，所以也就没有人能从盐酸中分解出氧气了。

既然拉瓦锡认为盐酸是氧化后的产物，而“脱燃素海酸”则是进一步氧化后的盐酸，那么它们就应该像亚硫酸和硫酸、亚磷酸和磷酸的命名一样，把盐酸命名为“亚盐酸”，而把“脱燃素海酸”命名为“盐酸”。如果真得是这样命名，就根本不需要“第四氧化度”和第四级氧化物了。但问题是拉瓦锡却又在实验中发现了“盐酸”和“脱燃素海酸”（氯气）的关系又似乎并不同于亚硫酸和硫酸的关系。虽然拉瓦锡还是认为盐酸与硫酸及其他几种酸一样，可以有不同程度的氧化度，但过量的氧化度对盐酸产生的作用与同样情况对硫产生的作用却相反：如果用氧增加饱和度，会使其更具有挥发性，更具有刺激气味，也更不易与水混合，并且削弱了它的酸性。这样，拉瓦锡起先还是倾向于按照给含硫的酸命名的方式给两种不同饱和度的盐酸命名，把氧化程度较小的叫做亚盐酸，把氧化程度较大的称为盐酸；但是，拉瓦锡发现，被称为“盐酸”的物质，在它的各种化合作用中产生了非常特殊的结果，而这些结果是以前所没有的，也没有类似的情况可比拟，所以，拉瓦锡在给它们命名时，反了一下，把盐酸的名称留给了氧化程度较低者，而给氧化程度较高的一个复合的名称，即氧化盐酸。

这样一看，拉瓦锡为了使自己的酸理论在逻辑上能够自洽，在命名等方面都给予了“自圆其说”的处理。但毕竟，这样的氧化理论体系，有与实验相矛盾的地方，受到当时化学家的质疑就在所难免了。虽然贝托莱非常支持氧化理论，但他始终非常明确地反对拉瓦锡酸理论中的“一切酸里都含有氧”的结论。只不过由于当时拉瓦锡在法国化学领域的权威地位，尽管他的酸理论不断受到其他化学家的质疑与挑战，但大家还是没有更好的理论体系来替代它。在这些质疑声音中，就包括有“现代原子之父”之誉的英国化学家道尔顿[①]的质疑。当然，随着戴维在1810年通过电化学分析确定了氯气只是氯元素的单质，明确拉瓦锡的“脱燃素海酸”（氯气）中并不含有氧，拉瓦锡的酸理论的基石被彻底撬起，拉瓦锡的酸理论这个本来就有点儿将就的理论大厦也瞬间坍塌了。

拉瓦锡的酸理论有许多与现代化学理论相违背的地方，其中最大的错误就在于“一切酸里都含有氧”的结论。拉瓦锡的酸理论之所以会出现这些错误，除了上文提及的一些问题之外，最主要的原因是拉瓦锡的“氧化学说”其实并没有像他声称的一样和以往的“要素学说”和“元素学说”划清界限。拉瓦锡的“氧化学说”和“施塔尔的学说”一样，都遵循了要素原则。要素原则就是用同一种要素给同一类化学现象进行解释，最早可以追溯到古希腊学者

① 约翰·道尔顿（John Dalton，1766 ~ 1844）是英国化学家、物理学家，提出了近代原子理论，有“近代原子之父”美誉。可参阅《变化的世界》一书中的《道尔顿与朱元璋，谁是色盲症发现者》一文，以及著作《谁是主宰者》一书中的《为何道尔顿是现代原子之父》一文。

亚里士多德的“四元素说”（土、气、水、火）。到了十七世纪，帕拉塞尔苏斯的“三元素说”（汞、硫、盐）综合了“四元素说”并发展为“五要素说”。“五要素说”保留了“三要素说”中的汞、硫、盐，并吸收了“四要素说”中的水和土。“燃素说”的四个要素其实是“五要素说”中排除土要素之后的结果。而在“氧化学说”中，虽然拉瓦锡没有刻意提出“要素”这个概念，但他把“氧气”和“热质”等概念带入到理论体系里，这实际上都是炼金术和早期化学的思维模式的一种具体表现。

当然拉瓦锡的酸理论相比施塔尔对酸的解释还是有明显进步的，毕竟“燃素”是虚构的，而“氧”是真实存在的，是含氧酸的组成部分之一。

写一本书，让自己彪炳青史

“玻意耳”这个名字你熟悉吗？

物理学上著名的“玻意耳·马略特定律”，正是本文的主人公玻意耳[①]与法国物理学家马略特[②]各自独立工作，发现了“一定质量气体的压强与体积成反比”的关系，从而得出的规律。

在化学史上，玻意耳可不仅仅是因为这条气体定律而成名的，他的成名是因为他出版于1661年的《怀疑的化学家》一书。大多数化学史学家就将1661

① 罗伯特·玻意耳（Robert Boyle，1627 ~ 1691），英国化学家。化学史家都把1661年玻意耳的《怀疑的化学家》问世作为近代化学的开始。

② 埃德蒙·马略特（Edme Mariotte，1602 ~ 1684）是法国物理学家和植物生理学家。

年认定为近代化学的肇始（zhào shǐ，开始；发端）。连革命导师马克思[①]和恩格斯[②]也认为，是玻意耳把化学确立为科学的。

玻意耳生活在英国资产阶级革命时期，也是近代科学人才辈出的时代。玻意耳生于爱尔兰的利斯莫尔城，后长期居住在牛津和伦敦。他诞生的前一年，提出“知识就是力量”著名论断的近代科学思想家培根[③]刚刚去世，伟大的物理学家牛顿[④]比玻意耳小16岁，还有意大利的伽利略[⑤]、德国的开普勒[⑥]、法国的笛卡尔[⑦]等都生活在这一时期。这里，我们还需要提一位科学家的名字——胡克[⑧]，他是可以与牛顿比肩的科学家，科学史上了不起的人物。我们熟知的关于他在科学上的贡献，包括高中物理教科书中提到的“胡克定律[⑨]”；牛顿在发现万有引力定律时，也受到胡克的启发；他在光学上有非常大的建树，在1665年出版了让他名垂青史的《显微术》一书，在该书中，记载了他利用自制的显微镜观察到软木塞上有“蜂窝状的小室（cell）”，中文翻译为“细胞”。而这个胡克，正是玻意耳曾经的助手。

玻意耳出身贵族家庭，他父亲是爱尔兰科克城的首任伯爵和伊丽莎白时代的探险家。玻意耳是15个兄弟姊妹中最小的一个，3岁时母亲不幸去世，疏

① 卡尔·马克思（Karl Marx，1818～1883）是马克思主义的创始人之一，第一国际的组织者和领导者，被称为全世界无产阶级和劳动人民的伟大导师。

② 弗里德里希·恩格斯（Friedrich Von Engels，1820～1895）是德国思想家、哲学家、革命家、教育家和军事理论家，全世界无产阶级和劳动人民的伟大导师，马克思主义的创始人之一。

③ 弗朗西斯·培根（Francis Bacon，1561～1626）是思想家、散文家和大司法官，也是英国唯物主义哲学家，实验科学的创始人，是近代归纳法的创始人，又是给科学研究程序进行逻辑组织化的先驱。主要著作有《新工具》《论科学的增进》以及《学术的伟大复兴》等。

④ 艾萨克·牛顿（Isaac Newton，1643～1727）是英国著名的科学家，其对科学的贡献无人不知晓。可参阅《“炼金术士”牛顿》《牛顿到底是哪年出生的》《那些不平凡的伯乐舅舅》《牛顿的苹果》《神化“牛顿”》等文章。

⑤ 伽利略（Galileo Galilei，1564～1642）是意大利著名的数学家、物理学家、天文学家，是科学革命的先驱，有“近代实验科学之父”的美誉。由于伽利略对近代科学贡献非常大，涉猎广泛，《科学史上的动人时刻》六册中，多处提到他的思想与科学贡献，具体还可参阅《变化的世界》一书中的《伽利略的惯性定律》和《伽利略的比萨斜塔实验存疑》两篇文章。

⑥ 约翰尼斯·开普勒（Johannes Kepler，1571～1630）是德国杰出的天文学家、物理学家和数学家，以发现行星运动的三大定律而著名。具体可参阅《变化的世界》一书中的《开普勒“建构”的宇宙体系》一文。

⑦ 勒内·笛卡尔（Rene Descartes，1596～1650）是法国著名的哲学家、物理学家和数学家。可参阅《变化的世界》一书中的《笛卡尔对惯性定律的贡献》一文。

⑧ 罗伯特·胡克（Robert Hooke，1635～1703）是英国博物学家和发明家，一生对科学贡献非常巨大。可参阅《寻找层级世界》中的《罗伯特·胡克和他的〈显微术〉》和《既生牛顿，何生胡克》两文。

⑨ 胡克定律的内容是：固体材料受力之后，材料中的应力与应变之间成线性关系。以弹簧为例，在一定范围内弹簧的弹力与伸长量（压缩量）成正比。

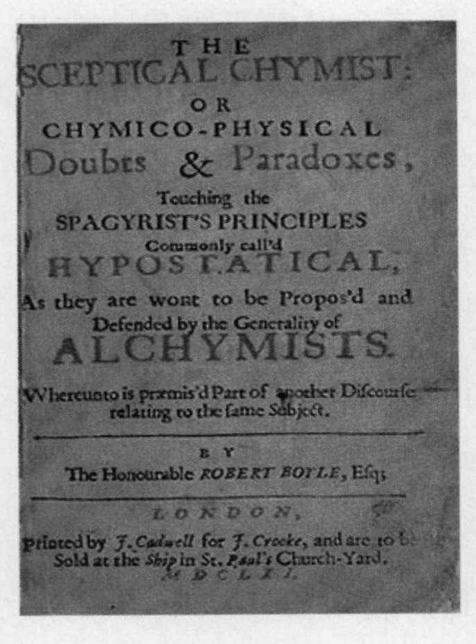
THE
SCEPTICAL CHYMIST:
OR
CHYMICO-PHYSICAL
Doubts & Paradoxes,
Touching the
SPAGYRIST'S PRINCIPLES
Commonly call'd
HYPOSTATICAL,
As they are wont to be Propos'd and
Defended by the Generality of
ALCHYMISTS.
Whereunto is præmis'd Part of another Discourse
relating to the same Subject.
BY
The Honourable ROBERT BOYLE, Esq;
LONDON,
Printed by J. Cadwell for J. Crooke, and are to be
Sold at the Ship in St. Paul's Church-Yard.
MDCLXI.

《怀疑的化学家》

于照顾的玻意耳从小体弱多病。童年时，玻意耳并不显得特别聪明，他有点儿安静，有点儿口吃，有点儿羞涩，没有自己特别的兴趣爱好，但玻意耳非常好学。在家庭教师的教育下，玻意耳的拉丁语和法语都进步很大。8 岁时，父亲将他送到伦敦郊区的伊顿公学，在这所专为贵族子弟办的寄宿学校里，他学习了 3 年。1638 年，11 岁的玻意耳回到他父亲新购的位于英格兰多塞特郡的斯塔尔桥庄园，短暂住了一段时间后，便同他的哥哥一起，在家庭教师的带领下游学欧洲大陆。在瑞士日内瓦的两年中，玻意耳学习了法语、实用数学和艺术等课程。当时的欧洲还沉浸在宗教改革的余波中，而瑞士是新教加尔文教派的根据地之一，玻意耳深受新教教义的影响，这种影响伴随他的一生。在思想上，虽然玻意耳一家是保皇派，但他更倾向资产阶级革命。1641 年，玻意耳兄弟又在家庭教师陪同下，游历欧洲，年底到达意大利。旅途中即使骑在马背上，玻意耳仍然是手不释卷。就在意大利，他阅读了伽利略的名著《关于两大世界体系的对话》，对这位现代科学的开拓者推崇备至。这本书给他留下了深刻的印象，20 年后，让他彪炳青史的名著《怀疑的化学家》就是模仿《关于两大世界体系的对话》的格式，以对话的形式呈现的。

1642 年 5 月，玻意耳兄弟一行从罗马到法国马赛。此时，英国正爆发内战，受战争影响，家庭经济处于拮据状态，父亲只能要求玻意耳兄弟回国。但玻意耳非常渴望能继续学习，所以在哥哥回国后又回到瑞士的日内瓦生活学习了两年。两年后的 1644 年，正当玻意耳回英国的途中，就惊闻保皇派的父亲在一次战斗中受重伤不治身亡，那年玻意耳 17 岁，只能依附姐姐迁居伦敦生活。

好学的玻意耳在伦敦时结识了科学教育家哈特利伯[10]，他是一位博物学家，父亲是玻兰人，母亲是英国商人的女儿。哈特利伯在德国接受过教育，定

⑩ 塞缪尔•哈特利伯（samuel Hartlib，1600 ~ 1662）是英国科学教育家。

居英国后，积极推动英国的科学、医学、农业、政治和教育等的发展，在当时的英国有很高的知名度和影响力。年轻的玻意耳认识哈特利伯后，大受鼓舞，特别是哈特利伯鼓励他学习医学和农业。由于玻意耳体弱多病，所以他选择了医学。在当时，医生都会充当药剂师，自己边行医边配制药物。在学医和配制药物的过程中，玻意耳很快对化学发生了兴趣。

玻意耳的性格不适合生活在贵族阶级的生活圈子中，他认为上层社会的社交生活无聊空虚，于是玻意耳又迁居到父亲的斯塔尔桥庄园。在外人眼中，此时的玻意耳离群索居，孤寂地生活了八年。就像玻意耳写给姐姐的信中所形容的一样，他完全是一名两耳不闻窗外事的“乡巴佬”。也是在这里，玻意耳开始了他的科学实验研究。不过，乡下的生活虽然安静，但是信息闭塞，交通不便给玻意耳的科学研究活动带来很大的困难。于是在1654年，玻意耳又迁居牛津，在牛津大学附近租了一幢房子，并建立了自己的实验室。在这个实验室中，玻意耳聘请了当时许多年轻的科学爱好者当自己的助手，这其中就有后来成为著名科学家的胡克。这些助手在玻意耳领导下进行观察和实验，并帮助玻意耳收集整理科学资料和来往信件。这样就在玻意耳的周围形成了一个科学实验小组，玻意耳的实验室也一度成为无形学院的集会活动场所。

玻意耳一生研究的领域非常广泛，他曾研究过气体物理学、气象学、热学、光学、电磁学、无机化学、分析化学、工艺、物质结构理论以及哲学、神学。而且在每个领域中都小有成就，当然，这其中最突出的当属化学。

怀疑，是科学家必备的科学精神。玻意耳的怀疑立足于他自己的科学实践和对众多资料的研究，从而使化学摆脱处于炼金术和医药学的从属地位。也许，对于科学家来说，质疑与批判并非难事，但要形成让人信服的“怀疑”，必须要有自己怀疑后的“建构”，既要“破”，还要“立”，玻意耳确实做到了这一点。

当一位科学家形成了稳固的化学体系后，把自己的思想体系“推销”出去，才能被更多的人认识。在这一点上，玻意耳无疑起到一个典范作用。

玻意耳正是立足于当时物理学和化学上的疑点和悖论（bèi lùn，逻辑学和数学中的矛盾命题）来撰写《怀疑的化学家》一书，并于1661年以匿名的形式出版。在这本书里，既有炼金术士们普遍推崇并为之辩护的各种内容，又有化

学家通常认为非常实在的各种要素。这样一本颠覆思维方式和价值观念的科学鸿篇巨著,很快就被译成拉丁文和欧洲各国文字广为流传。在这本书几经多次出版后,玻意耳才将自己的名字署上。这样,玻意耳很快成为了当时家喻户晓的科学家。

《怀疑的化学家》共有6章,全书以对话的形式,讲述了一个炎热的夏天,四位不同身份的哲学家在大树下争论起来的故事。这四位哲学家分别是代表怀疑派化学家(这也是玻意耳本人的化身)、逍遥派哲学家、医药派化学家和中立派化学家。全书的前五章提出问题后,在第6章阐述怀疑派化学家的观点。经过一番论战,怀疑派化学家以无可辩驳的事实为依据,严密的思辨为基础,将逍遥派哲学家和医药派化学家的种种谬论批驳得体无完肤。纵观近现代化学发展,《怀疑的化学家》在化学史上的意义是非常重大的,它是化学成为一门科学的真正基础。

玻意耳定律(Boyle's law,有时又称 Mariotte's Law 或波马定律,由玻意耳和马里奥特在互不知情的情况下,间隔不久,先后发现):在定量定温下,理想气体的体积与气体的压强成反比。是由英国化学家波义耳(Boyle)在1662年根据实验结果提出:在密闭容器中的定量气体,在恒温下,气体的压强和体积成反比关系。称之为玻意耳定律。这是人类历史上第一个被发现的"定律"。

在这本书中,玻意耳为"化学家们至今遵循着过分狭隘的原则,这种原则不要求特别广阔的视野,他们把自己的任务看作是制造药物、提取和转化金属"感到愤愤不平。就像他自己所说的,"我们所学的化学,绝不是医药学的婢女,也不应甘当工艺和冶金的奴仆,化学本身作为自然科学中的一个独立部分,是探索宇宙奥秘的一个方面"。所以玻意耳所追求的化学是一门有广阔的视野和学科哲学基础的科学。玻意耳不把自己当成医生和药剂师,也不把自己当作炼金术士,他把自己当作一名哲学家来看待一门学科的发展。正因为如此,玻意耳把个人的利益置之度外,真正关心化学作为一门学科的发展,把自己的时间和精力献给了化学实验,通过实验收集证据,构建理论,从而为化学成为一门真正意义的学科建立了不朽功勋。

玻意耳在这本书中把科学实验和相应的观察提高到方法论的水平。在玻意耳看来,科学观察与实验是形成科学思维的基础,他所强调的科学观察,是基于实验现象的科学观察。所以玻意耳非常反对那种只有抽象的空谈和离开实验的逻辑思辨,他想要的是通过实验来建立自己的科学定义。玻意耳所推崇的研究方法已经有了现代科学的雏形。

同时,玻意耳在这本书中为化学元素下了一个清晰准确的定义。玻意耳以实验来证明逍遥派哲学家的“四元素说”(土、气、水、火)和医药化学家的“三元素说”(汞、硫、盐)根本是无稽之谈。用玻意耳自己的话来说,他指的元素是“某些不由任何其他物质构成的原始的和简单的物质或完全纯净的物质,是确定的、实在的、可觉察到的实物,它们应该是用一般化学方法不能再分解得更简单的某些实物”。虽然玻意耳所指的元素实际上是现代化学所指的单质,但我们知道,单质是同一元素组成的物质。这样看来,玻意耳所定义的元素与现代化学中的元素概念已经非常接近了。玻意耳还认为,区别物质是不是元素,唯一的方法是通过实验;像金、银、汞、硫黄等物质都不可能通过实验再分解,所以都是元素。玻意耳把实验的方法和物质本质性的哲学新思想带入化学,解决了当时化学在理论上所面临的巨大缺陷,为化学作为一门科学学科的健康发展铺平了道路。

在《怀疑的化学家》这本书中,玻意耳还研究和发展了“微粒说”的哲学思想。玻意耳考察了许多自然现象,如气体是可以压缩的、液体蒸发和固体升华可以弥散到整个空间、大块的盐溶解“消失”了等等,发现只有用构成物质的微粒思想才能解释这些现象。虽然微粒哲学思想不是玻意耳的原创,古希腊许多哲学家已经具备了这些思想,但玻意耳把这种哲学思想与科学研究结合起来,为科学实验现象的解释找到了本质上的根源。如玻意耳以微粒哲学思想来解释空气的弹性①、物体的性质、物体的颜色、光学现象、化学反应等,其中许多都是合情合理的。即使是后来的英国著名化学家道尔顿在创立现代原子学说后,也不得不承认,他的许多哲学思想受到了玻意耳等前辈的启发和影响。

① 指密闭容器中的一定质量的空气在被等温压缩后,体积变小,若恢复到原状态(撤去压力),则空气又能完成恢复到原来的体积。

大约从1644年开始,伦敦就有一批科学家、神学家经常自发地定期聚集到伦敦大学格雷瑟姆学院,讨论一些自然科学问题,他们自称为“哲学会”。1648年,英国发生了内战,格雷瑟姆学院的部分教授迁往牛津,“哲学会”的成员们又在奥得汉学院的威尔金斯[①]家里继续聚会讨论科学问题。当玻意耳还在斯塔尔桥时,就与哲学会的成员保持密切的联系。迁居牛津后的玻意耳,以更加饱满的热情参加哲学会的各项活动。玻意耳在与哲学会成员的通信中,把这个组织称为“无形的大学”。

查理二世

1660年,国王查理二世复位[②]后,哲学会的成员也都回到伦敦,并在当年的11月28日成立了促进物理、数学的实验科学学会,威尔金斯当选为第一任会长。1662年,查理二世颁赐给学会一张皇家特许令,将学会改名为“皇家学会”,从此,科学史上大名鼎鼎的英国皇家学会就此诞生了。这样看来,玻意耳一直是英国皇家学会的核心人物和发起人之一,只不过当皇家学会在伦敦成立时,玻意耳还身在牛津,所以他并不属于第一批正式会员。但是大家都公认玻意耳是皇家学会的发起人,后还被任命为“首属干事”之一。

1668年,玻意耳的姐姐兰尼拉夫子爵夫人[③]写信告诉玻意耳,他的姐夫去世了。玻意耳便决定从牛津迁居到伦敦和姐姐一起居住。玻意耳的这位在15个兄弟姐妹中排行老七的姐姐可不是普通人物,她与当时英国知识界许多名人都有联系,这些名人就包括前面提到的哈特利伯、历史学家和政治家海德[④]、

① 约翰·威尔金斯(John Wilkins,1614 ~ 1672)是英国圣公会神职人员、自然哲学家和作家,也是英国皇家学会的创始人之一。

② 查理二世(Charles II,1630 ~ 1685),苏格兰、英格兰及爱尔兰国王,生前获得多数英国人的喜爱,以“欢乐王”“快活王”闻名。父亲查理一世(Charles I,1600 ~ 1649)被克伦威尔(Oliver Cromwell,1599 ~ 1658)处死,查理二世被迫流亡外国。1658年克伦威尔去世后,查理二世返回英国即位,并清洗革命者。由于避难期间法国的慷慨帮助,查理二世以低价将敦刻尔克卖给法国。

③ 兰尼拉夫子爵夫人(Lady Ranelagh,1615 ~ 1691)即凯瑟琳·琼斯(Katherine Jones),是17世纪英国的女科学家、政治和宗教哲学家。

④ 爱德华·海德(Edward Hyde,1609 ~ 1674)是英国历史学家和政治家。

坎特伯雷大主教海德[①]和盲人诗人弥尔顿[②]等。而此时，兰尼拉夫子爵夫人的别墅已经成为当时激烈的共和派分子经常聚会的场所。但玻意耳对政治并不感兴趣，所以也不常加入他们的讨论。不过他姐姐在别墅里专门给玻意耳一个房间建立实验室，这让玻意耳能心无旁骛地投入到实验研究中去。此时，玻意耳的几乎所有研究成果都发表在皇家学会的公报上，所以他在皇家学会赢得了很高的声誉，是科学界公认的领袖。1680年，玻意耳被选为皇家学会会长，但此时的他体弱多病，又讨厌宣誓仪式等繁文缛（rù）节，所以拒绝就任。

波尼拉夫子爵夫人

没有人会说玻意耳善于钻营，他只是巧妙地利用了他的组织能力和人格魅力，将一班志同道合的人组织起来，共同研究他们感兴趣的问题，并且取得了相当不错的成就。

这就是玻意耳，以一本书名垂青史，也善于兜售自己的学术理想。

① 托马斯·海德（Thomas Hyde，1636 ~ 1703）是研究东方学的著名学者。

② 约翰·弥尔顿（John Milton，1608 ~ 1674）英国诗人、政论家，民主斗士。代表作品有长诗《失乐园》《复乐园》和《力士参孙》。

从玻意耳到阿伦尼乌斯

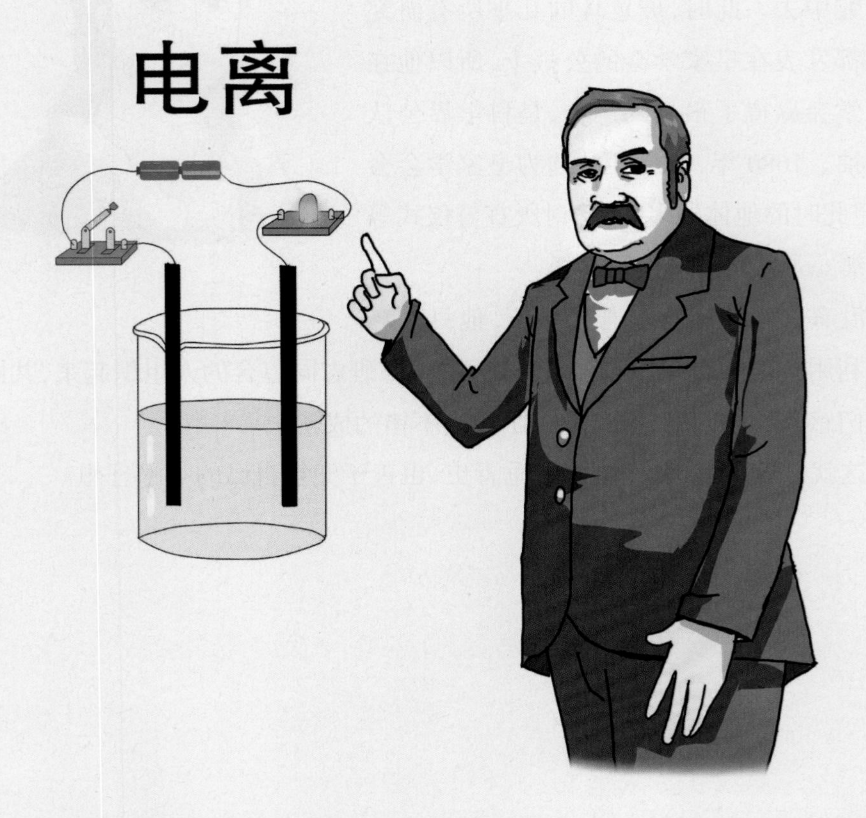

科学发展史洋洋洒洒,如果从古希腊亚里士多德开始算的话,已经快2500年了,即使从近代科学的代表人物伽利略开始算,也快500年了。在这漫长的科学发展历程中,我们所熟知的科学家不计其数,何况还有我们不熟知的那些科学家,以及在人类文明史上根本没有留下任何只言片语的默默贡献者们。那些为科学发展而努力奋斗的人们,都为科学理论的发展,科技的进步作出过贡献。这里我们要澄清一个概念,我们所指的贡献,不是单指最后取得“成功”的那些科学家的贡献,还包括那些为最后的“成功”打下基础的“失败者”。

犹如我们要在一块很难出水的地方打一口深井，甲先努力地挖掘穿凿，但是没有让井出水；乙并不甘心，在甲打的井的基础上继续挖掘，穷毕生之力后还是失败了……如此持续了几十人，甚至几百人，时光也已逝去几个世纪，最终，有一位“幸运者”，他站在了前面几十人、几百人的“肩膀之上”，集几百年的努力成果，一鼓作气，挖到了水源。受这口井之水恩惠的人，肯定不会忘记最后的“成功者”，甚至会为他歌功颂德，树碑立传，但人们很快会忘却了在这位成功者的前面，还有无数的先辈所付出的努力。

科学发展史对于某一项科学发现或科学理论进行“论功行赏”之时，功劳簿上不会仅有科学发现或理论建立的最后“成功者”，科学史非常公平地把攀登科学高峰的每一位探索者都记下了他们应得的一笔。因为科学的发展不是一蹴而就的，而是一点一滴的累积和一步一个脚印的攀爬。

但有时，也有人在片面地强调“顿悟”“灵光闪现”在科学发现中的作用。对科学家们来说，在科学发现过程中也确实有“顿悟”“灵光闪现”之类的突破点，但这并不是关键，关键还是有前面几辈人几百年的积淀。换言之，如果没有前面的累积让科学发现“呼之欲出”，科学发现中的“顿悟”“灵光闪现”就没有了存在的基础，当然也就不可能出现。

化学酸碱理论从最初的粗鄙，到现在的成熟，也是经过了这么一个不断继承、不断批判、不断反思，不断发展的过程。其中从玻意耳到阿伦尼乌斯，他们对酸碱理论的发展，就是一个循序渐进、累积、批驳、质疑、否定、总结经验以及重新建构的过程。

最初，人们将有酸味的物质叫做酸，将有涩味的物质叫做碱，这是人们根据感观直觉对酸、碱的最早定义。到17世纪，使化学成为真正的一门学科的英国化学家玻意耳对酸、碱的定义就更趋于科学化，特别是他通过指示剂的方法来区分酸和碱溶液。玻意耳平素非常喜爱鲜花，但他却没有时间去逛花园。于是，他只好在自己的房间里摆上几个花瓶，让园丁每天送些鲜花来以便观赏。一天，园丁送来几束紫罗兰，正准备去实验室的玻意耳立即被那艳丽的花

紫罗兰

色和扑鼻的芳香吸引住了。此时,玻意耳的实验助手正要把一大瓶浓盐酸倒入蒸馏瓶中。玻意耳随手把紫罗兰插在实验桌上的一个空瓶子里,以便能帮助助手倒好浓盐酸,但一不小心将酸液溅出了少许,而这酸液又恰巧滴到了紫罗兰的花瓣上。此时,奇怪的现象发生了:紫罗兰的紫色花瓣中呈现出红色的斑点!这惊奇的发现立即触动了玻意耳那根敏锐的神经,富有探究精神的玻意耳马上把由溅出的浓盐酸与紫罗兰花瓣变色联系在一起,提出了"盐酸能使紫罗兰变红,其它的酸能不能使它变红呢?"的猜想。于是玻意耳马上把紫罗兰花瓣分别投入到各种其他酸溶液中,他惊奇地发现,酸溶液都能使紫罗兰花瓣变成红色。既然酸能使紫罗兰花瓣变红,那么碱能否使它变色呢?变成什么颜色呢?紫罗兰能变色,别的花能不能变色呢?由鲜花制取的浸出液,其变色效果是不是更好呢?经过玻意耳一连串的思考与实验,很快证明了矢车菊、玫瑰等多种植物花瓣的浸出液都有遇到酸碱变色的性质。玻意耳和助手们还搜集并制取了多种植物、地衣、树皮、胭脂虫的浸出液,最终通过比较发现,还是从地衣类植物——石蕊中提取的紫色试剂,遇酸溶液会变红色,遇碱溶液会变蓝色,效果最为明显。这样,玻意耳就将石蕊试液确定为最常用的酸碱指示剂。通过用指示剂来区别酸和碱溶液后,玻意耳对酸和碱溶液的性质进行了研究,发现了它们许多的不同性质,从而对它们进行了定义:凡是某物质的水溶液能溶解某些金属,与碱接触后会失去原有的特性,而且还能使石蕊试液变红,这种物质就是酸;凡是某物质的水溶液有苦涩味,能腐蚀皮肤,并与酸接触后会失去原有的特性,而且能使石蕊试液变蓝,这种物质就是碱。用我们已经掌握的现代酸、碱理论去判断玻意

紫罗兰的变色实验

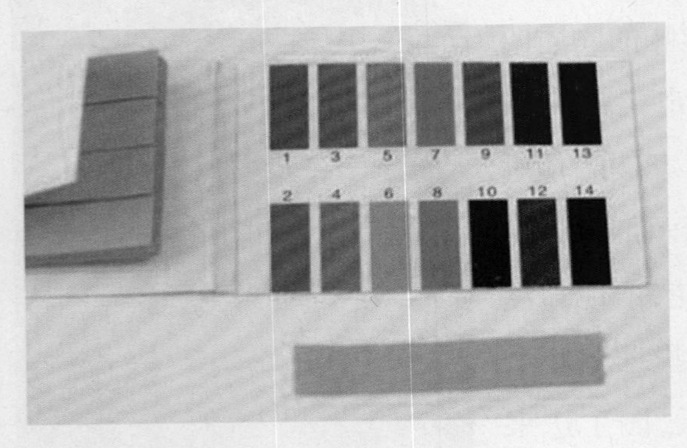

检测溶液的酸碱度——pH 试纸

耳对酸、碱的定义方法，我们发现玻意耳把酸、碱的化学性质作为定义。从科学概念构建的角度来看，这种定义仅仅把概念的不完全的外延（某一概念的适用范围）罗列出来，就相对于给概念划了一个不确定的范畴，没有深入到概念的内涵。所以这种定义虽然比之前的要科学，但仍有疏漏的现象，经不起推敲，譬如有些酸和碱反应后的产物（盐）仍具有酸或碱的性质。这样，玻意耳之后的法国化学家拉瓦锡、英国化学家戴维、德国化学家李比希[①]等人在发现玻意耳对酸、碱定义的“漏洞”后，纷纷“补洞”，使酸、碱定义越来越接近酸、碱的本质，但遗憾的是，这样的定义方法没有真正揭示酸、碱的本质，没能给出一个完善的理论和科学的定义。

到19世纪后半叶，化学在工农业生产中的作用也越来越重要，无机化学的发展也越来越体现出它的实用性。瑞典科学家阿伦尼乌斯[②]通过大量实验和资料研究，提出了电离理论[③]。

阿伦尼乌斯

阿伦尼乌斯是瑞典著名的物理化学家，父亲是瑞典乌普萨拉大学的总务主任。阿伦尼乌斯3岁时就通过观察哥哥写作业学会识字，并学会了算术，他的启蒙教育可以算得上“无师自通”了。6岁时就能够帮助父亲进行复杂的计算。年幼的阿伦尼乌斯聪明好学，精力旺盛，有时候也惹事生非。1876年，17岁的阿伦尼乌斯中学毕业，以优异的成绩考上乌普萨拉大学。在乌普萨拉大学，他用两年的时间通过了学士学位考试，并于1878年开始，专门攻读光谱分析学的博士学位。但他认为，作为一个物理学家还应该掌握与物理有关的其它各科知识。因此，他常常去听一些教授们讲授的数学与化学课程。渐渐地，他对电学产生的浓厚兴趣，远远超过了对光谱分析的研究，他确信“电的能量是无穷无尽的”，他热衷于研究电流现象和导电性。这样，阿伦尼乌斯在光谱分析上算是半途而废了。1881年，阿伦尼

① 尤斯图斯·冯·李比希（Justus von Liebig，1803 ~ 1873）是德国化学家，他最重要的贡献在于农业和生物化学，他创立了有机化学，因此被称为“有机化学之父”。作为大学教授，他发明了现代面向实验室的教学方法，因为这一创新，他被誉为历史上最伟大的化学教育家之一。他发现了氮对于植物营养的重要性，因此也被称为“肥料工业之父”。

② 斯万特·奥古斯特·阿伦尼乌斯（Svante August Arrhenius，1859 ~ 1927）瑞典物理化学家。

③ 阿伦尼乌斯提出的电解质在溶液中自动离解成正、负离子的理论。

乌斯来到瑞典首都斯德哥尔摩继续深造，并开始跟随物理学家埃德隆[①]从事溶液的电导研究与测量工作。如果没有这段研究经历，阿累尼乌斯也就不可能创立电离理论。在实验室里，阿伦尼乌斯夜以继日地重复着在旁人看来非常枯燥无味的实验，但他却乐在其中，整天与溶液、电极、电流计、电压表打交道，这样的工作一干就是两年。

值得一提的是，阿伦尼乌斯一生除了创立了电离理论外，还研究过温度对化学反应速度的影响，得出著名的阿伦尼乌斯公式[②]。还提出了等氢离子现象理论、分子活化理论和盐的水解理论。此外，阿伦尼乌斯对宇宙化学、天体物理学和生物化学等都有研究。阿伦尼乌斯正是因为创立了电离理论而获得 1903 年诺贝尔化学奖。

其实在 19 世纪上半叶，就已经有科学家提出了“电解质在溶液中产生离子”的观点，但当时的化学家在相当长的时间里还是普遍认同英国物理学家、化学家法拉第[③]的“离子是在电流的作用下产生的”观点。阿伦尼乌斯在研究电解质溶液的导电性时发现，溶液的浓度往往影响着许多稀溶液的导电性。譬如我们做如图的食盐水导电实验，当烧杯中盛的是蒸馏水时，小灯泡几乎不会发光；而当逐渐向烧杯中加入食盐并溶解时，溶液中的离子越来越多，小灯泡亮度不断增强，说明电流越来越大。

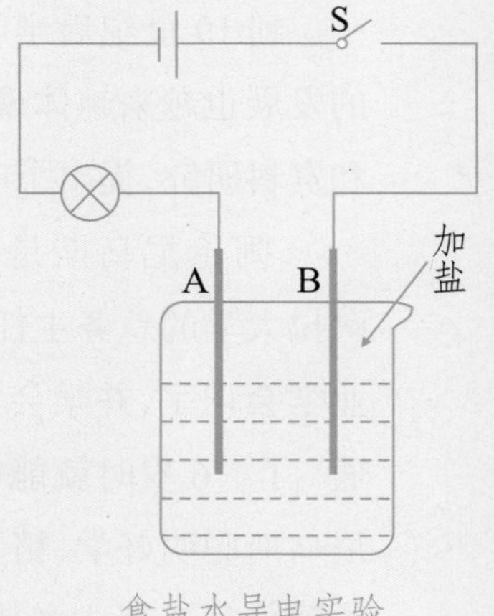

食盐水导电实验

阿伦尼乌斯对这一发现非常感兴趣。在埃德隆教授的指导与帮助下，阿伦尼乌斯又做了许多更加精密、严谨、有趣的实验，结果发现，气态的氨是不导电的，但氨的水溶液却能导电，而且在一定浓度范围内，氨的水溶液越稀导电性越好。后来大量的实验事实表明，氢卤酸溶液也有类似的情况。

有了这么多违背“常理”的实验现象，是否就可以建构新的理论体系了

① 埃德隆（Erik Edlund，1819 ~ 1888）瑞典物理学家。
②是由阿伦尼乌斯所创立的化学反应速率常数随温度变化关系的经验公式。公式写作 $k=Ae^{-Ea/RT}$（指数式）。k 为速率常数，R 为摩尔气体常量，T 为热力学温度，Ea 为表观活化能，A 为指前因子（也称频率因子）。
③ 迈克尔・法拉第（Michael Faraday，1791 ~ 1867）是英国著名物理学家和化学家，也因其是自学成才，使他成为家喻户晓的科学家。1831 年，法拉第发现了电磁感应现象，从而永远改变了人类文明。可参阅《谁是主宰者》一书中的《自学成才的天才科学法拉第》《法拉第与老师戴维之间的恩怨》《被推迟若干年发现的电磁感应现象》等三篇文章。

呢？在我们的印象之中，当我们观察到某个实验现象时，就能很容易地获得某个相应的结论。其实从实验现象到实验结果，有一个思维抽象的过程，这个过程需要的思维抽象水平特别高；特别是当实验涉及的问题是人类还没有开拓过的新领域，或者还没有构建相应的新概念时，要形成相应的实验规律确实非常不容易。阿伦尼乌斯做了足够多的实验后，暂时离开斯德哥尔摩大学的实验室回到乡下的老家。他并不是来家乡度假的，而是要总结、归纳、提升实验数据背后的规律。阿伦尼乌斯最关注的是溶液导电实验，他发现在通电后，稀溶液比浓溶液显示的规律要简单得多。而之前的化学家只发现，在一些浓溶液中加入水之后，电流会增大，甚至加水的多少与电流的增加有一定的联系。但是，他们却很少去真正思考通过溶液中的电流大小与溶液浓度之间的关系。通过大量计算和实验数据分析，阿伦尼乌斯发现电解质溶液的浓度对导电性有明显的影响。但是，溶液浓度的大小，到底意味着什么？从宏观的角度来看，溶液浓度越大，意味着溶液中溶质所占的比例越大。阿伦尼乌斯反复思考的是溶液浓度的大小与导电能力之间存在的必然联系，而这个必然联系的建立，就是要解决溶液浓度大小的本质特征。阿伦尼乌斯还想到，浓溶液加水后就变成稀溶液，水在这个过程中起了什么作用？因为纯净的水是不导电的，同样，纯净的固体食盐也是不导电的，但把食盐溶解到水里，盐水就导电了，这说明水在其中肯定起了一个非常重要的作用。此时，他想起英国科学家法拉第在1834年提出的“只有在通电的条件下，电解质才会分解为带电的离子”这个观点。很明显，阿伦尼乌斯的实验可以否定法拉第的这个观点，但阿伦尼乌斯从法拉第观点得到启示：既然法拉第认为电流是产生离子的原因，自己的实验不正是说明“水就是使食盐水产生离子从而能导电的原因”吗？如果是这样的话，食盐溶液中会产生相应的氯离子和钠离子。这就是电离理论的基本思想雏形。其实这个想法是非常大胆的，也是“出格”的。尽管阿

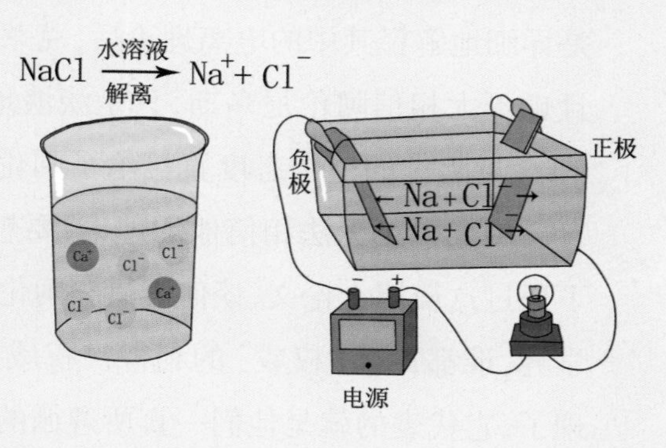

氯化钠水溶导电的原理

伦尼乌斯已经非常清楚地认识到，自己的实验完全可以否定法拉第的观点，但在19世纪80年代的欧洲，虽然法拉第去世快20年了，而法拉第在物理学、化学领域中的贡献和影响还是非常巨大的，法拉第在科学界的名声如雷贯耳，不是阿伦尼乌斯这位初出茅庐的黄毛小子可以比拟的。此外，在当时的化学界，元素、原子、离子等还是很难区别清楚，在阿伦尼乌斯看来，氯气是一种有毒的黄绿色气体，如果盐水里有氯气，有谁因为喝了盐水而中毒呢？看来氯离子和氯原子在化学性质上是有区别的。阿伦尼乌斯作这样的推测不是没有根据的，因为他发现离子带电，但原子是不带电的，说明它们在结构上还是有差别的，这样他们在性质上有差别就不足为奇了。要知道在19世纪80年代的欧洲，人们还不清楚分子和原子的结构，阿伦尼乌斯能如此这般超常人、超时代的推测与想象，这是非常了不起的能力。

1883年5月，阿伦尼乌斯终于把自己在实验中的新发现，从经验提升为理论，构建了电离理论。阿伦尼乌斯认为，电解质溶于水后，电解质分子在水分子的作用下离解成导电的离子，这是电解质在水溶液中能导电的根本原因；同时电解质溶液愈稀，电解质的电离度越大。带着这样一篇有开创性意义的博士论文回到乌普萨拉大学，阿伦尼乌斯有点儿惴惴不安，所以他先向当时著名的化学教授克莱夫[①]请教。克莱夫给阿伦尼乌斯上过课，是阿伦尼乌斯的老师，也是当时瑞典很有名望的实验化学家、生物学家、海洋学家和矿物学家，此前他已经发现了钬（huǒ，金属元素）和铥（diū，金属元素）这两种化学元素，在当时的瑞典非常有影响力。当阿伦尼乌斯向他汇报自己的博士论文，特别是详细地解释其中的电离理论后，克莱夫却对这个理论一点儿都不感兴趣，而且也不太相信阿伦尼乌斯，只是淡淡地说："这个理论纯粹是空想，我无法相信。"克莱夫的这个态度直接给了阿伦尼乌斯一记当头棒喝，因为他知道，连自己的老师都无法相信他的理论，要想从那帮既保守又挑剔的教授们眼皮底下通过这篇博士论文，谈何容易！阿伦尼乌斯的担心还是有他的道理的，在科学界，谁都知道"权威"的利害，"权威"不是不讲道理，正因为"权威"太讲道理了，它代表的就是他们一直所遵循的一般事物规律和原则，代表着人们习以

① 克莱夫（Per Teodor Cleve，1840 ~ 1905）瑞典化学家、生物学家、矿物学家和海洋学家，发现了化学元素钬和铥。

为常的观念，当你想推翻“权威”而树立起自己的新权威，凭什么让别人信服？但大凡成大事者，自有过人之处，特别是有强大的心理承受能力。阿伦尼乌斯非常坚信自己的观点和实验数据是正确的，只是要说服那帮“权威”，还得准备的更充分一些，更有事实依据一些。经过四个小时的博士论文答辩，如坐针毡的阿伦尼乌斯终于可以长出一口气了。因为阿伦尼乌斯的实验材料和数据非常充分，虽然实验建立的电离理论这个结果有点儿“不知天高地厚”，但还是勉强可以通过的。教授们又查阅了阿伦尼乌斯大学期间的所有科目成绩，即便博士论文成绩不太理想，但还是以“及格”的三等成绩让阿伦尼乌斯勉强获得了博士学位。

阿伦尼乌斯当然不会甘心自己的研究成果就这样被“湮（yān）没”了，他要把自己的研究成果发表出来，让更多的人知道他的研究。这样，阿伦尼乌斯就把自己的博士论文再三整理，成为两篇论文送到瑞典科学院请求专家们审议。1883年6月6日，经过斯德哥尔摩的瑞典科学院专家审议讨论后，这两篇论文被推荐予以发表，刊登在1884年初出版的《皇家科学院论著》杂志的第十一期上。阿伦尼乌斯的第一篇论文叫《电解质的电导率研究》，论述了自己对电解质的导电能力的实验测量和计算的结果；第二篇论文叫《电解质的化学理论》，是在实验基础上对水溶液中物质形态的理论总结，构建了电离理论。在阿伦尼乌斯看来，当溶液被水稀释时，在水的作用下，溶液的导电性增加，要从本质上解释这种现象，就要先进行假设：电解质在溶液中有两种不同的形态，一种是以分子形态存在的非活性形态，另一种是以离子形态存在的活性形态。这样，在溶液被稀释时，电解质的部分分子就被离解为离子，活性形态的数量增加，所以溶液导电性也就增强。

克劳修斯

阿伦尼乌斯的论文发表了，也获得了博士学位，但就是电离理论在瑞典没有获得喝彩声。因此阿伦尼乌斯非常郁闷，既然国内无人理解，为何不向国外寻求机会呢？而要寻找自己的支持者，这个人必须有创新能力和创新精神，特别是既要在化学领域有影响力，又要容易接受新事物。阿伦尼乌斯首先想到了克劳修斯[①]。克劳修斯是热力学的奠基人，对热力学第二定律的发现作出了很大的贡献，又被认为是电化学的预言者。但此时的克劳修斯年老体弱多病，对新事物缺乏敏感性，也已经无瑕顾及这位年轻人的“怀才不遇”了。阿伦尼乌斯也找过德国化学家迈耶尔[②]，因为迈耶尔曾经独立提出过元素周期律，也是一位很有威望的化学家，但迈耶尔对阿伦尼乌斯的电离理论没有任何表示。化学家在自己研究领域往往有特别的天赋，对那稍纵即逝的实验现象和混杂于平凡中的关键“伪装者”，总能“慧眼识珠”，去芜存菁（去除杂质，保留精华），让科学本质逐渐显露出来，但化学家对他人研究的问题并不一定能有如此尖锐的“慧眼”。这也是阿伦尼乌斯的电离理论处处受到冷遇的原因之一。

幸运的是并不是所有的科学家都麻木不仁。在里加工学院任教的奥斯特瓦尔德教授对阿伦尼乌斯的态度却是另一番景象。1884 年 6 月的某一天，发生了三件使奥斯特瓦尔德难忘的事情：他牙疼得厉害；妻子生了一个女儿；他读到了阿伦尼乌斯寄来的论文。奥斯特瓦尔德忍着牙痛，反复看了好几遍，他觉得这个年轻人的观点是可取的，而且马上意识到，这个“可取的”观点如果是事实，那阿伦尼乌斯正在开创离子化学这个新领域。对新事物有极大热情，又喜欢动手做实验的奥斯特瓦尔德立刻着手实验，而且用实验证实了阿伦尼乌斯电离理论的正确性。随后，奥斯特瓦尔德便去瑞典乌普萨拉会见了阿伦尼乌斯，双方比较深入地探讨了一些共同感兴趣的问题，也开始了他们毕生的友谊和后来的合作。

奥斯特瓦尔德

奥斯特瓦尔德自然并非等闲人物，他的研究方法与众不同，结合物理方法与化学分析，并以“化学过程中的体积变化和折射率的变化来比较物质的化学亲和力”的实验为内容，在 1878 年底以《体积化学与光化学研究》的论文取得

① 鲁道夫·尤利乌斯·埃马努埃尔·克劳修斯（Rudolf Julius Emanuel Clausius，1822 ~ 1888）是德国物理学家和数学家。
② 朱丽叶·洛萨·迈耶尔（Julius Lothar Meyer，1830 ~ 1895）是德国化学家，最早研究元素周期律的化学家。

博士学位。这项研究是奥斯特瓦尔德的独创性研究，引起科学界的高度重视，并产生一定的影响。1880年，奥斯特瓦尔德又开始写《普通化学概论》一书，并不断用物理化学新发现来诠释其中的概念。1881年，奥斯特瓦尔德回到里加，成为里加综合技术学院的化学教授，并开始建立实验室来开展他感兴趣的化学动力学的研究工作。短短几年，奥斯特瓦尔德的研究工作有了很大的进展，影响力也越来越大，加上他于1883年1月对欧洲大陆的先进实验室进行考察，并与当时一流的物理学家亥姆霍兹[①]和拜耳[②]等人的私下交流，都使奥斯特瓦尔德成为欧洲化学界的一位有影响力的人物。

这样，阿伦尼乌斯在奥斯特瓦尔德的帮助下，获得出国做五年访问学者的机会。在这五年中，阿伦尼乌斯先后在里加和莱比锡的奥斯特瓦尔德的实验室里工作，又与当时著名的德国物理学家柯耳劳希[③]、奥地利物理学家玻尔兹曼[④]、荷兰化学家范托夫[⑤]等人进行了工作接触。特别是范托夫，他的研究工作中会经常需要用电离理论来解释一些现象。此时的阿伦尼乌斯算是处在人生最低谷，能找到在研究领域的志同道合者，实属不易。在奥斯特瓦尔德和范托夫等人的支持下，随着原子内部结构的奥秘被科学家们逐步揭示，阿伦尼乌斯的电离理论开始逐渐被世人所接受。甚至原来反对电离理论的克莱夫教授，也亲自提议这位自己曾经的学生为瑞典科学院院士。

范托夫

1901年第一届诺贝尔奖评奖时，阿伦尼乌斯成为首届诺贝尔物理奖的11个候选人之一，可惜不敌范托夫而落选了。1902年，阿伦尼乌斯又被提名为诺

① 亥姆霍兹（Hermann von Helmholtz，1821 ~ 1894）是德国物理学家、数学家，是“能量守恒定律”的创立者。可参阅《站巨人肩膀上孕育而生的能量守恒定律》一文。

② 阿道夫·冯·拜耳（Adolf Von Baeyer，1835 ~ 1917）是德国化学家，因“对有机染料以及氢化芳香族化合物的研究促进了有机化学与化学工业的发展”获得1905年诺贝尔化学奖。

③ 弗里德里希·柯耳劳希（Friedrich Kohlrausch，1840 ~ 1910）是德国物理学家，以研究电解质的导电能力而著名。此外，也研究了弹性、热传导以及磁和电的精确测量。

④ 路德维希·玻尔兹曼（Ludwig Edward Boltzmann，1844 ~ 1906）是奥地利物理学家和哲学家，是热力学和统计物理学的奠基人之一。

⑤ 雅各布斯·亨里克斯·范托夫（Jacobus Henricus van 't Hoff，1852 ~ 1911）是荷兰化学家，第一届诺贝尔化学奖获得者。

贝尔化学奖候选人，结果再次落选。1903 年，诺贝尔评选委员会中的很多评委依旧推举阿伦尼乌斯，但是对于他应获诺贝尔物理奖还是化学奖还是发生了分歧。但最终，阿伦尼乌斯获得了 1903 年诺贝尔化学奖。这充分说明，主流科学界已经完全承认阿伦尼乌斯的电离理论是科学的。

阿伦尼乌斯根据电离理论对酸、碱下了定义。他认为，凡在水溶液中电离出的阳离子全部都是 H^+（氢离子）的物质叫酸；电离出的阴离子全部都是 OH^-（氢氧根离子）的物质叫碱，酸、碱反应的本质是 H^+ 与 OH^- 结合生成水。

阿伦尼乌斯对酸、碱的定义，是根据离子理论，以定量的方式确定了酸、碱的强度。按照电离理论，酸、碱的强度可用电离度来表示。阿伦尼乌斯认为，电离度是电解质电离出来的离子浓度与总浓度之间的百分比；对酸、碱来说，就是指氢离子（氢氧根离子）浓度与总酸（或碱）浓度之间的百分比。

这样看来，阿伦尼乌斯的电离理论似乎完全正确了。

但现实就是这么残酷，电离理论还是遇到了一些困难。如在没有水存在时，氯化氢气体和氨气也能发生化学反应生成氯化铵，他们在反应过程中并没有电离就反应了，显然电离理论是不能讨论这类反应的；将氯化铵溶于液氨中，溶液就具有酸的特性，能与某些金属反应产生氢气，还能使指示剂变色，但氯化铵在液氨这种非水溶剂中并未电离出 H^+，电离理论对此也是无能为力的；碳酸钠在水溶液中并不电离出 OH^-，但它却显碱性。如此等等，要解决这些问题，必须使酸、碱概念脱离溶剂（包括水和其他非水溶剂）而独立存在。同时，酸、碱的概念不能脱离化学反应而孤立存在。

要解决这些新问题，科学家们又踏上了新的征程。

前赴后继的酸碱理论

阿伦尼乌斯的电离理论非常清晰地解释了酸和碱的性质，它是化学发展史上的里程碑。所以，初高中化学教材中关于酸和碱的定义和性质，都是以阿伦尼乌斯的电离理论为基础。但就像《从玻意耳到阿伦尼乌斯》一文结尾处所说的那样，阿伦尼乌斯的电离理论也遇到了新的问题，因为它所能适用的对象范围太狭隘，许多化学物质和化学反应都被它排除在外。

1905年，美国化学家富兰克林[①]提出酸碱溶剂理论，算是对阿伦尼乌斯电离理论的发展和补充。

富兰克林出生于美国堪萨斯州的吉里，22岁时考入了堪萨斯大学学习化学。1891年，富兰克林到德国柏林大学留学一年，1892年回到美国堪萨斯

① 爱德华·富兰克林（Edward Curtis Franklin，1862 ~ 1937）是美国化学家。

州州立大学担任化学助理教授。后来又到美国约翰霍普金斯大学学习化学，并获得化学博士学位。在以后的工作生涯中，富兰克林边教学边研究，其中最大的研究成果就是构建了酸碱溶剂理论。富兰克林担任过美国化学协会会长，并成为美国国家科学院院士和美国哲学学会的会员。

酸碱溶剂理论认为，凡是在溶剂中产生该溶剂的特征阳离子的溶质叫酸，产生该溶剂的特征阴离子的溶质叫碱。这样对酸碱的定义，与阿伦尼乌斯的电离理论有较大的区别，对酸碱的定义范畴也宽泛了许多。

比如，液氨中就存在如下平衡：$2NH_3 \rightleftharpoons NH_4^+ + NH_2^-$。这样，$NH_4Cl$ 在液氨会电离出 NH_4^+，所以 NH_4Cl 属于酸；$NaNH_2$ 在液氨会电离出 NH_2^-，所以 $NaNH_2$ 属于碱。

再比如，液态 N_2O_4 中存在如下平衡：$N_2O_4 \rightleftharpoons NO^+ + NO_3^-$。这样，NOCl 在液态 N_2O_4 中会电离出 NO^+，NOCl 属于酸；$AgNO_3$ 在液态 N_2O_4 中会电离出 NO_3^-，$AgNO_3$ 属于碱。

酸碱溶剂理论适用的是非水溶剂中的电离现象，而且溶剂的酸碱性也不再是绝对的：同一种物质，在不同溶剂中酸碱性可能会发生变化。

我们知道，一个氢离子（H^+）就是一个质子，所以按照溶剂电离是否产生质子，可以把溶剂分为质子性溶剂和非质子性溶剂。像氟化氢、水、液氨等在电离过程中都有质子参与，属于质子性溶剂；而像四氧化二氮、三氧化硫等在电离过程中没有质子参与，属于非质子性溶剂。当然，我们还可以根据酸碱性，将溶剂分为两性的中性溶剂、酸性溶剂和碱性溶剂。两性的中性溶剂既可以作为酸，又可以作为碱的溶剂；当溶质是强酸时，它呈碱性，当溶剂是强碱时，它呈酸性；最常见的就是水和醇。酸性溶剂的酸性比水大，常见的是甲酸和乙酸。碱性溶剂的碱性比水大，常见的有液氨、乙二胺等。

酸碱溶剂理论比酸碱电离理论还存在一个优点：在酸碱电离理论中，因为强酸在水溶液中都会比较彻底地电离，所以它们的酸性强度无法区分。但通过实验表明，不同种类的强酸的酸性强度还是有区别的，比如高氯酸和硝酸都是强酸，在水溶液中它们的酸性差别不大，但以乙酸作为溶剂时，它们的酸性就可以区分开来了。这样，化学上将这种溶剂能够区分酸或碱强度的效应称为区分效应，对应的溶剂称为区分溶剂。相反，像强酸在水这种碱性相对较强的溶剂中，它们的酸性强度就没有差别了，这种将不同强度的酸拉平到溶剂化质子水平的效应，称为拉平效应，对应的溶剂称为拉平溶剂。

虽然酸碱溶剂理论扩大了酸碱范围，就像酸碱电离理论适用于水溶液一样，酸碱溶剂理论适用于非水溶剂体系和超酸体系。但是，酸碱溶剂理论的局限性也是很明显的：首先是它的适用范围小；同时，它并不能说明形如 $CaO + SO_3 = CaSO_4$ 等不在溶剂中进行反应的情况；而且，它也不能说明在苯、氯仿、醚等不电离溶剂体系中的酸碱反应。

正因酸碱溶剂理论存在缺陷，化学家们探索酸碱理论的步伐就不会停止，他们对酸碱的本质认识征程还在进行当中。

丹麦物理化学家布朗斯特和英国物理化学家洛瑞[①]在1923年分别独自提出了酸碱质子理论，又丰富了对酸碱的认识。

布朗斯特出生于丹麦的瓦德，1908 年从哥本哈根大学获得博士学位，随后在哥本哈根大学担任物理化学教授。

洛瑞出生在英格兰的西约克郡，大学时就想成为一名化学家。年轻时洛瑞跟随英国化学家阿姆斯特朗[②]从事有机化学研究。自 1903 年英国成立法拉第学会以来，洛瑞一直是其核心成员，并在 1928 年到 1930 年之间担任该学会主席。1914 年，洛瑞当选为英国皇家学会会员。

布朗斯特　　洛瑞

酸碱质子理论认为，凡是能够给出质子（H^+）的物质都是酸；凡是能够接受质子的物质都是碱。由此看出，酸碱的范围不再局限于

① 布朗斯特（Johannes Nicolaus Brønsted，1879 ~ 1947）是丹麦物理化学家；马丁•洛瑞（Martin Lowry，1874 ~ 1936）是英国物理化学家。

② 亨利•阿姆斯特朗（Henry Edward Armstrong，1848 ~ 1937）是英国化学家。

电中性的分子或离子化合物，带电的离子也可称为“酸”或“碱”。不仅如此，还有一些物质既能给出质子，也能接受质子，那么该物质既属于酸，又属于碱，通常称该物质为“酸碱两性物质”。

当一个分子或离子释放一个质子（H^+），同时一定有另外一个分子或离子接受一个质子（H^+），因此酸和碱都会成对出现的。这样，酸碱质子理论可以用以下反应式说明：

酸 + 碱 ⇌ 共轭（è）碱 + 共轭酸

我们也可以这么理解：当酸在失去一个质子后会变成共轭碱；同时，肯定有碱会得到一个质子变成共轭酸。以上反应可能是正反应，也可能是逆反应。

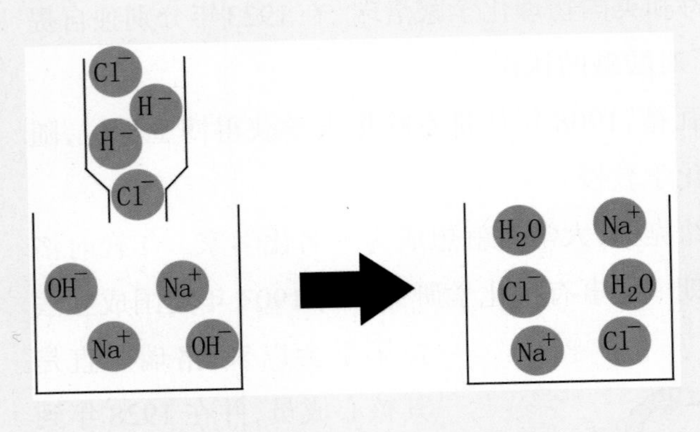

盐酸和氢氧化钠反应

酸碱质子理论不仅扩大了酸和碱的范围，也扩大了酸和碱反应的范围。在酸碱电离理论中，酸与碱反应的本质是氢离子与氢氧根离子结合成水分子的反应，所以产物必然是盐和水，但在酸碱质子理论中，则没有受此限制。酸碱电离理论中的中和反应，强酸置换弱酸的反应，酸碱的电离，盐类的水解，氨气与氯化氢气体的反应等，在酸碱质子理论中都属于酸碱反应。

酸碱质子理论还有一个先进性体现在对酸碱的认识上，即酸和碱是相对的。

当然，酸碱质子理论并不是万能的，它还是无法解释 $CaO + SO_3 = CaSO_4$ 这个反应：在这个反应中，SO_3 具有酸的性质，但它却并未释放质子；而 CaO 具有碱的性质，它也没有接受到质子。同时，许多不含氢的化合物如 $AlCl_3$、BCl_3、$SnCl_4$ 等，它们在反应中不能释放质子，但它们都可以与碱发生反应，然而根据酸碱质子理论，它们都不是酸。

还是针对酸碱电离理论存在缺陷，1923年，美国化学家路易斯[①]提出了酸碱电子理论，以期能弥补这种缺陷。这样，酸碱理论的大家庭更热闹了。

路易斯于1896年在哈佛大学取得学士学位，1898年取得硕士学位，1899年取得博士学位。1900年去德国哥廷根大学进修，回美国后在哈佛大学任教。在一生的科研生涯中，路易斯开辟了化学研究的新领域，开创性地研究了许多化学基础理论。比如1901年和1907年，路易斯先后提出“逸度”[②]和“活度”[③]的概念；1916年提出共价键的电子理论，1923年又对共价键和共用电子对成键理论作了进一步阐述。1921年将离子强度的概念引入热力学，发现了稀溶液中盐的活度系数由离子强度决定的经验定律。1923年提出了酸碱电子理论。

路易斯

路易斯认为，没有任何理由认为酸必须限定在含氢的化合物上。在路易斯看来，既然氧化反应不一定有氧参加，则酸也可以不需要氢。所以路易斯从结构的角度提出，酸是电子的接受体，碱是电子的给予体。酸和碱的反应是酸从碱接受一对电子，形成配位键，得到一个酸碱加合物的过程。

根据路易斯的酸碱理论，许多有机反应也是酸碱反应，这就使酸碱反应的范围又扩大了，因为它还能说明不含有质子的物质也具有酸碱性的原因，这其中就包括金属阳离子、缺电子化合物、极性双键分子、价层可扩展原子化合物、具有孤对电子的中性分子等，更深入本质地指出了酸碱反应的实质。但酸碱电子理论还是无法准确地描述酸碱的强弱程度，难以判断酸碱反应的方向与限度。

到了1963年，美国无机化学家皮尔森[④]在前人研究的基础上，提出软硬

① 吉尔伯特•牛顿•路易斯（Gilbert Newton Lewis，1875 ~ 1946）是美国化学家。

② 逸度在化学热力学中表示实际气体的有效压强。逸度定义的出发点是化学势与理想气体的压强的关系，它等于相同条件下具有相同化学势的理想气体的压强。

③ 活度也叫衰变率，指样品在单位时间内衰变掉的原子数，即某物质的“有效浓度”，或称为物质的“有效莫尔分率”。它是为使理想溶液（或极稀溶液）的热力学公式适用于真实溶液，用来代替浓度的一种物理量。

④ 拉尔夫•皮尔森（Ralph Pearson，1919 ~ ）是美国无机化学家。

酸碱理论。软硬酸碱理论认为，体积小，正电荷数高，可极化性低的中心原子称作硬酸；反之称作软酸。电负性高，极化性低，难以被氧化的配位原子称为硬碱，反之为软碱；除此之外的酸碱被称为交界酸碱。

软硬酸碱理论具有许多优点，其中一个就是较好地完成了酸碱电子理论中难以判断酸碱反应的方向性问题，也预言了配合物的稳定性。但软硬酸碱理论的缺陷也是明显的，比如它并不适用整个酸碱电子理论，也不能定量计算反应的程度。

如此简要地罗列了一遍历史上主要的酸碱理论，发现它们各有特色，优缺点共存。这些酸碱理论之间的联系也强，彼此有相互补充的作用。我们可以把最常见的酸碱理论所适用的对象范畴用维恩图来展现它们之间的关系：

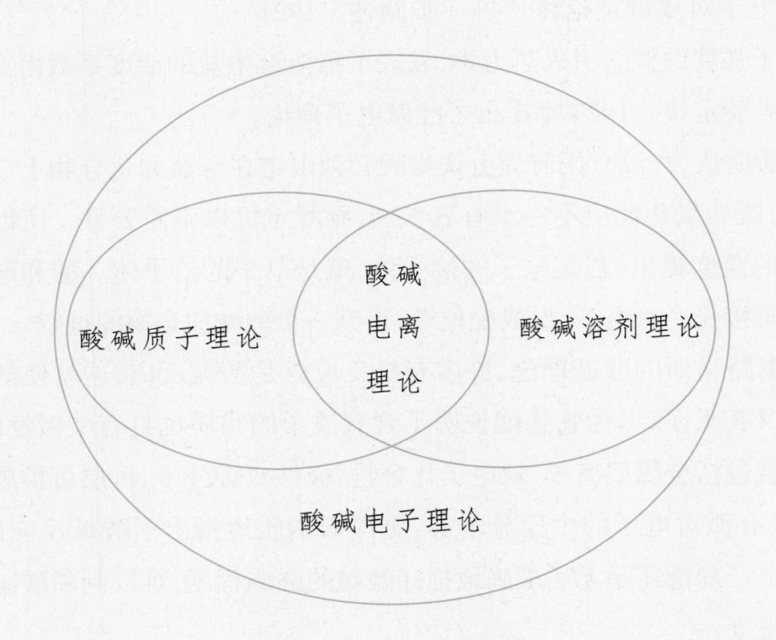

科学史表明，即便有如此多的酸碱理论，还是不能穷尽描述客观酸碱的本质和变化规律，酸碱理论还将在化学家们的努力下，再次开出娇艳的花朵。

勒布朗制碱法与索尔维制碱法

碳酸钠的俗名叫“苏打”“纯碱”，它是一种重要的化学物质。碳酸钠的用途非常广泛，工业上制造玻璃、肥皂、纺织、造纸、制革等都需要它作为原料，冶金工业以及净化水也都会用到它，它还可用于制造钠的其他化合物。此外，日常生活中可以用碳酸钠作洗涤剂，也可用它来中和发酵馒头时产生的酸性物质等。

但是，这么重要的物质，它的生产工艺被人类掌握也是18世纪末的事。

在人工合成纯碱之前，古代就发现某些海藻晾晒后，烧成的灰烬中含有碱类，用热水浸取、滤清后可得褐色碱液用于洗涤。大量的天然碱来自矿物，以地下埋藏或碱水湖为主。

1793年,法国化学家勒布朗[1]最早发明了人工合成纯碱的方法,并首先取得专利,后来被称为勒布朗制碱法。

勒布朗的父亲是名铁厂管理员,1751年去世后,9岁的勒布朗被送到父亲好友家里寄养。受监护人的影响,勒布朗对医学非常感兴趣,并于1759年考入巴黎外科学院学习医学。毕业后开始行医,积累了丰富的经验。在18世纪,医生一般还要充当药剂师的角色自己配制药物,所以勒布朗对配制药物所必备的化学知识非常精通。1780年,勒布朗接受路易·菲利普二世[2]的邀请,成为他的私人医生。

1775年,法国科学院为了促进工业发展,想从便宜的食盐(氯化钠)中生产出大量的纯碱,向社会公开征求生产"良方"。1791年,勒布朗成功地通过两个步骤,以食盐为原料生产出碳酸钠。第一步,将氯化钠与浓硫酸混合,在800℃~900℃下,反应产生氯化氢气体,并得到固体硫酸钠;第二步,将硫酸钠固体粉碎,并混合于炭和石灰石中,再次放回加热炉中用1000℃高温加热。这两步可用如下的化学方程式来表示:

第一步:$2NaCl + H_2SO_4(浓) \xlongequal{800℃\sim900℃} Na_2SO_4 + 2HCl\uparrow$

第二步:$Na_2SO_4 + 2C \xlongequal{1000℃} Na_2S + 2CO_2\uparrow$,

$Na_2S + CaCO_3 \xlongequal{1000℃} Na_2CO_3 + CaS$

这样,法国科学院就把这次公开征集制碱的发明奖项授予勒布朗。后来,勒布朗就用海盐和硫酸作为原料,建了一个每年能生产320吨纯碱的工厂。

勒布朗

用"勒布朗制碱法"所得到的产品是以含Na_2CO_3为主的纯碱粗制品,其中还含有较多的黑灰,所以还需要经过浸取、蒸发、精制、再结晶、烘干,这样才能获得纯度约为97%的纯碱。所以这种方法在企业生产和操作上并不简单,且制取过程需要

① 尼古拉斯·勒布朗(Nicolas Leblanc, 1742~1806)是法国医生和化学家。
② 路易·菲利普二世(奥尔良公爵)(Louis Philippe Joseph d'Orléans, 1747~1793)是统治法国的波旁王朝之庶系分支奥尔良家族成员,他因热心支持法国大革命而被称为平等的菲利普,但最后仍在雅各宾专政时期被送上断头台。他的长子路易·菲利普(1773~1850)在1830年七月革命后成为法国国王。

高温加热，非常耗费能源。

勒布朗制碱法的缺陷，成为它被推翻、被取代或被修正的原因。1861年，比利时化学家索尔维[①]以食盐、石灰石和氨为原料，制得了碳酸钠和氯化钙。

索尔维出生于比利时的勒贝克，年轻时因患急性胸膜炎而未能上大学。从21岁开始，索尔维在叔叔的煤气厂从事稀氨水浓缩工作。1861年，索尔维用氨溶液、二氧化碳与食盐混合制成碳酸钠（称为氨碱法），并获得比利时政府颁发的发明专利。同时，索尔维自己开设了一个小化工厂对氨碱法制碱进行进一步实验。1863年，索尔维正式创办了一个制碱工厂，实现了氨碱法的工业化。由于他生产的纯碱纯度高，质量好，在1867年法国巴黎举行的世界博览会上获得铜制奖章。这样，氨碱法就被正式命名为索尔维制碱法。这个消息传到英国，正在从事勒布朗制碱法的英国哈琴森公司与索尔维签订协议，取得了两年独占索尔维制碱法的生产权利。1873年，哈琴森公司改名为卜内门公司，建立了用索尔维制碱法大规模生产纯碱的工厂，后来还在法国、德国、美国、奥地利等国相继建厂。至今，全球还有约70个索尔维工厂仍在生产。这些国家发起组织成立了索尔维公会，对索尔维制碱法的专利使用只向会员国公开，对外绝对保守秘密。同时，成员国专家凡有改良或新发现技术，只限索尔维公会成员国之间彼此交流，并相约不再申请专利，以防止专业技术泄露。除技术严格保密外，在纯碱的销售上也采用如今社会商品销售的“经销商代理制”，如中国市场只能由英国卜内门公司代理销售。这样，纯碱在如此严密组织下研制、生产、销售，价格也就被垄断了。许多国家因为得不到索尔维公会的特许权，所以也根本无从知晓索尔维制碱法的生产技术。多少年来，包括中国在内的许多国家的化工专家和化工企业都想探知索尔维制碱法的奥秘，但都以失败告终。直到1933年，中国化学家侯德榜出版的一本书改变了制碱历史[②]。

索尔维

虽然索尔维公会并不在索尔维本人的控制之下，但索尔维制碱法的专利权

① 欧内斯特·索尔维（Ernest Solvay，1838 ~ 1922）是比利时化学家、实业家和慈善家。
② 请参阅《侯德榜和他的侯氏制碱法》一文。

1917 年纽约伊利运河边上的索尔维制碱厂

还是属于索尔维本人，再加上他自己也开办了大量的制碱企业，索尔维成为了真正的实业家。当巨额财富滚滚而来时，索尔维并没有把这些财富用于个人挥霍，而是用于慈善事业。在这一点上，史学家们都把索尔维归入与诺贝尔[①]一样的人物，甚至认为索尔维根本不逊于诺贝尔。在比利时，索尔维建立了大量的科学研究机构和高校，以便支持科技发展和学术研究。从 1911 年开始，索尔维就策划和资助了一系列物理学和化学的重要会议，这些会议被称为“索尔维会议”，其中以物理学会议最为著名。参加过索尔维物理学会议的著名科学家就有德国物理学家普朗克[②]、英国物理学家卢瑟福[③]，法国科学家居里夫人[④]，法国数学家和理论物理学家庞加莱[⑤]，还有20世纪最伟大的物理学家爱因斯坦[⑥]。其后，像著名量子物理学家玻尔、海森堡、玻恩和薛定谔[⑦]等也都参加过索尔维会议。

---

① 阿尔弗雷德·贝恩哈德·诺贝尔（Alfred Bernhard Nobel，1833~1896）是瑞典化学家、工程师、发明家、军工装备制造商和炸药的发明者。诺贝尔一生拥有 355 项专利发明，并在欧美等五大洲 20 个国家开设了约 100 家公司和工厂，积累了巨额财富。1895 年，诺贝尔立嘱将其遗产的大部分（约 920 万美元）作为基金，将每年所得利息分为 5 份，设立诺贝尔奖，分为物理学奖、化学奖、生理学或医学奖、文学奖及和平奖 5 种奖金（1969 年瑞典银行增设经济学奖），授予世界各国在这些领域对人类作出重大贡献的人。

② 马克斯•普朗克（Max Planck，1858 ~ 1947）是德国著名的物理学家，是量子物理的创始人之一。

③ 欧内斯特•卢瑟福（Ernest Rutherford，1871 ~ 1937）是新西兰著名物理学家，原子核物理学之父。可参阅《谁是主宰者》一书中《诺贝尔奖得主的“孵化师”》一文。

④ 居里夫人即玛丽•居里（Marie Curie，1867 ~ 1934）是波兰裔法国著名物理学家和化学家。1903 年，居里夫妇和贝克勒尔由于对放射性的研究而共同获得诺贝尔物理学奖，1911 年，因发现元素钋和镭再次获得诺贝尔化学奖。

⑤ 庞加莱（Henri Poincaré，1854 ~ 1912）是法国数学家和理论物理学家。

⑥ 阿尔伯特•爱因斯坦（Albert Einstein，1879 ~ 1955）是德国裔物理学家，以相对论、光电效应等著名，是公认为是继伽利略、牛顿以来最伟大的物理学家。

⑦ 关于玻尔、海森堡、玻恩和薛定谔以及他们的导师卢瑟福的故事，可参阅《谁是主宰者》中的《诺贝尔奖得主的“孵化师”》一文。

参加1927年第五届索尔维会议的科学家合影①

后排左起：A. 皮卡尔德（A.Piccard）E. 亨利厄特（E.Henriot）P. 埃伦费斯特（P.Ehrenfest）Ed. 赫尔岑（Ed.Herzen）Th. 顿德尔（德康德）（Th. de Donder）E. 薛定谔（E.Schrodinger）E. 费尔夏费尔德（E.Verschaffelt）W. 泡利（W.Pauli）W. 海森堡（W.Heisenberg）R.H. 否勒（R.H.Fowler）L. 布里渊（L.Brillouin ）
中排左起：P. 德拜（P.Debye）M. 克努森（M.Knudsen）W.L. 布拉格（W.L.Bragg）H.A. 克莱默（H.A.Kramers）P.A.M 狄拉克（P.A.M.Dirac）A.H. 康普顿（A.H.Compton ）L. 德布罗意（L. de Broglie）M. 波恩（M.Born）N. 玻尔（N.Bchr ）
前排左起：I. 朗缪尔（I.Langmuir）M. 普朗克（M.Planck M. 居里夫人（Mme Curie ）H.A. 洛伦兹（H.A.Lorentz ）A. 爱因斯坦（A.Einstein）P. 朗之万（P.Langevin）Ch.E. 古伊（Ch.E.Guye）C.T.R. 威尔逊（C.T.R.Wilson）O.W. 里查逊（O.W.Richardson）

氨碱法是以食盐、石灰石和氨为原料，制得碳酸钠和氯化钙，它的反应可以用如下的流程图来表示：

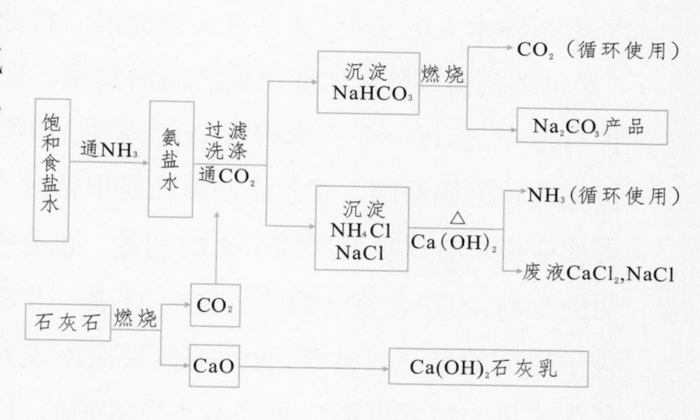

在饱和食盐水中通入充足的氨气，形成氨盐水；将石灰石高温锻烧（化学方程式为：$CaCO_3 \xlongequal{高温} CaO+CO_2\uparrow$），产生的二氧化碳通入氨盐水。这样，它们就发生了如下的化学反应：

$$NaCl+NH_3+CO_2+H_2O = NaHCO_3+NH_4Cl$$

由于反应生成的碳酸氢钠和氯化铵的浓度较高，在常温下，氯化铵的溶解度较大，形成的溶液还是氯化铵的不饱和溶液，而碳酸氢钠的溶解度较小，有大量的晶体析出，所以通过过滤、洗涤就能得到较纯净的碳酸氢钠晶体。

① 请参阅《侯德榜和他的侯氏制碱法》一文。

再将较纯净的碳酸氢钠晶体煅烧，就获得了最终产品——碳酸钠（纯碱），同时产生的二氧化碳可以循环再利用。化学方程式如下：

$$2NaHCO_3 \xlongequal{高温} Na_2CO_3+CO_2\uparrow +H_2O$$

而滤液中还有浓度较大的氯化铵和氯化钠，在其中加入锻烧石灰石后产生的氧化钙（生石灰），它们发生的化学反应如下：

$$2NH_4Cl+CaO \xlongequal{高温} 2NH_3\uparrow +CaCl_2+H_2O$$

反应中生成的氨气可重新作为原料循环再利用。

这样，氨碱法制纯碱的总体化学反应，可总结为如下一条：

$$CaCO_3+2NaCl \xlongequal{高温} CaCl_2+Na_2CO_3$$

氨碱法相比勒布朗制碱法来说，最大的进步是实现了连续性生产，大大提高了食盐的利用率，最终获得比较纯净的纯碱。此外，对于企业生产来说，利润和效益才是首要的生命线，氨碱法比勒布朗制碱法最突出的优点还在于成本非常低廉，这样利润就非常丰厚。

许多人到如今还是将索尔维公会秘密保守索尔维制碱法的"罪恶"算在了索尔维本人的头上，这是有失公允的。持此种观点的人，从根本上混淆了"索尔维公会"与索尔维本人之间的关系。而最重要的还是，对专利权的保护与遵守，是每一个文明国家个人、企业、组织、政府都应该遵守的最基本法律底线和道德原则。索尔维制碱法是申请过专利的一项技术发明，它的发明者就应该享有这项发明权带来的利益。也有人说，索尔维自己不公开自己发明的专利，不符合科学的开放精神，不是一位科学家所应具有的心胸。确实，科学强调的是开放精神，科学的成果应该成为全世界所有人的成果。但是，科学成果与技术发明成果是有本质区别的，科学成果无国界，技术发明却是有权益的。而索尔维制碱法正是最重要的技术发明，用科学精神的标准去衡量它，这种作法就有点过于狭隘了。

如果因为索尔维制碱法被保守秘密70余年而认为索尔维是"小气的化学家"，或者就认为索尔维为帝国主义以经济手段侵略别国充当打手，这还真不该是文明社会、文明国家和文明人所应具有的论调。

在这一点上，我们不得不为索尔维"翻案"。

侯德榜和他的侯氏制碱法

侯德榜[1]是我国著名的化工专家、实业家，侯氏制碱法的发明人。

1890年8月9日，侯德榜出生于福建省闽侯县坡尾村一个农民家庭，年幼时在家乡跟随祖父读私塾。1903年，13岁的侯德榜在姑母的资助下考入福州英华书院。1907年，侯德榜以优异的成绩被保送到上海闽皖铁路学堂，毕业后被委派到津浦铁路南段的符离集车站当工程练习生。在短暂的1年练习生生涯里，侯德榜边工作边学习，并于1911年考入北京清华学堂（清华大学前身）高等科留美预备学堂。在清华学堂的两年时间里，侯德榜对自然科学和工程技术产生浓厚的兴趣，并以全优成绩完成了出国预科全部学业。

① 侯德榜（1890 ~ 1974）是侯氏制碱法的发明人。

侯德榜

1913 年，侯德榜以公费留学生[①]的身份踏上了美国的求学征程。在麻省理工学院，侯德榜攻读化学工程，并于 1917 年获得学士学位。之后，侯德榜转入纽约普拉特专科学院和哥伦比亚大学继续深造，研究制革化学。1919 年，侯德榜获得硕士学位，并于 1921 年获得博士学位。

1921 年，侯德榜接受爱国实业家范旭东[②]的邀请回天津塘沽（gū），加入到永利制碱公司，担任制碱厂的总工程师。

因为索尔维公会的原因，这时最先进的索尔维制碱法技术被封锁，先进的制碱工艺掌握在几个少数国家的大企业手里。范旭东在邀请侯德榜回国任职之前，曾创办过制碱厂，当时不得不花巨资从美国一家制碱公司购买制碱技术专利，并聘用一位美国专家作为技术顾问。但还是因为制碱技术专业不过关，最初的制碱厂以失败告终，美国专家也离职而去。侯德榜在美国读书期间，就已经了解到索尔维公会组织对制碱技术的垄断，认为这种做法并不好。现在侯德榜自己担任了天津永利制碱厂的总工程师，首先解决的问题就是改进落后的制碱生产技术。在侯德榜看来，外国人能研究出来的技术，中国人也肯定可以。

永利碱厂

自出任永利制碱厂总工程师之后，侯德榜废寝忘食地研究制碱技术，对

① 1904 年 12 月，中美两国就美国在庚子赔款（因义和团运动，八国联军占领北京，清政府和 11 个国家达成了屈辱的《解决 1900 年动乱最后议定书》，即《辛丑条约》。条约规定，中国从海关银等关税中拿出 4 亿 5 千万两白银赔偿各国，并以各国货币汇率结算，按 4% 的年息，分 39 年还清。这笔钱史称“庚子赔款”）中过多的赔款归还中国开始谈判。1908 年 10 月 28 日，两国政府草拟了派遣留美学生规程：自退款的第一年起，清政府在最初的 4 年内，每年至少应派留美学生 100 人。如果到第 4 年就派足了 400 人，则自第 5 年起，每年至少要派 50 人赴美，直到“退款”用完为止。1911 年初，利用退还的庚款而专门为培养赴美留学生的清华留美预备学校正式成立。在此后十多年间，由清华派出的留美学生达 1 000 多人。侯德榜是 1913 年考上的留美公费生，属于较早享受到庚子赔款退款而公费留学的“幸运儿”。

② 范旭东（1883 ~ 1945）是民国时期的化工实业家，湖南湘阴县人。

天津塘沽制碱厂

工艺流程和化工设备等进行了重新设计或者改进。在与公司总经理范旭东的密切合作之下，经过一年的时间，侯德榜终于攻克了技术难题，天津塘沽的永利制碱厂终于在1923年建成投产了。开始生产后，侯德榜并不满足产品质量，继续研究实验，不断改进产品。1926年，天津塘沽永利制碱厂生产的“红三角”牌纯碱在美国费城举行的万国博览会上展出，并荣获金质奖。到了1931年，永利制碱厂的生产规模已经相当大了，最高时日产量达180吨，产品不仅畅销全国，而且还远销日本和东南亚各国。

“红三角”牌纯碱

中国的民族工业起步较晚，但发展迅速，完全不逊于帝国主义工业。当天津塘沽制碱厂生产的纯碱占据了一部分市场后，原来被英国卜内门公司垄断的纯碱市场发生了变化，受到冲击的卜内门公司采用降价、倾销等不正当手段，企图把刚刚起步的塘沽制碱厂扼杀在摇篮之中。但是，因为侯德榜过硬的生产技术，也因为民族企业家们不懈的努力，天津塘沽永利制碱厂成功地存活下来。

侯德榜深深感受到，民族企业的发展处处受到帝国主义的制约，这种仰人鼻息的滋味很不好受。于是侯德榜决定，将自己十年来潜心研究出来的索尔维制碱法无偿公之于众。这样，侯德榜将他十年来在制碱过程中获得的经验教训和取得的研究结果写成了《制碱》一书，其中就有详细的关于索尔维制碱法的全部理论与技术秘密，还有美国大型制碱厂的内部技术设施。为了扩大该书的影响力，侯德榜用英文撰写，并于1933年由美国化学学会出版。此书甫一出版，就轰动了国际化学界，成为国际上公认的首创制碱法。实事求是地说，这本书的出版，最大的受

邮票中的侯德榜

益者是那些还不具备制碱工艺的小国。

永利制碱公司创办的天津塘沽制碱厂非常红火,成为中外驰名的民族企业。永利制碱公司又从1932年开始,在江苏六合县卸甲甸筹办了硫酸铵厂(一般称这个厂为永利宁厂),也就是如今的化工部南京化学工业公司化肥厂。同时,永利制碱公司也改为永利化学工业公司,侯德榜出任该公司的总工程师。

永利制碱公司继续扩大生产领域,在江苏建立化肥厂,这也是时代的需要,更是侯德榜等人高瞻远瞩的结果。在20世纪二、三十年代,由于高压技术的发展,合成氨的催化剂也随之问世,合成氨工业在欧美得到迅猛发展,硫酸铵开始作为主要的氮肥在农业生产中得到广泛应用。当时我国农业主要的肥料还是人畜粪尿、豆饼、绿肥等农家肥,农业生产技术远远落后于欧美各国。这样,欧美和日本等国的企业就趁机向中国倾销大量的硫酸铵。面对外国化肥企业独霸中国化肥市场的局面,中国化工专家们心急如焚。像侯德榜这样有强烈民族责任感的化工专家,非常清醒地意识到,中国需要建立自己的化肥工业,才能不会处处受掣肘(chè zhǒu,阻挠别人做事),被人牵制。但要创办硫酸铵厂,必须首先解决资金和技术这两个主要问题。在技术上,侯德榜已经在美国收集到各国关于氨、酸制造工业的详细资料;在资金上,经过范旭东的努力,也基本有了着落。永利宁厂最终在1936年底胜利峻工,并于1937年2月第一次试车成功,成为日产优质硫酸铵250吨、硝酸40吨的大型化肥企业。

永利川厂旧址

但天有不测风云,永利宁厂开工不到半年,日本军国主义的魔爪就伸到了江苏。由于永利宁厂生产的硝酸与国防工业关系密切,日本人强迫永利宁厂与他们合作。但范旭东、侯德榜不惧威胁,最后工厂遭到日机轰炸,只能撤离江苏转到内地。

1938年初,侯德榜来到四川。经过多方考察调研,侯德榜等人开始在四川西南的乐山市五通桥筹建永利川厂，范旭东任命侯德榜为永利川厂厂长兼总工程师。

制碱的基本原料是食盐，食盐在海滨天津塘沽可谓堆积如山，唾手可得，可在四川，食盐就要从深井中打上卤水熬制而成。况且，五通桥一带打上来的卤水都是低浓度的黄卤，加上索尔维制碱法原本食盐利用率就比较低，根本无法制碱。要想制碱厂能生存下来，就必须另辟蹊径。

范旭东

此时，侯德榜想起在1934年时听说过的一件事：德国有企业利用察安法来制碱，食盐的利用率可达90～95 %，这种制碱方法对于比较缺乏食盐的四川确实是很合适的。1939年，范旭东派侯德榜率团赴德考察，准备购买察安法的生产专利。但此时，纳粹统治下的德国，根本不把中国人当人看待，处处歧视、抵制、冷眼相看中国人，甚至对侯德榜代表团百般刁难。侯德榜只得放弃购买察安法专利技术的想法，依靠自己的努力去解决现实问题。

但侯德榜率团的这次德国之行也并非白跑一趟，他了解到，察安公司关于察安法技术已经发表过三篇文章及专利说明书，这些文章和专利说明书已经被侯德榜拿到手了，同时侯德榜在实地考察中也多多少少地了解到察安法的一些生产情况。

侯德榜发现，察安法和索尔维制碱法一样，也是以碳酸氢铵为原料，在其溶液中加入食盐进行复分解反应，这样就生成了溶解度较小的碳酸氢钠，并以晶体形式析出，还会生成氯化铵溶液。而察安法之所以能获得专利，是因为在这个反应过程中加入了5～10%的硫酸钠或硫酸铵，使硫酸根离子起中间转换作用。有了这些信息，侯德榜在美国纽约详细研究了自己掌握的所有关于察安法的资料，制订了详备的实验计划，准备开展实验。刚开始实验是在四川五通桥进行的，侯德榜在美国工作，一直“遥控指挥”。但实验开始后，实验人员马上感到困难重重：四川地处偏僻，实验需要的材料、仪器和通讯等都受到诸多限制，实验很难顺利展开；比如在制备碳酸氢铵时需要用到氨气，而地处工业落后的四川，根本不可能获得当时还比较稀缺的氨气，所以实验人员只能从仅剩的一点硫酸铵中加石灰乳后反应制得：

$$(NH_4)_2SO_4+Ca(OH)_2 = CaSO_4+2NH_3\uparrow + 2H_2O$$

最后实在找不出氨了，实验人员就从人尿中提取。

条件如此艰难，实验工作不得不在1939年春转移到香港范旭东的寓所进行。在重复察安法的实验时，还是由在美国的侯德榜“遥控指挥”，但不知什么原因，实验一直未能成功。后来侯德榜经过认真分析专利报告，发现专利说明书中的原料加入方法写得含糊其词，最终造成了失败的结果。侯德榜干脆重新界定实验条件，并继续开始实验。通过各种条件的筛选，最后成功地做出了和专利报告一样的结果，侯德榜“遥控指挥”下的察安法实验成功了！

侯德榜对实验要求非常严格，他不仅确定实验内容，还对每项内容的具体目的和要求作了界定。实验设定了十几个条件，共进行了500多次循环，分析了2 000多个样品，每个条件重复做了30余遍。在紧张的氛围中，工作人员每天工作12小时以上，每周都要向在纽约的侯德榜作详细的汇报。而侯德榜对每次的实验结果都作认真细致的分析，并给出具体的指示。到1939年秋，侯德标已基本摸清察安法的各种工艺条件。1939年10月，侯德榜回国时途经香港时和实验人员对前阶段实验进行认真总结。此时，侯德榜对实验提出了新的、更高的要求，也是对察安法的突破性要求：不用碳酸氢铵为原料，而用氨气和二氧化碳的水溶液直接进行复分解反应。

虽然已经成功地探索出察安法的实验技术条件，但要大规模地工业化生产，还是要扩大实验规模。但当时在香港继续扩大实验规模有很大困难，特别是卜内门公司的远东基地就在香港，该公司为了垄断纯碱市场，对纯碱的生产技术保密要求非常严格，不断采取严密的安保措施防止生产技术泄密，也四处派出“间谍人员”，“侦察”最新的纯碱生产技术。为了防止泄密，侯德榜的实验在1940年1月从香港迁到上海法租界。此时，实验小组增加了大量的技术人员，也从各个地方采购了大量的实验设备和药品。经过几个月的扩大实验，实验结果与香港时得到的非常接近。也就是说，大规模地进行纯碱生产，用氨气和二氧化碳直接代替碳酸氢铵也是可行的。在这个实验过程中，一种不同于察安法的新的制碱方法逐渐浮出了水面：原来察安法专利报告中有“该法的关键在中间盐的加入”这句话很不确切，因为在实验中间盐的加入，加多少？什么时候加？怎么加？都可能影响实验结果；但实验的结果让人感叹德国人的狡猾，因为即使在不加入中间盐的情况下，只要恰当地控制实验操作，结果都能成功。发现了这个“中间盐”的秘密后，实验进行得非常迅速，并且不使用中间盐的新制碱工艺方法已经形成了，这种方法后来被称为“侯氏制碱法”。

为了表彰侯德榜在开拓新法制碱上取得的突破性进展，1941年3月15日，永利川厂举行厂务会议，总经理范旭东提议将这种制碱新法命名为“侯氏制碱法”，并于次日给正在美国的侯德榜发去了贺信。贺函称侯德榜“抱愿恢宏，积二十余年深邃学理之研究，与献身苦干之结果，设计适合华西环境之新法制碱，为世界制碱技术辟一新纪元……”。

获得同事们如此的尊重和祝贺，侯德榜由衷地感到高兴，但他并不满足于此。侯德榜清楚地认识到，新的制碱法虽然比察安法有很大的优势，但还不是最理想的。侯德榜利用自己二十余年制碱和制氨的经验，想要寻找一条更理想的制碱方法，那就是把制碱工业和合成氨工业结合起来。在侯德榜看来，索尔维制碱法的优点是不用碳酸氢铵作原料，使食盐、氨、二氧化碳直接在碳化塔里反应，生成的重碱又可连续生产；而察安法则可以提高食盐利用

侯氏制碱法扩大实验的部分设备

率,使食盐中的两种离子分别进入两种产品,还可以消除废液废渣的排放问题;而合成氨的过程中会产生大量的二氧化碳,它可不再是废气了,因为制碱是少不了这个原材料的;如果把索尔维制碱法和察安法两者的长处加以综合利用,那就是非常理想的一种既能制碱,同时又能制氨的新方法了。1942 年 3 月,侯德榜从纽约给范旭东的信中写道:“无论如何要把这方法改为连续法。我已拟好一个从合成氨出发的制碱流程。这个制造碳酸钠和氯化铵的新法,自然地把两种工业——索尔维制碱工业和合成氨工业联合起来。这样对化学工业在技术上将有极重要的贡献。”

为了早日实现联合制氨、碱的构想,侯德榜通过种种关系,克服重重困难,把美国控制极为严格的氨通过飞机从美国运送到四川,给研制新制碱方法实验作原料。经过永利厂技术人员的努力,从装配全部的实验装置,到进行实验,仅仅两个月,一个与察安法截然不同的制氨碱联合流程诞生了。在整个流程中,不用碳酸氢铵为原料,取而代之的是将含食盐的母液通入氨气后,直接送进碳化塔;再通入从氨厂送来的二氧化碳,反应后产生碳酸氢钠;由于碳酸氢钠溶解度小,结晶、过滤后,再将母液降温,加食盐后就可析出氯化铵。母液再通入氨气,重新送进碳化塔……如此连续循环操作,得到纯碱和氯化铵两种产品。

如果我们归纳一下侯氏制碱法的主要化学反应和流程,就是如下:

$$NaCl + CO_2 + NH_3 + H_2O \xlongequal{30\sim35℃} NaHCO_3\downarrow + NH_4Cl\text{(在碱母液中)}$$

$$NH_4Cl\text{(在碱母液中)} + NaCl\text{(固体)} \xlongequal{10\sim15℃} NH_4Cl\downarrow + NaCl\text{(在铵母液中)}$$

$$2NaHCO_3 \xlongequal{\triangle} Na_2CO_3 + H_2O + CO_2\uparrow$$

联合制碱法吸收了索尔维制碱法和察安法的优点,既利用了氨厂废弃的二氧化碳,又利用了碱厂废弃的氯离子,同时提高了食盐的利用率,降低了成本,免除了索尔维法排除废液的麻烦。这样的优点使生产设备比索尔维制碱法减少了$\frac{1}{3}$,使制碱厂的投资成本大幅度降低,同时纯碱的成本比索尔维制碱法降低了 40%。如果比较生产等量氮的氯化铵和硫酸铵,不论在投资还是在生产成本上,联合制碱法都有大幅度的降低。

联合制碱法的研究虽然起始于洞悉察安法的秘密,但在研究过程中历经

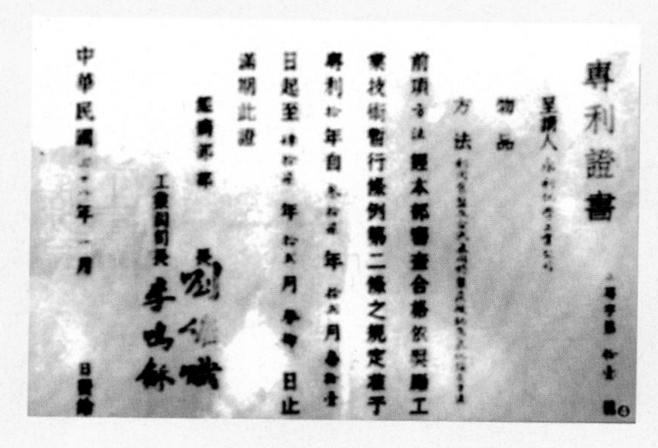
專利證書
呈請人
物品
方法
前項方法經本部審查合格依照獎勵工業技術暫行條例第二條之規定准予專利 年自 年 月 日起至 年 月 日止
此證
經濟部部長 劉維熾
工業司司長
中華民國 年一月 日發給

1949 年侯氏制碱法专利证书

了三次关键性的改革，由量变引起质变，最终能“青出于蓝而胜于蓝”，使联合制碱法弥补了察安法的不足，形成制碱工业与合成氨工业的双管齐下，一举两得，促使制碱工业的技术走向新的高度。

中华人民共和国成立后，侯德榜继续为中国的化学工业奉献自己的力量。1957 年，为发展中国的化肥工业，侯德榜倡议用碳化法制取碳酸氢铵。侯德榜亲自带领技术人员到上海化工研究院进行实验，最终成功地研制出利用碳化法生产氮肥的新流程。在当时，这种生产技术广泛地被小氮肥厂接纳，为提高我国生产技术作出不可磨灭的贡献。

纵观侯德榜一生，他在化工技术上有三大贡献：揭开了索尔维制碱法的秘密，并公之于众；创立了中国人自己的制碱工艺 —— 侯氏制碱法（联合制碱法）；为小化肥工业制定碳化法生产氮肥。

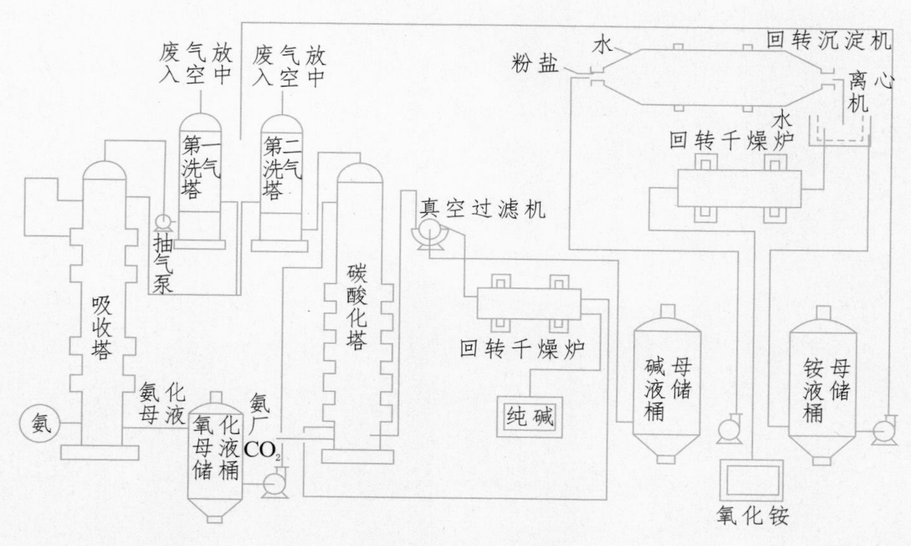

1943 年的联合制碱法的流程图

GENDIULE DE ZHUIXUNZHE

第2章 “跟丢了”的追寻者

在物质转化的世界里，并非所有科学家都能在钢丝上应付裕如。孤僻的气体研究者卡文迪许发现了许多自然界的新奥秘，但他把他的发现锁在了书橱中，任由它们积满灰土；有机化学发展之路上，也处处充满了遗憾。就是那些被我们认为已经功成名就的化学家们，他们在平衡这个物质世界过程中，也留下了让世人扼腕叹息的遗憾。

孤僻的气体研究者

在科学史上，像牛顿、爱因斯坦、霍金[①]等我们耳熟能详的科学家，他们对科学的贡献让人们铭记，获得了人们应有的尊重。也有那么一些科学家，虽然他们对科学的贡献非常巨大，但由于各种各样的原因，他们却默默无闻，这是件令人唏嘘不已的事。为发现自然界的奥秘，人类一直以来都在孜孜不倦地努

① 史蒂芬·霍金（Stephen Hawking，1942～ ）是英国理论物理学家，现代最伟大的物理学家之一，20世纪享有国际盛誉的伟人之一。

力着，这种努力凝聚着无数先辈的心血，而我们及我们的后辈，也会一直努力下去。

面对努力探索自然界奥秘的前辈科学家们，我们不仅要给予这些前辈们应有的尊敬，也要从他们成功或失败的奋斗历程，继续获取探索自然的经验与教训，为走向探索自然的征程奠定基础。这就是我们要学习科学史的重要原因之一。

所以，我们也应关注那些为科学史作出过重大贡献而一直默默无闻的科学家们，让他们的光辉事迹也像牛顿、爱因斯坦、霍金等人一样名垂青史。

卡文迪许[①]就是这样一位“一生奉献给科学”但又沉寂许久的科学家。

卡文迪许

卡文迪许出生于英国传统的贵族家庭，其祖父是德文郡公爵，外祖父是肯特公爵，父亲是英国著名学者和皇家学会会员。由于家庭条件优裕，卡文迪许从小就接受到非常优秀的家庭教育，并得到父亲的鼓励和指导。11 岁时，卡文迪许进入当时英国久负盛名并以严格管理和学生优秀著称的海克雷学院进行了长达 8 年之久的寄宿学习。1749 年 11 月，卡文迪许进入剑桥大学的圣彼得学院学习。1753 年 2 月，因为不满当时剑桥大学刻板的学习和学位制度而退学。这个退学举动激怒了卡文迪许的父亲，父亲决定从经济上“制裁”卡文迪许，每年只给他 120 镑的零用钱。其后，卡文迪许与当时许多贵族子弟一样，到欧洲大陆游学。回英国后，一直定居伦敦，跟随父亲旁听英国皇家学会的会议，并参加每星期四中午皇家学会的聚餐活动，与当时英国许多科学家相识。在这段时间里，由于经济充裕，卡文迪许购买了大量书籍和实验仪器，在自己家修建了一个相当大规模的实验室，而且实验仪器非常先进。

1760 年，29 岁的卡文迪许被选为英国皇家学会会员。在 18 世纪的英国传统社会中，英国皇家学会会员不但是科学家的“金名片”，也是高贵的社会地位

① 亨利·卡文迪许（Henry Cavendish，1731 ~ 1810）是英国物理学家和化学家。可参阅《谁是主宰者》一书中的《拉姆塞和稀有气体》一文。另外，该书中的《诺贝尔奖得主的“孵化师”》一文中也提到世界著名的卡文迪许实验室，讲过该实验室与亨利·卡文迪许的渊源。

象征，凡是能被推选为英国皇家学会会员的科学家，就会得到别人的尊敬。

像戴维、法拉第等英国科学家，他们通过后天的不懈努力，改变了他们平民的身份，进入贵族的行列。在十八、十九世纪的英国，社会等级非常森严，能通过自己的努力而成为受人尊敬的科学家，是每一位从事科学研究者梦寐以求的理想。但卡文迪许不需要以此努力来改变身份，他本身就是贵族。早年卡文迪许从叔伯那里继承了一大笔遗产，1783 年他父亲逝世后，又给他留下一大笔遗产。这样，卡文迪许的资产足以使他成为当时的英国巨富。就像一些史学家对卡文迪许的评价一样，他是 18 世纪英国有学问人中最富有的，是有钱人中最有学问的。但尽管家财万贯，卡文迪许却过着非常俭朴的生活，在他的生活中，根本看不出他是当时英国少有的几位巨富。这并非是他有意保持低调，而是他根本对钱没有兴趣，也不习惯过花天酒地的奢侈生活，因为他把全部精力都放在自己的科学研究上去了。

卡文迪许的性格非常孤僻。两岁时，卡文迪许母亲因为生妹妹难产而死，父亲虽然也会指导他的学习，但因为忙于进行科学研究和社交生活，根本无暇顾及他的内心情感。在卡文迪许成长的过程中，童年时总是与保姆为伴，而少年时期则是漫长的孤寂寄宿生活，这些生活“遭遇”让他成为一位沉默寡言者，以至于成年后，卡文迪许有了“社交恐惧症”。

也正是这样一位具有鲜明个性的科学家，把自己的一生奉献给了科学研究事业，也把自己科学研究中的绝大部分科学研究手稿锁在书橱里近百年[①]。

由于讨厌社交、喜欢离群索居的生活，卡文迪许长期深居简出，整天埋首研究和实验室中。也只有在实验室里，他是舒适的，自由的。当卡文迪许继承了足够的财富后，他改造了他家里的房子，把一处大客厅变成实验室，一处住宅改为图书馆。1783 年父亲去世后，卡文迪许干脆远离伦敦的社交场，将伦敦家里的实验室搬到了乡间别墅，并把原本富丽堂皇的乡间宫廷城堡，改装成一座大型的实验室。一位把自己的全部交给科学研究的人，对科学研究以外的所有事都是毫不在乎的。卡文迪许有条件过纸醉金迷的生活，有机会享受富裕的物质生活，但他却选择了孤寂的科学研究，也只有在科学研究中，他才能体会到惬意

① 参阅《谁是主宰者》中的《拉姆塞和稀有气体》一文。

与舒适。

1766年,卡文迪许发表了他人生中的第一篇论文《论人工空气的实验》,在这篇论文中,卡文迪许主要介绍了他对二氧化碳和氢气的研究。这是科学史上最早记录详细研究氢气性质的实验,所以卡文迪许被公认为是氢气的发现者。

1754年,英国物理学家和化学家布莱克[①]发现了二氧化碳(当时称为固定空气)。当时的化学家们已经知道用加热石灰石可以制取二氧化碳,知道人呼出的气体中含有二氧化碳,也知道木炭燃烧时会产生二氧化碳,但并不知道怎么去收集二氧化碳,当然也不了解二氧化碳的物理性质和化学性质。无疑,卡文迪许对当时二氧化碳的研究情况非常了解,并认真细致地进行了深入研究。卡文迪许通过实验研究了二氧化碳的收集方法。当他利用排水集气法来收集二氧化碳时,发现它能溶于水。在室温下,1体积的水可吸收1体积的二氧化碳;而当水温降低时,吸收的二氧化碳会更多;如果将水煮沸,则溶解在水中的二氧化碳会逃逸出来。卡文迪许还发现,酒精吸收二氧化碳的能力比水更强,1体积酒精能吸收2.25体积的二氧化碳。同时,某些碱溶液也能溶解二氧化碳(其实是与二氧化碳发生化学反应)。由此,卡文迪许得出结论:收集二氧化碳不能采用排水集气法,而应该在不吸收二氧化碳的水银中进行。卡文迪许还通过实验测量对二氧化碳的其他性质进行研究后发现,二氧化碳的密度是普通空气密度的1.57倍(较准确的为1.517左右);也通过酸与石灰石、大理石、珍珠灰等物

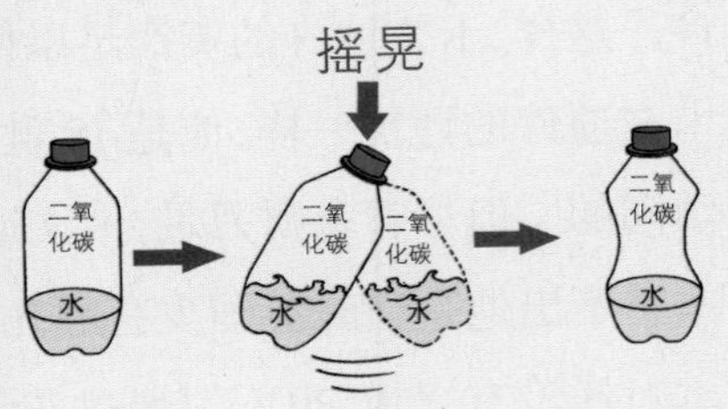

二氧化碳易溶于水

二氧化碳的逸出

① 约瑟夫·布莱克(Joseph Black,1728 ~ 1799)是英国化学家和物理学家。布莱克在化学上的主要贡献是首先用天平来研究化学变化,创造了定量化学分析方法。并用这个方法发现这种煅烧石灰石时并未因吸收燃素而增重,却因放出气体“固定气体”而失重;他还多方面地研究这种气体的性质,特别是其无助燃性和能为苛性碱所吸收降低其腐蚀作用,从而动摇了当时流行的燃素说,开创了气体化学的新时代。物理学上的贡献正是本文所介绍的内容。可参阅《寻找层级世界》一书中的《热量与温度分道扬镳的故事》一文。

质反应，测量出生成的二氧化碳的质量，从而推算出石灰石、大理石、珍珠灰等物质中二氧化碳的含量。这里需要指出的是，当时的化学家还没有形成像现在一样的化学反应的概念，所以卡文迪许认为，石灰石、大理石、珍珠灰等物质中含有二氧化碳，而酸能把这些物质中的二氧化碳分离出来。用现在的化学知识来看，这种认识当然是错误的。卡文迪许还通过实验发现，在普通空气中，如果二氧化碳的含量占总体积的$\frac{1}{9}$及以上，则燃烧的蜡烛会熄灭。

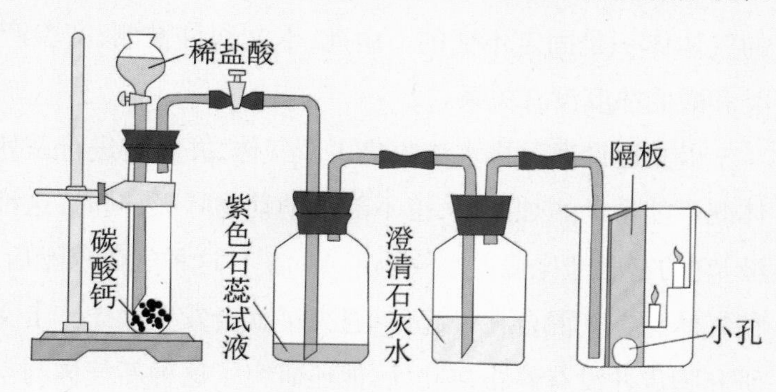

实验室制取并验证二氧化碳性质的实验装置

早在16世纪，就已经有人发现把铁屑投到硫酸里，产生的气泡，可以燃烧。但遗憾的是，人们不确定气泡内的物质是什么，也没能建立起“它是一种气体”的概念。到17世纪时，化学家们被当时普遍流行的一种错误观念所蒙蔽，认为任何气体都不能单独存在，既不能收集也不能测量。这样，对氢气的研究在其后的100多年时间里没有任何进展。这种对已经发现了的未知事物，但就是“不识庐山真面目”，在科学史上比比皆是，科学家们能发现一种未知事物，需要许多高于常人的优秀品质！

这样，发现氢气的权力落到了卡文迪许的身上。

卡文迪许对实验的喜爱达到了痴迷的程度。一次，卡文迪许在进行化学实验时，不小心将一块小铁片掉进盐酸溶液中。当他正为自己的“笨拙动作”懊恼不已时，却惊奇地发现了一件让他不可置信的事情：掉入盐酸溶液中的小铁片表面产生了气泡！这个情景让他原有的沮丧心情烟消云散，反而庆幸自己的“粗枝大叶”。喜欢探索未知现象的卡文迪许在努力思考气泡产生的原因：气泡原来就在铁片中，还是存在于盐酸中？为

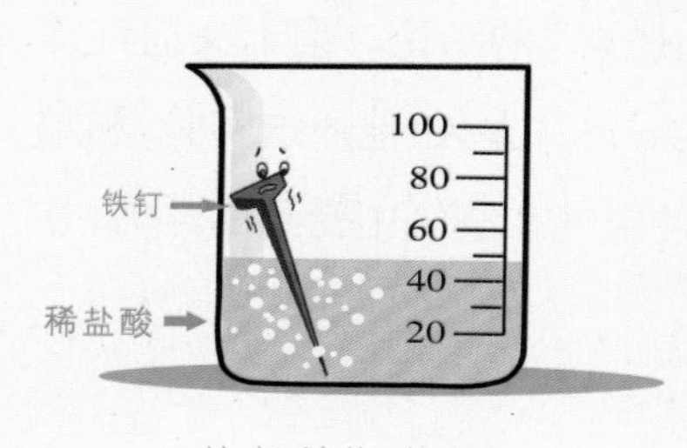

铁与稀盐酸反应

了探索这个问题的答案，卡文迪许又做了多次实验。他把一定量的锌和铁投入到充足的盐酸和稀硫酸中（每次用的硫酸和盐酸的质量是不同的），发现所产生的气体体积是固定不变的。由此，卡文迪许推测，实验产生的新气体与酸的种类和酸的浓度没有关系。

卡文迪许通过排水法收集了新气体，并对它进行系列实验。他发现这种气体既不能帮助蜡烛燃烧，也不能帮助动物呼吸；同时，这种气体不溶于水和碱溶液，它的密度却比普通空气小了 11 倍①；这种气体点燃后可以燃烧，但如果把这种气体和空气混合在一起，一遇火星就会发生爆炸。卡文迪许对这种新气体的研究脚步并没有停止在此处，他还研究了这种新气体与空气混合后发生爆炸的爆炸极限②。卡文迪许发现，新气体与空气混合时，如果体积含量小于 9.5% 或者大于 65% 以上时，点燃后虽然会燃烧，但不会发出震耳的爆炸声。虽然实验获得的结果与实际的氢气爆炸极限（4.1% ~ 74.2%）有一定的距离，但已经非常难得，特别是能认识到这种可燃性气体爆炸极限的存在。其后，卡文迪许又发现，这种可燃性气体燃烧后的产物是水。到此，距离认识到“氢是一种元素”仅只一步之遥，但幸运之神并没有眷顾到卡文迪许。与当时绝大部分化学家一样，卡文迪许也深受“燃素说”的毒害，认为水是一种元素，而自己所发现的新气体就是一种燃素。当时“燃素说”还非常盛行，由于燃烧以后的许多物质会向上运动，“燃素说”的信徒们认为，燃素是有“负重量”的，充满氢气的气球会徐徐升空，正好印证了“氢气就是一种具有负重量的燃素”的结论。但卡文迪许并没有深陷“燃素说”的窠臼（kē jiù，指现成格式；老套子）太久，他通过实验，利用了物体在空气中受到浮力的原理计算出一定体积的氢气在空气中受到的浮力，并

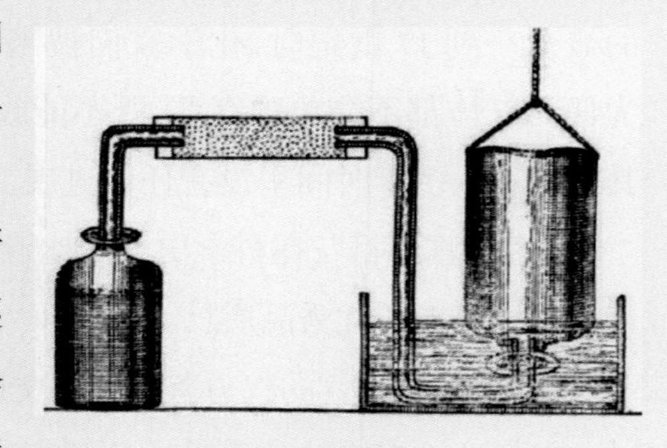
卡文迪许抽取氢气的实验装置

① 常温常压下空气的密度为 1.293 千克 / 立方米，氢气密度为 0.0899 千克 / 立方米，空气密度是氢气密度的约 14.4 倍。

② 所谓爆炸极限，就是可燃物质（可燃气体、蒸气和粉尘）与空气（或氧气）必须在一定的浓度范围内均匀混合，形成预混气，遇到火源才会发生爆炸，这个浓度范围称为爆炸极限，或爆炸浓度极限。

根据精确的实验数据，测量出氢气是有质量的，从而否定了"燃素具有负重量"的观点。但他还是固执地认为自己发现的不是一种新元素，这真有点可惜了。

我们知道，卡文迪许是英国化学家和物理学家，他除了研究各种气体之外，也进行了大量的电学实验、地球密度等测量。从1771年起，卡文迪许全神贯注于电学实验的系列研究上，所以对气体的研究不太关注。1781年，普利斯特利[①]宣称他做了一个"毫无头绪"的实验，因为他根本无法解释实验现象。普利斯特利将卡文迪许发现的可燃性气体（氢气）和自己发现的脱燃素空气（即氧气）混和在一个密闭的容器中，用电火花点燃它们。混合气体燃烧后，瓶中出现了水珠。普利斯特利很怀疑自己的实验结果，因为根据当时化学家对氢气、氧气知识的认识，他根本无法解释这个实验现象。这样，普利斯特利就把自己的实验情况告诉了卡文迪许，以求这位在10多年前就研究过氢气（"氢气"是后来拉瓦锡命名的）的化学家的帮助。普利斯特利的实验引起了卡文迪许的极大兴趣，在征得普利斯特利的许可后，卡文迪许放下手头的电学实验研究，继续进行氢气燃烧实验。

卡文迪许相对于当时其他化学家来说，最大的优势是他的实验仪器非常先进，他的实验设计非常巧妙，所以他总是能测量出较精确的实验数据，这样，氢气与氧气化合的实验很快就有了结果。卡文迪许发现，当氢气和普通空气在密闭容器中混合点燃后，发生了燃爆现象，此时密闭容器中几乎全部的氢气与$\frac{1}{5}$的空气变成了水珠；而当用氧气代替空气时，实验结果也获得了水。卡文迪许还通过实验证明，氢气和氧气完全反应的体积比为2.02∶1（实际应为2∶1），这在当时的实验条件下，已经是非常精确的实验数据了。由此，卡文迪许认为，水是由氢气和氧气化合而成的。

卡文迪许把他研究氢气与氧气化合的结果，写在了1784年发表的《关于空气的实验》这篇论文中。

但在进行上述实验时，卡文迪许还发现了两个意外的实验现象。对科学家来说，意外的实验现象，往往是发现新事物的诱因。当氢气与空气混合点燃时，有时产生的水带有酸味；如果用碱溶液去中和，再将溶液蒸发，就能得到少量的

① 关于此事详情，请参阅《谁是主宰者》中的《拉姆塞和稀有气体》一文。

硝石(硝酸盐,主要成分为硝酸钾);如果参与反应的氧气越多,生成的酸也越多;但如果氢气过量,则没有酸生成。这个意外的实验现象刚开始让卡文迪许百思不得其解。为了探明其中的原理,卡文迪许继续做了一系列实验,终于发现产生这个意外现象的原因。原来,水中的酸性物质是硝酸或亚硝酸,它们是由氧气中混有的氮气在电火花和高温的作用下,与氧气化合形成了氮氧化合物,它们再与水反应形成的。以生成硝酸为例,可能发生的化学反应有:

$$2H_2+O_2\xlongequal{点燃}2H_2O$$

$$O_2+N_2\xlongequal{高温放电}2NO$$

$$2NO+O_2\xlongequal{}2NO_2$$

$$3NO_2+H_2O\xlongequal{}2HNO_3+NO$$

而如果氢气与空气混合点燃时氢气过量,则氢气会迅速与氧气反应,消耗完氧气后就不会生成氮氧化合物,也就无法生成硝酸或亚硝酸。这个精确实验给当时的人们提供了一种由空气为原料制取硝酸的方法。卡文迪许发现的另外一个意外现象是:他把氢气与空气反应后生成的硝酸或亚硝酸用氢氧化钾溶液去中和,过量的氧气则用硫化钾溶液去吸收,发现试管里仍剩下一个很小的气泡无法除去,这个气泡的体积约占氮气总体积的$\frac{1}{120}$。卡文迪许没有无视这个小气泡的存在并对它进行了研究,发现它的性质比氮气更加稳定,根本不参加化学反应。卡文迪许终其一生也没能解决这个“意外”,只是如实地把它记录下来,和其他的实验研究成果的手稿,静静地放在书橱里长达80多年,直到麦克斯韦[①]把它们“解放”出来。100年以后,英国化学家瑞利和拉姆塞才通过光谱分析证实,卡文迪许的那个小气泡里的气体就是稀有气体[②]。

稀有气体的用途之一——霓虹灯

① 詹姆斯·克拉克·麦克斯韦(James Clerk Maxwell,1831~1879)是英国物理学家和数学家,是经典电动力学的创始人,统计物理学的奠基人之一。可参阅《谁是主宰者》中的《诺贝尔奖得主的“孵化师”》一文。

② 关于此事详情,请参阅《谁是主宰者》中的《拉姆塞和稀有气体》一文。

但卡文迪许对氢气的研究还是差了那么“一点点”。最后，还是法国化学家拉瓦锡重复了卡文迪许的实验，否定了“水是一种元素”的结论，认为水是由氢和氧元素组成的化合物，并于1787年正式提出“氢是一种元素”的结论。拉瓦锡根据氢气燃烧后的产物是水，便把它命名为“氢气”，拉丁文的意思是“水的生成者”。

但即便如此，还是卡文迪许最早发现了氢气的性质，发现氢气的荣誉桂冠戴在他的头上，也是理所当然。

值得一提的是，卡文迪许是在牛顿逝世4年后出生的，他平生最敬佩牛顿的学识和为人，阅读过牛顿所有的著作。卡文迪许从牛顿身上吸取了献身科学的力量，同时也继续牛顿未尽的事业。卡文迪许最为后人所熟知的科学发现，还是运用万有引力定律，通过史称“卡文迪许扭秤实验”测定出地球的密度为水的5.481倍，由此计算出地球的相对质量和万有引力常数。

卡文迪许用两个质量都为 m 的铅球分别固定在扭秤的两端，扭秤中间用一根韧性很好的钢丝系在支架上，钢丝上有个小镜子。实验时用一束细光束（图中用蜡烛光代替）照射到镜子，细光束被镜子反射到一个很远的标尺上，此时标记下细光束的反射点；再用两个质量都为 m' 的铅球同时分别吸引扭秤上的两个铅球。由于万有引力作用，扭秤微微发生偏转，这个偏转是肉眼难以觉察的，更不要说去测量了。但由于卡文迪许扭秤实验的“巧妙”设计，此时细光束所反射的远点相当于“被放大”了，照射到标尺上的反射点移动了较大的距离。这样，根据反射点移动的距离及相关的条件，就可以计算出扭秤转动的角度，从而进一步计算出质量为 m 的铅球相距质量为 m' 的铅球距离为 r 时，受到的吸引力 F 的大小，再根据万有引力定律

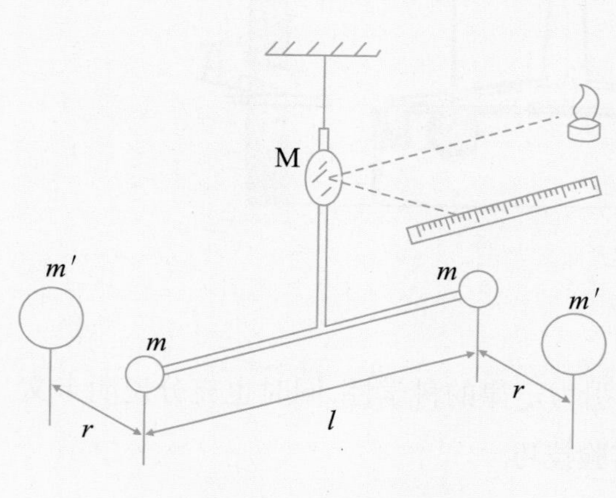

卡文迪许扭秤实验示意图

公式 $F=G\frac{mm'}{r^2}$，就可以计算出万有引力常数 G。

值得一提的是，卡文迪许扭秤并非卡文迪许的独创，这个装置原来是英国科学家米歇尔[①]为测量地球质量而设计制作的，但米歇尔没有完成工作就于1793年去世了，这个仪器就经自然哲学家沃拉斯顿[②]传到卡文迪许手中。卡文迪许获得这个仪器后，重新改进了装置，按照米歇尔的研究方案进行了一系列的测量，并在1798年将地球质量、万有引力常数等研究成果报告给英国皇家学会。也正因为如此，史学界有人认为，卡文迪许对地球质量、万有引力常数等发现是有米歇尔的一份功劳的，这确实有一定的道理。

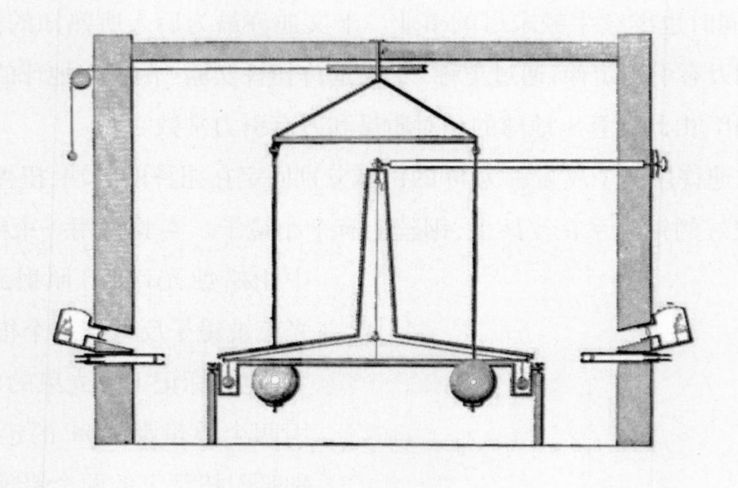

米歇尔的扭转平衡装置

这个实验研究，不仅验证了万有引力定律的科学性，同时也充分说明卡文迪许具有扎实的数学基础和高超的实验技巧。

一生体弱的卡文迪许，由于生活非常有规律，所以很少患病。

1810年3月10日，卡文迪许以79岁的高龄与世长辞。

① 约翰·米歇尔（John Michell，1724 ~ 1793）是英国牧师、自然哲学家。其开创性的研究领域包括天文学、地质学、光学和万有引力，被认为是“有史以来的最伟大的无名科学家之一”。《不再孤独》一书中的《有点像万有引力定律的库仑定律》一文中提到他对磁力研究的成果。

② 威廉·海德·沃拉斯顿（William Hyde Wollaston，1766 ~ 1828）是英国物理学家和化学家，发现了元素钯和铑。

戴维和碱金属

在近现代的英国，许多科学家因为杰出的科学成就，获得英国皇家封爵。这不但在英国，乃至全世界，都被认为是光宗耀祖之事。特别是那些出身平民，通过自己的努力，在科学上取得了卓越成就，不仅为人类发明进步作出贡献，青史留名，也给自己个人生活带来巨大的财富和荣誉。在古代中国，要想改变平民的身份加官进爵、光耀门楣（méi），只能通过读书，诵儒家经典，走科举之路；但在英国，人们可以走科学研究之路，体现出英国皇室对科学的重视。

当英国皇室流露出要给英国著名科学家法拉第[①]封爵意愿时，法拉第却坚决地推辞了皇室的“盛情好意”，我们对他的“我以生为平民为荣，并不想变成贵族”的心声感到敬佩之时，也对那些能被封爵的科学家报以钦佩之情，毕竟这是获得英国皇家肯定的体现。像著名科学家牛顿，因为他发现了力学三大

① 可参阅《谁是主宰者》一书中的《自学成才的天才科学家法拉第》《法拉第与老师戴维之间的恩怨》《被推迟若干年发现的电磁感应现象》等文章。

定律、万有引力定律，于 1705 年获封骑士[1]。可是，也有学者提出不同意见，认为当时安妮女王[2]亲自来到剑桥大学为牛顿授予爵位，主要不是因为牛顿取得的科学成就，而是因为他自 1696 年开始督办皇家造币厂，使英国的货币改革初见成效。但不得不承认，1705 年的英国皇家学会主席——牛顿已是一位名满天下的科学家，英国皇家授予牛顿爵位，既有皇室对科学的重视，也有奖掖（yè）政治经济人才的考量，实至名归。

在物理学的七个基本单位[3]中，温度的单位是开尔文，这是为了纪念英国著名科学家开尔文爵士[4]，由于他在科学、工程学以及铺设海底电缆等方面的重要贡献，于 1892 年被授予男爵。

另外，构建原子核式结构模型的新西兰著名物理学家卢瑟福[5]也于 1931 年被授予男爵。

而被誉为“电子之父”的英国著名物理学家约瑟夫·汤姆生和他的儿子乔治·汤姆生[6]分别于 1908 年和 1943 年被授予骑士。

戴维

本文将要介绍的这位，也是因为他在科学领域的重大贡献而于 1812 年被授封为准男爵，他就是“法拉第”的伯乐和老师，英国著名化学家和发明家戴维。

戴维于 1778 年 12 月 17 日生于英格兰康沃

① 骑士其实不属于贵族。英国的贵族，套用我国周朝时的贵族体系，除了皇帝和皇亲国戚之外，分五个等级，分别是公爵、侯爵、伯爵、子爵、男爵，在这五个等级以下，还有准男爵和骑士两个属于平民的爵位。

② 安妮女王（Anne of Great Britain，1665 ~ 1714）是大不列颠王国女王、爱尔兰女王，1702 ~ 1714 年在位，是英国斯图亚特王朝最后一个国王。由于无嗣，去世后斯图亚特王朝结束，后英国议会为防止天主教教徒继位，选出继任者就是后来的乔治一世（George I of Great Britain，1660 ~ 1727），也开始了英国汉诺威王朝。

③ 国际单位制的七个基本单位为长度单位米、质量单位千克、时间单位秒、电流单位安培、温度单位开尔文、物质的量的单位摩尔和光照强度单位坎德拉。

④ 国开尔文爵士（Lord Kelvin，1824 ~ 1907），即威廉·汤姆逊（William Thomson），是英国著名物理学家，创立了开尔文温标，独立发现绝对零度。

⑤ 欧内斯特·卢瑟福（Ernest Rutherford，1871 ~ 1937）是新西兰著名物理学家，原子核物理学之父。可参阅《谁是主宰者》--书中《诺贝尔奖得主的“孵化师”》一文。

⑥ 约瑟夫·约翰·汤姆生（Joseph John Thomson，1856 ~ 1940）是英国物理学家，电子的发现者。乔治·佩吉特·汤姆生（George Paget Thomson，1892 ~ 1975）是英国物理学家。父子俩都获得过诺贝尔奖，这也是诺贝尔奖史上的佳话，可参阅《谁是主宰者》一书中《诺贝尔奖得主的“孵化师”》一文。

尔郡彭赞斯城附近的乡村，父亲是名木器雕刻匠。6岁时，戴维入学读书。但如果用我们现在的标准来衡量当时的小戴维，他可不是一名“好学生”，他不太爱学习，非常淘气，而且贪玩。但是，小戴维有惊人的记忆能力，并且富有情感，喜欢背诗歌、讲故事。其实，这就是一种了不起的个性，一种不受约束，爱自由的品性。在家乡读完小学，戴维被父亲送到彭斯城读书。此时，戴维非常喜欢文学，也阅读过大量的哲学著作，并尝试写诗。这些看似与他后面成功之路毫无关系的爱好，却成为戴维作为化学家和发明家必不可少的文化修养和思维基础，犹如爱因斯坦会拉小提琴，苏步青会写古体诗。当然，对戴维来说，此时他已经对当时的医生职业很感兴趣。在18世纪末，并没有大型而专门的制药厂，医生给病人开出的药物往往需要自己配制，所以，当时许多医生在工作过程中，都要应用化学知识配制药物，这样在尝试研究的过程中，常会发现一些物质变化的奥秘。戴维对医生工作感兴趣的不是怎么去治病救人，而是医生能“化腐朽为神奇”，把简单的物质放在一起，就能“变”出各种各样治病救人的药剂来。所以，戴维也偷偷地尝试去做一些小实验，以满足自己的好奇心和求知欲。

天不遂人愿，无忧无虑的自由求学日子并不长久，1794年，父亲去世了，16岁的维戴失去了经济支柱，不得不去药房做学徒谋生。好在戴维对药剂师和医生的工作非常感兴趣，所以他既以医生助手身份来学习“悬壶济世之术”，又以药房学徒身份去尝试调制各种药物。药房就是一个小型的化学实验室，这里有各种各样用来溶解、蒸馏的仪器，有各种各样用来配制药品的化学物质，这给戴维进行化学实验提供了一个良好的天地。这段时间戴维所经历的学徒生活，正是他人生的转折点。戴维从一个品性不受约束的人，变成了一位孜孜以求的学者、研究者。戴维还认识到自己在专业领域上的不足，于是发奋自学。当时法国著名化学家拉瓦锡和英国化学家尼科尔森[①]等人是开创化学领域新局面的代表性人物，他们的著作成为现代化学的奠基性著作，也成为如戴维一样青年学子的学习课本。此外，贵人相助，也会改变一个人的命运。戴维的贵人就是改良蒸汽机的瓦特的儿子格列高里·瓦特[②]，格列高里·瓦特常识

① 威廉·尼科尔森（William Nicholson，1753 ~ 1815）是英国物理学家、化学家。

② 詹姆斯·瓦特（James Watt，1736 ~ 1819）是英国发明家，第一次工业革命的重要人物。后人为了纪念他，

渊博，也是一位好伯乐，非常欣赏聪明好学的戴维，当戴维向他请教一些学术上的难题时，他总是非常耐心地给予解答。由于刻苦好学再加上名师指导，戴维在化学方面有了很大的进步，为日后成为化学家和发明家奠定了基础。

1798年，在格列高里·瓦特的介绍下，戴维到布里斯托尔市郊区的一家气体疗病研究所当助手，期间展示了他的化学天赋。1799年，戴维制备出了笑气[①]。刚开始时，戴维只发现笑气对人的神经系统具有刺激作用。随着研究的深入，戴维还发现笑气对神经系统也有麻醉作用。戴维把笑气的研究过程和成果记录在一篇叫《关于吸入氧化亚氮有关的化学及科学研究》的文章里。非常难得的是，戴维进行气体对人体生理作用的研究，经常以自己身体作为实验对象，虽然这种做法非常危险，但戴维对科学研究的痴迷，已经忘记了危险的存在。

19世纪初，欧洲贵族以吸笑气为乐

其后的人生，戴维走得颇为顺畅。1801年，戴维被英国皇家学会聘为化学讲师兼实验管理员；1803年成为英国皇家学会会员；1807年，戴维出任英国皇家学会秘书；1812年，受封为准男爵，并在同年出版了《化学哲学原理》；1813年，戴维任命法拉第为他的助手；到1820年，戴维被选为英国皇家学会会长；1829年，戴维在日内瓦逝世，终年51岁[②]。

对戴维在1801年以后在科学上取得的成就，总体上可以归纳为四个方面：一是在电化学的研究方面，提出了二元论接触学说；二是发现了钾、钠、钙等大

把功率的单位定为“瓦特”。可参阅本书中的《改变时代的发明家》和《蒸汽机的“十八变”》两篇文章。格列高里·瓦特（Gregory Watt，1777 ~ 1804）是詹姆斯·瓦特的儿子。

① 笑气即一氧化二氮，能使人发笑，所以称为“笑气”。

② 关于戴维在1801年以后的情况，特别是他与法拉第之间错综复杂的关系，可参阅《谁是主宰者》一书中的《自学成才的天才科学家法拉第》《法拉第与老师戴维之间的恩怨》《被推迟若干年发现的电磁感应现象》等文章。

量的碱土金属，以及其他元素，被誉为发现元素最多的化学家；三是对氯气及卤族元素的研究，确认它们是单质；四是对火焰的研究和发明安全矿灯——戴维灯。

戴维灯

1789年，有现代化学之父之称的法国化学家拉瓦锡出版《化学基础》一书，这部书的出版，被认为是现代化学诞生的标志。书中不但提出了燃烧的“氧化说”，还第一次罗列出当时已知的化学元素，并建立了对化学元素统一的命名体系。其中，拉瓦锡还在这本书里预言了关于苛性碱类会被分解的推断。在拉瓦锡看来，石灰土、白镁矿（含氧化镁）、重土（氧化钡）、矾土（含氧化铝）、硅土（含氧化硅）等土类，极有可能含有金属氧化物。但拉瓦锡当时并没有充足的条件和合适的方式去分解这些物质（拉瓦锡出版《化学基础》时，意大利物理学家伏特[①]还没有发明伏打电堆，科学家还无法获得持续电流的设备，不可能用电解的方法去分解它们），所以，拉瓦锡只是在他的书里，根据自己研究的成果对此作了一些推断，却没有能力通过实验来证实，相当于给读者提出了一个研究的问题，让有能力的后辈读者们沿着自己未完成的研究方向走下去。这个“推断”给善于钻研与思考的戴维留下深刻的印象。1806年，戴维对此问题的思考更为深入，许多条件也已经具备了。当然，戴维非常清楚，拉瓦锡不能分解“土类”，说明以加热的方式是无法分解它们的，但戴维深信，随着科技发展，将来肯定有新的分解方法来发现这些“土类”里的真正元素。

1799年，伏特发明了伏打电堆，代表着人类第一次发明了可产生持续电流的电池，这给当时的科学家做电学实验创造了条件。1800年，英国化学家尼科尔森和卡莱尔[②]利用伏打电堆当电源，成功地电解了水，获得了氢气和氧气。戴维受此实验的启发，也决定利用电解法从这些“土类”溶液和它们的固体化合物中分解出金属单质。

① 亚历山德罗·朱塞佩·安东尼奥·安纳塔西欧·伏特（Count Alessandro Giuseppe Antonio Anastasio Volta，1745～1827）是意大利物理学家，发明了人类历史上第一个电池，即伏打电堆。可参阅《不再孤独》一书中的《伏特还是伏打》一文。

② 安东尼·卡莱尔（Anthony Carlisle，1768～1840）是英国外科医生、化学家

但要通过电解的方法分解出碱金属，需要有电化学作为理论基础。戴维在这方面取得了重大的研究成果。1806年，已经成为英国皇家学会会员的戴维，根据自己近几年的研究，在皇家学会上宣读了《有关电的若干化学作用》的报告。这篇报告的内容是开创性的，引起了当时学术界巨大的震动。戴维通过实验研究得出结论：物质粒子的电作用才是化学结合的本质。就是这样的一个推断，后来成为电化学理论，以及电作用的物质观基本观点，因此戴维也成为这个领域的先驱。戴维认为，将阴阳电极插入到盐类溶液中，当通入的电力比粒子化合时的电引力强时，物质就会发生电解。戴维还认为，化学家可以通过测量电解所需要的最低电动势（电压）来测定微粒的亲和势：现称"电子亲和势"。电子亲和势越小，电子就越容易逸出，如果电子亲和势为零或负值，则意味着电子处于随时可以脱离的状态。用电子亲和势为负值的材料制作的光电阴极，由光子激发出的电子只要能扩散到表面就能逸出，因此灵敏度极高。此外，戴维支持伏特关于物质带电产生原因的"接触说"，认为不同的物质只要相互接触就产生带电现象，比如将电池的金属两极用导线连接时，就能产生电流。但戴维也是第一个质疑"接触说"存在缺陷的化学家，并在质疑的基础上，提出了"二元论接触学说"。戴维认为，接触是产生电的前提条件，但持续电流的供给则是由于溶液中发生了化学变化，并通过与两金属极相连的导线来维持电动力。但是，同时代的英国化学家和物理学家武拉斯顿①对物质带电原因却提出了"电化学说"。"电化学说"认为，化学变化才使物质之间发生带电现象。这样，"接触说"与"电化学说"之间持续地争论了好多年，一时难以定论，各有拥趸（dǔn，支持者）。不过，如今经过实验证实，"接触说"能更准确地来解释物质带电的原因。后来，在戴维"二元论接触学说"的基础上，瑞典化学家贝采尼乌斯②提出了"电化二元论"，这是贝采里乌斯在戴维"二元论接触学说"基础上的改进与补充，两者基本内容还是相似的。戴维还根据当时许多化学家在做电解水实验时，电极周围会出现酸和碱以及电解后并不能按理论的体积比例得到氢气和氧气这些现象进行了深入的研究。此外，戴维

① 威廉·海德·武拉斯顿（William Hyde Wollaston，1766 ~ 1828）是英国化学家和物理学家。

② 贝采里乌斯（Jöns Jakob Berzelius，1779 ~ 1848）是瑞典化学家，现代化学命名体系的建立者，硅、硒、钍和铈等元素的发现者，并提出了催化等概念，被后世称为"有机化学之父"。

提出，电解已经成为化学分析的一种重要的方法，并对电解时溶液中物质的传输问题进行了探索。

正是有如上关于电解理论的建构和实践，戴维已经掌握了用电解作为化学分析的方法，并利用这种方法去分析“土类”的组成。起初，戴维将钾碱（碳酸钾）的饱和溶液进行电解，结果在两个电极上分别得到了氧气和氢气，显然这是水被电解的产物，但“碱”却没有变化。戴维仔细分析“碱”没能被分析的原因后，在1807年10月6日重新进行实验。这次实验是在无水的条件下进行电解熔融的钾碱，但是干燥的钾碱却不导电，所以是无法电解的。为解决这个问题，戴维把钾碱曝露在空气中几分钟，钾碱吸收了少量的水和二氧

戴维分解碱土提取新元素实验

化碳后，它的表面就具有了导电能力。戴维再将“受潮”后的钾碱放在白金盘上，将钾碱的上表面与电池正极相连，白金盘与负极相连。通电后，钾碱开始熔化，而且其上表面产生大量的气泡，同时具有金属光泽的“小珠”出现了；而与白金盘接触的下表面的钾碱（与负极相连的地方）并没有气体产生。同时，戴维还发现，生成的“小珠”只要与空气接触，就会立刻燃烧，并伴有爆鸣声和明亮的火焰；这些“小珠”燃烧后，就失去了金属光泽，表面覆盖了一层白色薄膜。经过多次实验，戴维确信那种有金属光泽的物质是一种新物质，可用如下的化学方程式来表示：

$$2K_2CO_3\text{（熔融）}\xlongequal{\text{通电}}4K+O_2\uparrow+2CO_2\uparrow$$

戴维欣喜若狂，竟然在屋子里跳了起来，并在他的实验纪录本上写下了：

“重要的实验！证明钾碱分解了。”他把笔一甩，本上留下了一大团墨迹。由于戴维发现的新物质是从钾碱中分解出来的，所以将其命名为钾（K）。有了这样的实验成功经验后，戴维如法炮制，又用同样的方法来电解苏打（Na_2CO_3），又得到另一种新的金属单质——钠（Na）。1807年11月19日，戴维针对自己的发现，发表了碱金属的研究报告。同样，这次报告又在科学界引起了极大反响。

保存在石蜡油里的钠

金属钾

戴维还曾利用加热的办法进行实验：把苦土、石灰、锶土、重土等碱土分别放入试管，往其中加入自己电解出来的金属钾作为还原剂（戴维的想法是，钾和氧迅速化合，能从水中夺走氧，那么钾也有可能从上述物质中把氧夺出来），然后给它们加热，但实验并不成功。其后，戴维决定利用电解的方法，把这些干燥的苦土、石灰、锶土、重土等碱土分别与钾碱混合，加热熔化后，用石脑油（石油制品）浇在它们的上面，再给它们通电。此时，戴维发现电流通过的导线上出现某种金属的薄膜状痕迹，这些痕迹在空气中会变暗，但这些新物质量太少，而且在持续通电几小时后，碱土只分解了很少的一点，而所得的金属很快又与阴极铁丝相结合。1808年5月，戴维在与瑞典化学家贝采里乌斯通信的过程中，得知贝采里乌斯和瑞典医生蓬丁[1]曾将石灰和水银的混合物加以电解，成功地分解了石灰，并且也是用这样的方法电解了重土，从而取

钙

① 蓬丁（M.M.Pontin，1781～1858）是瑞典医生。

汞

得钡汞齐[①]。戴维被失败折磨得差不多的信心又回来了，于是戴维立刻动手进行实验：让石灰暴露在空气中受潮后，把石灰量三分之一的红色氧化汞固体与之混合，将混合物放在白金片上，并在上面挖一个凹陷的槽，以便于能盛放质量约为五六十克的水银；再用一层薄薄的石脑油遮盖着混合物；接着将电源正极接白金片，电源负极接水银，通电后，混合物被电解，得到了钙汞齐。戴维再将钙汞齐加热，将汞蒸发，就得到了银白色的金属钙。利用同样的方法，戴维又制得了金属镁、锶和钡等。此外，戴维还制备了氨的汞齐，命名为铵。戴维将上述这些发现写成论文《土质分解的电化研究：由碱性土质制取的金属及从氨制得汞齐的观察》，于1808年在英国皇家学会上宣读。

从平民到被封爵士，从药房学徒到著名科学家和发明家，戴维的一生充满理想与奋斗。虽然在他与法拉第的关系上多受世人诟（gòu）病，但他对科学的不懈追求精神永存。

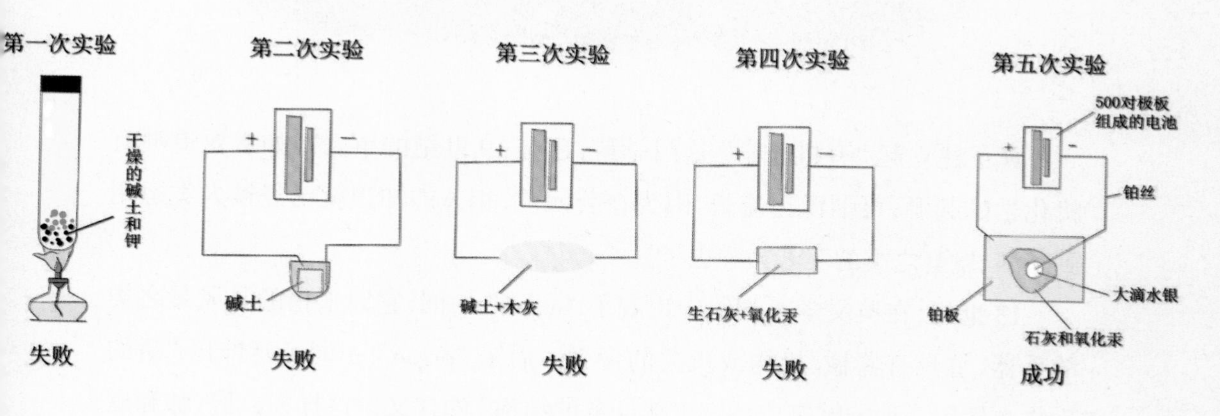

戴维分解碱土提取新元素的五次试验

① 汞齐又称汞合金，是汞与一种或几种其他金属所形成的合金。汞有一种独特的性质，它可以溶解多种金属（如金、银、钾、钠、锌等），溶解以后便组成了汞和这些金属的合金，如钠汞齐、锌汞齐、银汞齐、金汞齐等。含汞少时是固体，含汞多时是液体。

有机化学的发展足迹

真正建立起“有机化学”这门学科，还是19世纪的事。但如果要追溯有机化学的起源，可谓源远流长，因为在公元前，相关的知识就已经被人类运用到酿酒、发酵之类的工艺当中去了。

13世纪，在英文学术词语中出现了“organ”一词，它原来指的是风琴之类的乐器，也具有器械、机构或机关的含义。后来“organ”一词又延伸出“活的生物中任何一种能够完成特定工作任务的结构”的含义。这样，心、肝、肺和皮肤等器官都是“organ”。不管是动物体还是植物体，它们都可以被认为是具有多种功能的器官的集合体（高等动物体是由功能相近的器官构成了系统，再由系统构成生物体），所以就把生物叫做“organism”，即“有机体”。到19世纪初

贝采利乌斯

期，科学家们已认识到，只在活组织或曾是活组织一部分的那些物质中才有的化学物质，与在非生命世界中随处可见的化学物质相比，它们在性质上的差异是非常大的。这样，在1806年，被誉为“有机化学之父”的瑞典化学家贝采里乌斯提出了“有机化学”一词，为现代化学命名建立体系，并以“有机物”指代生物体的分子化合物，而以“无机物”指代来源于非生物体的化合物。此外，贝采里乌斯接受并发展了道尔顿的“原子论”，并以氧作为标准，测定了四十多种元素的相对原子质量，同时最早提出了用化学元素拉丁文名称的开头字母作为化学元素符号，并发现了硒、硅、钍（tǔ）、铈（shì）等元素。

在贝采里乌斯看来，有机物构成的世界与无机物构成的世界是完全不同的。在有机物构成的世界中，存在神秘的“生命力”，它们参与到化合物的生成过程中。所以，贝采里乌斯认为，只有活组织才能制造有机化合物。这样的观点带给人们一个错觉，认为有机物是非常复杂而又神秘的物质，它属于“有生机之物”或“有生命之物”，只有在一种非物质的“生命力”的作用下才能形成，而不可能在实验室里通过化学方法合成。

贝采里乌斯建立的有机化学，并不是现代意义上的有机化学，而是相当于现在的生物化学，这种在“生命力论”影响下的有机体的化学，给有机化学的实验研究带来障碍。

法国化学家谢弗勒尔[①]的研究与有机化学的建立有很大的关系，也严重挑战了贝采里乌斯的“有机化学生命力”的观点。谢弗勒尔的一生

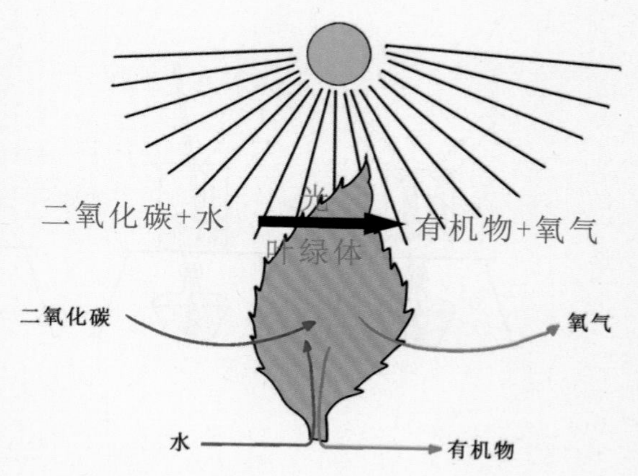

光合作用便是一种将无机物合成有机物的过程

① 米歇尔·尤金·谢弗勒尔（Michel Eugène Chevreul，1786 ~ 1889）是法国化学家。

除了他超过百岁的罕见长寿给他增添话题之外，还有在油脂的研究领域获得的成就，或者说，油脂化学这个分支学科就是他首创的。

1809 年，谢弗勒尔开始从事肥皂研究，当他用盐酸处理肥皂后发现水面有不溶性的有机酸。谢弗勒尔从这些有机酸中分离出硬脂酸、棕榈酸和油酸，这三种酸是脂肪和油类最重要的组成成分。谢弗勒尔发现，如果用处理肥皂一样来处理日常常见的鲸脑油[①]，结果并没有发生与上述相类似的现象，所以推断鲸脑油不是油脂，而是蜡。1816 年，谢弗勒尔发明了用脂肪和碱制造肥皂：将脂肪中的脂肪酸分解出来和碱反应，就可以得到肥皂。在进一步研究中，谢弗勒尔将不同动物脂肪皂化[②]后加入盐酸，分离提纯了多种脂肪酸，比如从羊的脂肪里提取出硬脂酸、从猪的脂肪里提取出油酸和十九酸，从母牛和山羊的脂肪里提取出丁酸和己酸[③]等。之后，谢弗勒尔把从各种动物脂肪中提取出来的脂肪酸，按照它们的性质建立了一个列表，将它们的熔点不变定为纯度的标准，即熔点作为物质的一种特性，可以用它来区分物质，并能判别物质是否纯净。

谢弗勒尔

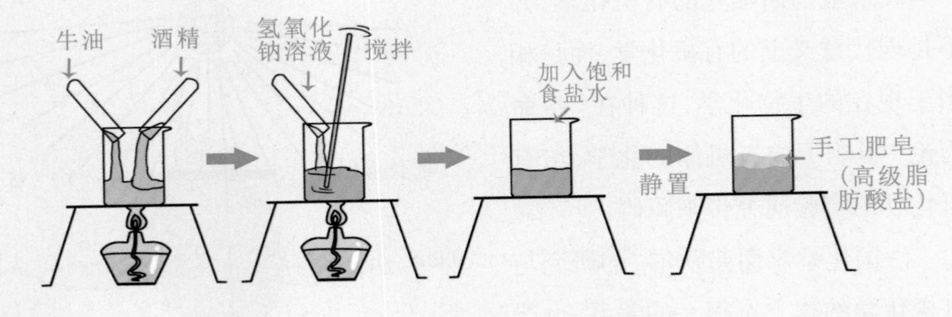

皂化反应

① 又称鲸蜡，是从抹香鲸头部提取出来的油腻物质，经冷却和压榨而得的固体蜡。

② 皂化通常指的碱（通常为强碱）和酯反应，生成醇和羧酸盐。一般的皂化反应指油脂和碱反应。

③ 硬脂酸即十八烷酸，结构简式为 $CH_3(CH_2)_{16}COOH$；油酸是一种单不饱和脂肪酸，存在于动植物体内，化学式为 $C_{18}H_{34}O_2$；十九酸的化学式为 $C_{19}H_{38}O_2$；丁酸的结构简式为 $CH_3CH_2CH_2COOH$；己酸的结构简式为 $CH_3CH_2CH_2CH_2CH_2COOH$。

谢弗勒尔对皂化反应的本质观，启发了法国化学家杜马[1]对酯类的研究，也启发了法国化学家贝特洛[2]用甘油和脂肪酸合成油脂的研究。

在当时，没有生物（生命力）的介入，有机物能够发生化学变化而产生新的物质，这几乎是不可想像的。当谢弗勒尔提出，自己所研究的那些有机物都是独立的化合物，所以肥皂就可以利用各种脂肪通过化学反应来制得。1825年，谢弗勒尔和法国化学家盖·吕萨克[3]一起，取得了十九酸蜡烛的发明专利。试想，在一个还没有电力供应的19世纪初叶，夜晚的照明几乎都依赖于蜡烛。而当时，法国原有用牛的脂肪制作的牛脂烛较软，燃烧时会产生一股难闻的气味并有可能因软化而熄灭，甚至引起火灾，需要有人时时照看；而谢弗勒尔和盖·吕萨克发明的脂肪蜡烛却不同，它比较硬，燃烧发出明亮的光，外观也非常美观，燃烧时就不太需要有人照看，特别重要的是，燃烧产生的气味也不会太难闻！这样的改进，对19世纪的人们来说当然是个了不起的创举。谢弗勒尔也因此在1826年被选进科学院，并在同年被选为伦敦皇家学会外籍会员。1829年，谢弗勒尔还被选为瑞典皇家科学院外籍院士。

谢弗勒尔在实验室里采用人工的方法合成有机物，这是用一个实例否定了贝采里乌斯的“生命力论”。当然，谢弗勒尔的研究并非是否定贝采里乌斯观点的唯一证据，曾在贝采里乌斯实验室工作过的维勒[4]，也为有机化学的发展作出了重要贡献。

维勒

德国化学家维勒出生于法兰克福一个著名的医生家庭。1820年，维勒考入马尔堡大学学医，但他最感兴趣的还是化学实验。与进入大学之前一样，维勒经常在宿舍中进行化学实验。维勒写的第一篇化学论文是“关于硫氰酸汞的性质”，关于这篇论文的实验，在维勒的传记和文章中经常被提及，并且有许多细节的描述。这篇论文后

① 让·巴蒂斯特·安德烈·杜马（Jean-Baptiste André Dumas，1800 ~ 1884）是法国化学家。
② 马塞兰·贝特洛（Marcelin Berthelot，1827 ~ 1907）是法国化学家。
③ 约瑟夫·路易·盖·吕萨克（Gay-Lussac，1778 ~ 1850）是法国化学家、物理学家。
④ 弗里德里希·维勒（Friedrich Wöhler，1800 ~ 1882）是德国化学家。

来发表在《吉尔伯特年鉴》上，受到当时已有一定名望的贝采里乌斯的重视。1822年，维勒考入海德堡大学继续学医，成为解剖学家和生理学家蒂德曼①的弟子，同时也跟随著名化学家利格麦林②学习化学。1823年，维勒取得海德堡大学的外科医学博士学位，并受到导师格麦林的推荐，到贝采里乌斯的实验室工作了一年，随从贝采里乌斯从事化学实验研究。从1825年开始，维勒先后在德国柏林理工学校、德国卡塞尔高等理工学校、哥廷根大学教授化学课程，同时进行化学研究。

维勒在贝采里乌斯的实验室工作一年，在那里，维勒熟练掌握了分析和制取各种元素的新方法，1824年9月离开贝采里乌斯实验室回到家乡，继续研究氰酸铵。当时，维勒想通过实验的方法来合成氰酸铵，但当维勒将氰酸和氨水混合后，蒸干溶液得到的固体并不是氰酸铵，而是一种新的物质。对这种新的物质，维勒不太清楚它到底含有什么成分，一直"耿耿于怀"。一直到1828年，维勒最终证明出他获得的实验产物就是尿素（属于有机物）。由此，维勒继续实验：他用氰酸银与氯化铵反应，用氰酸铅与氨反应，用氰酸汞、氰酸和氨反应，最终反应后都得到了尿素，这与之前的结论都是相吻合的。维勒的这个发现意义非常重大，它有力地证明了有机物是可以利用无机物合成的，也从此推翻了当时阻碍化学发展的"生命力论"。1828年，当维勒用氰酸铵生成尿素（即维勒尿素合成）实验后，兴奋地给贝采里乌斯写信说："我可以不借助动物的肾脏来制备尿素了！"但贝采里乌斯对此却将信将疑，因为他是支持"生命力论"的，所以给维勒回信时，问维勒能不能在实验室里"制造出一个小孩来"。维勒的发现以论文的形式刊登在1828年的《物理学和化学年鉴》上。

尿素

不管贝采里乌斯支持或反对，谁也阻挡不了历史的洪流，即便你是如贝采

① 弗里德里希·蒂德曼（Friedrich Tiedemann，1781 ~ 1861）是解剖学家和生理学家。

② 利奥波德·格麦林（Leopold Gmelin，1788 ~ 1853）是德国化学家。

里乌斯般的学术权威，也得顺应真实的科学，尊重科学事实。其后的许多化学家对维勒的实验进行了重复实验，并取得成功，“有机物可以在实验室由人工合成”的结论才被越来越多的人所接受。而随后实验室里相继合成了乙酸、酒石酸等有机物，更支持了维勒的观点，打破了多年来占据有机化学领域的“生命力论”。

如今，维勒尿素合成实验成为化学课堂上经常演示的实验。演示该实验时，将氰酸钾与氯化铵溶液混合加热后，然后冷却，这时就能生成尿素。在反应后的容器中加入草酸，发现有白色沉淀生成，这是因为尿素与草酸反应，生成白色不溶性的草酸脲（niào）。

1856年，英国化学家珀金[①]制备出第一个合成染料苯胺紫，大力促进了有机化学的发展。

珀金出生于英国伦敦东区一个木匠的家庭。1853年，15岁的珀金入读伦敦的皇家化学学院（现为伦敦帝国学院），成为德国著名化学家霍夫曼[②]的学生。在1856年的复活节假期，18岁的珀金在霍夫曼的实验室进行合成抗疟疾特效药物奎宁的实验。由于当时疟疾是一种非常严重的传染性疾病，而奎宁这种药只能从南美印地安人居住地的金鸡纳树的树皮中提取，所以，奎宁在当时的欧洲价格非常昂贵。年轻的珀金想通过实验方法，人工合成这种药物。但是，当时的化学家们还不清楚奎宁的分子结构，珀金只能通过大量实验来研究

珀金

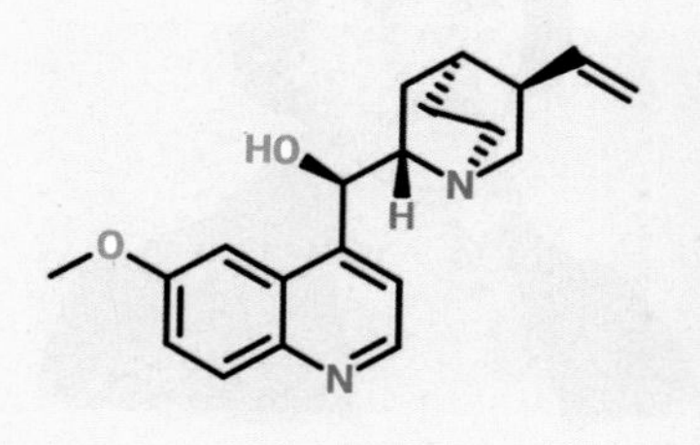

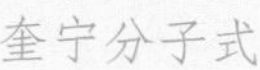

奎宁分子式

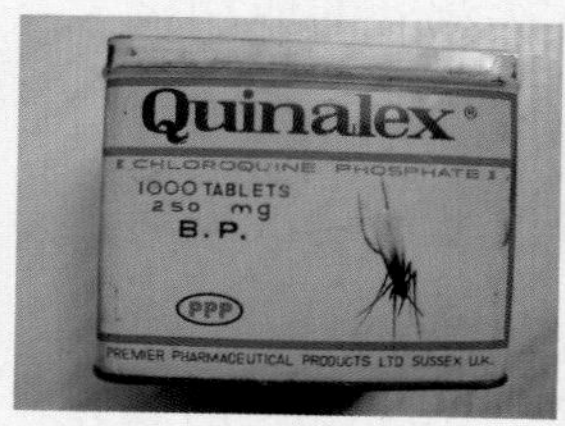

民国英制奎宁铁皮药罐

金鸡纳树

① 威廉·亨利·珀金（William Henry Perkin，1838 ~ 1907）是英国化学家和发明家。
② 奥古斯特·威廉·冯·霍夫曼（August Wilhelm von Hofmann，1818 ~ 1892）是德国著名化学家。

1862年，一件由最原始的苯胺紫染色而成的丝质裙装

它的性质，从而去推测它的化学分子结构。当珀金把强氧化剂重铬（gè）酸钾加入到了苯胺的硫酸盐中时，结果烧瓶中出现了一种沥青状的黑色残渣，这次实验肯定是“失败”了！珀金只好把烧瓶清洗干净，以便进行下一次实验。考虑到这种焦黑状物质肯定是有机物，多半难溶于水，所以珀金就在其中加入酒精，以使这种焦黑物质溶解在酒精中，就容易清洗了。当珀金把酒精加入到烧瓶中后，突然发现焦黑物质被酒精溶解成美丽夺目的紫色溶液！作为一位非常有实验经验的化学研究生，珀金马上意识到了这个意外的现象会导致一项重要的发明创造，考虑到当时的衣物染料都是从植物中提取的，难以保存而且很容易掉色。而眼前这个让人有些目炫的紫色，可不可以作为衣物的染料？有了这样的想法，珀金就尝试着用这种紫色物质去染布，但可惜他的实验并没有成功，因为染上颜色的棉布用水一洗就几乎全部褪色了。珀金并没有灰心，他又用毛料和丝绸等去实验，结果发现，这种虽然无法在棉布上染色的物质，但却非常容易地染在丝绸和毛料上，而且比当时的各种植物染料的颜色更鲜艳，放在肥皂水中搓洗，或者在光照下也不容易褪色。这样，世界上第一种人工合成的化学染料苯胺紫，就在实验室里“诞生”了。同年8月，珀金获得了此项的发明专利权。珀金的发明让当时的衣物色彩更加华丽，这令当时的维多利亚女王也对之青睐有加。这次意外的成功极大地鼓舞了珀金的创业冲动。1857年，珀金建立了世界上第一家生产苯胺紫的合成染料工厂，并因此成为世界巨富。1866年6月，珀金被选为英国皇家学会会员。1879年，珀金获得英国皇家勋章，并在1889年获得戴维奖章。

热拉尔

1906年，这位平民出生的化学家被封为爵士，并在同年获得了首届珀金奖章[1]。

珀金的成功，无疑会让更多的化学家投入到人工合成有机物当中去。

至此，我们介绍的化学家在有机化学领域都做出了开拓性的工作，这些开拓性的工作，犹如在一片广袤的田野中星星点点地种植了农作物，并硕果累累；但广袤田野中的农作物还缺乏有效的规划，缺少将这些有机物进行合理的结构搭配，所以，此时的有机化学还不能称为一门学科。真正使有机化学成为一门学科的，就是“结构学说”。“结构学说”发展进程与有机化学领域星星点点的有机物发现齐头并进，并出现了各种各样的流派和表现形式。最初影响较大的是法国有机化学家热拉尔[2]，1843年，他认为有机化合物中存在“同系物”[3]，提出“同系列”的概念，认为碳氢化合物的同系列都有自己的代数组成式。1853年，热拉尔通过对取代反应的研究，提出了新的类型说，把当时已知的有机化合物分别纳入水、氯化氢、氨、氢四种基本类型，认为这四种母体化合物中的氢被各种基团取代，可得到各种有机化合物。可惜这位建立有机化学体系的开山鼻祖英年早逝。热拉尔的著作有《有机化学专论》和《有机化学概论》等。

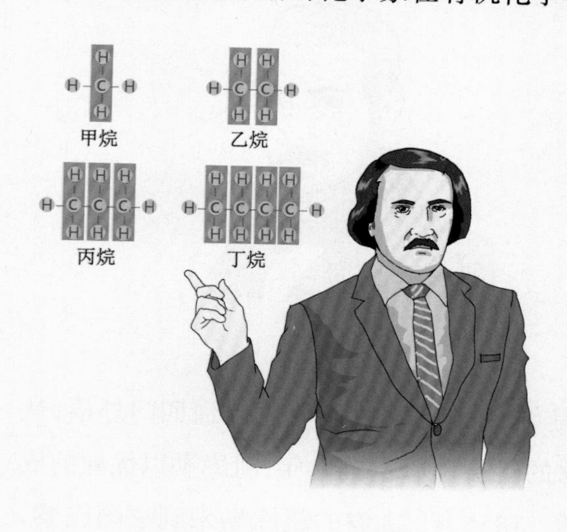

热拉尔

1858年，德国有机化学家凯库勒[4]和英国有机化学家库珀[5]分别在有机

① 这个珀金奖章是由美国化工学会于1906年设立的，以表彰为美国化工作出重大贡献的科学家。珀金在1906年访问了美国，为了纪念发现苯胺紫50周年，美国化工协会将首枚奖章颁给了他，第二次颁奖是1908年，以后每年颁发一次。

② 同系物是指结构相似、分子组成相差若干个“CH2”原子团的有机化合物；一般出现在有机化学中，且必须是同一类物质（含有相同且数量相等的官能团，羟基例外，酚和醇不能成为同系物，如苯酚和苯甲醇）。

③ 查尔斯·弗雷德里克·热拉尔（Charles Frédéric Gerhardt，1816 ~ 1856）是法国有机化学家。

④ 弗里德里希·奥古斯特·凯库勒（Friedrich August Kekule，1829 ~ 1896）是德国有机化学家，主要研究有机化合物的结构理论。曾在梦中发现了苯的结构简式，被称为一大美谈。

⑤ 斯科特·库珀（Archibald Scott Couper，1831 ~ 1892）是英国有机化学家。

化学结构研究中有重大突破,他们分别提出了碳的四价理论和原子间的键合理论。

凯库勒

库珀

凯库勒生于德国达姆施塔特,是位少年天才,中学时就已懂四门外语,从小非常热爱建筑,立志成为一名优秀的建筑大师。1847 年,凯库勒以优异的成绩考入当时德国最著名的吉森大学。1851 年,22 岁的凯库勒来到法国巴黎,成为化学家热拉尔的学生。受热拉尔的影响,凯库勒对有机化学产生一定的兴趣。但真正让凯库勒走向研究化学之路的,是德国著名化学家李比希对他的影响。自 1858 年提出“四价的碳原子可以相互结合形成碳的晶格”后,凯库勒对苯的研究发生了兴趣。

当时人们从煤焦油中提取出一种具有芳香气味的液体苯,但人们无法解释苯的结构:1 个苯分子含有 6 个碳原子和 6 个氢原子,碳的化合价是 +4 价,所以一个碳原子应该和 4 个氢原子结合,而 1 个苯分子中 6 个碳原子怎么能与 6 个氢原子结合呢?长期思索研究苯分子结构,凯库勒疲惫不堪,甚至有点泄气了,却他还是苦苦思索着自己尝试建立的几十种苯的分子式,却又都一一否决了。让凯库勒苦恼不已的苯分子结构时刻萦绕在他的脑海中,但又不得其解。就在这样的一天,凯库勒带着几分痛苦和疲惫,躺在靠近壁炉的椅子上慢慢

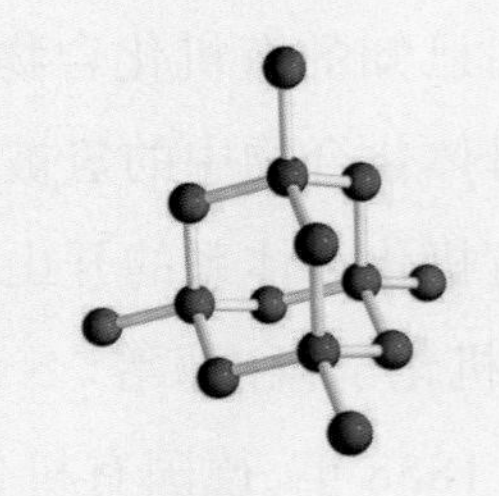
碳晶格

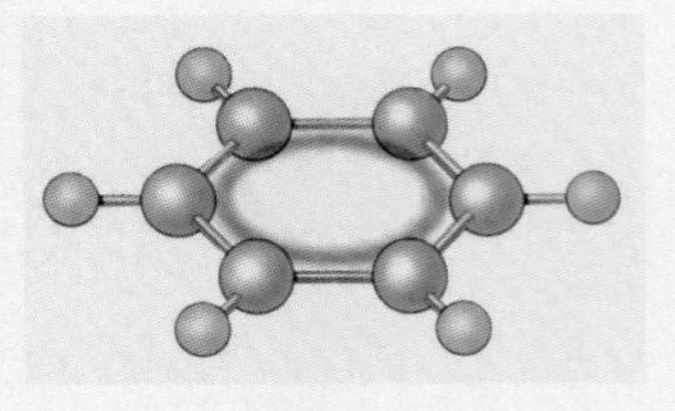
苯的结构模型

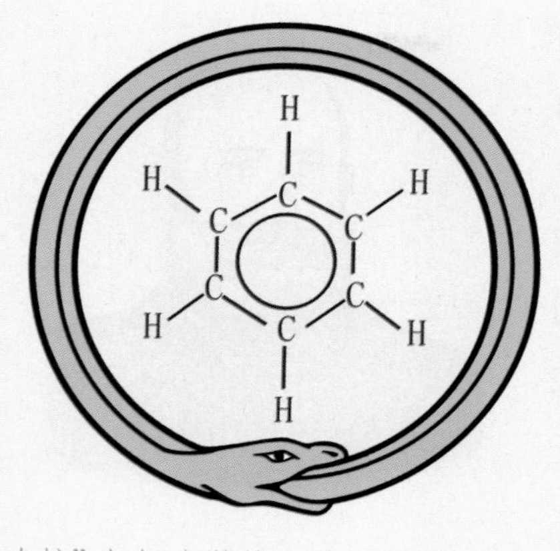

“贪吃蛇”与凯库勒梦境中的苯分子结构

地睡着了。但奇怪的是，睡梦中的凯库勒发现，苯分子中的碳原子和氢原子的形象却鲜活起来，好像碳原子和氢原子相互连在一起，形成了一条“贪吃蛇”！在这条“贪吃蛇”身上，每个碳原子上还带着一个氢原子。而且“贪吃蛇”的蛇头不断地蠕动，向蛇尾追去；最终，蛇头追上了蛇尾，它们形成了一个环状物。这是多么奇怪的一个梦！当凯库勒被这个梦给惊醒时，他久久地沉浸在梦境中，回忆碳原子和氢原子奇怪的结合方式，并尝试着把它们画出来。最终，梦境帮助他圆了“梦”！对此，凯库勒说：“我们应该会做梦！…… 那么我们就可以发现真理，…… 但不要在清醒的理智检验之前，就宣布我们的梦。”应该指出的是，凯库勒能够从梦中得到启发，成功地提出重要的结构学说，并不是偶然的。

1865 年 5 月 11 日，凯库勒在比利时皇家学会发表了论文《关于苯环的几种衍生物》，描述了苯环的不同异构体，也创造性地使用了一些到如今还在使用的有机化学术语。由于苯环结构学说对有机化学发展具有重要的意义，所以化学界把 1865 年看成有机化学发展史上具有突破性成就的一年，而凯库勒也因此成为有机结构理论的奠基人。

相对凯库勒的“雄姿英发”，英国有机化学家库珀的运气就没有那么好了。比凯库勒小两岁的库珀，先后在英格兰格拉斯哥和德国柏林攻读哲学，直到 1854 年才改学化学。1854 到 1856 年间，库珀到法国巴黎跟随法国有机化学家孚兹[①]学习有机化学。1858 年 6 月 14 日，库珀向导师提交了一篇反映碳四价理论和碳原子结合方式的论文。也是在 1858 年的 8 月，凯库勒也提出与库珀同样的概念，但凯库勒已经在 1857 年提出了碳的四价。令人遗憾的是，库珀的导师孚兹却推迟了库珀文章的发表，这使凯库勒先于库珀发表了他的成果。愤怒的库珀找导师孚兹理论，却被孚兹赶了出来。1858 年 12 月，当库珀已经无法继续呆在法国，恰巧又收到了来自祖国苏格兰的橄榄枝，库珀接受了

① 查尔斯·阿道夫·孚兹（Charles Adolphe Wurtz，1817 ~ 1884 年）是法国有机化学家。

爱丁堡大学提供的奖学金，并回到苏格兰担任爱丁堡大学的助教。但此时的库珀因为受到的打击太大，心情无法平复，身体健康每况愈下。1859年5月，库珀神经严重衰弱，被迫接受精神治疗。1859年7月，库珀又因为精神问题复发，并且中暑，被送入医院，一直呆到1862年11月。此后，库珀糟糕的身体已经不能胜任正常的工作了，而他更为糟糕的精神，使他人生中的最后30年都是在母亲的照料下过着与疯子类似的生活。

布特列洛夫

如果说凯库勒和库珀的研究还不是全面的化学结构理论，那么“首次建立现代化学结构理论”这个桂冠应该戴在俄罗斯化学家布特列洛夫[①]的头上。

1861年9月，在德国举行的自然科学家和医生代表大会上，布特列洛夫宣读了他的著名论文《论物质的化学结构》。在这篇论文中，布特列洛夫系统地阐明了化学结构理论的基本原理，大致内容可归结为两点：

1. “如果两个化学原子具有一定和有限的化学亲合力，原子借这种化学亲合力形成物体。这种复杂物体中的各原子相互结合的方式称为化学结构。”

2. “复杂物质的化学性质，决定于组成这种物质的基本质点的性质，决定于基本质点的数量和化学结构。”

布特列洛夫是在总结了前人的基础上建立自己的化学结构理论的。在布特列洛夫看来，化学物质的结构和性质是紧密联系在一起的，所以一旦知道某种物质的化学结构，就可以推测出它的化学性质。布特列洛夫坚信自己所创立的结构理论是化学上的普遍法则。

布特列洛夫根据他的化学理论预言了一些新物质的存在，后来他和他的助手通过实验都予以证实。如布特列洛夫从结构理论出发，预言了位置异构和碳链异构的存在，随后，他和他的助手们就在实验室里合成了丁醇和异丁醇，并正确地说明了这两种物质的结构。1864年，布特列洛夫还用结构理论大

① 亚历山大•布特列洛夫（Alexander Butlerov，1828 ~ 1886）是俄罗斯化学家。

胆预测两种丁烷和三种戊烷的存在，这个预测也被他们自己的实验所证实。

荷兰物理化学家范托夫[1]和法国化学家勒·贝尔[2]建立的碳四面体学说，影响巨大。

范托夫

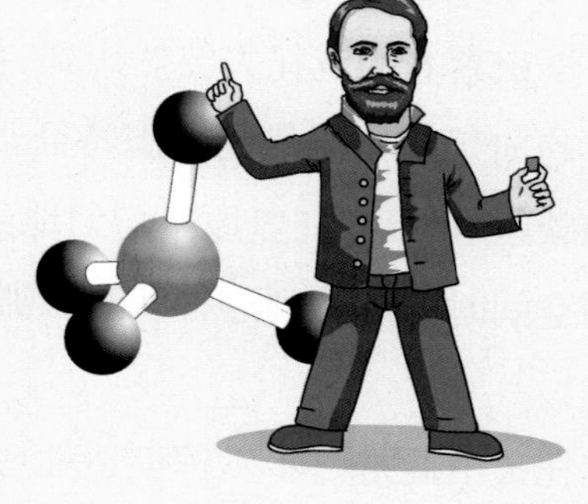

勒·贝尔

范托夫是1901年首届诺贝尔化学奖获得者，他大学学习化学时的导师就是凯库勒。1875年，范托夫在《空间化学》一文中提出了“分子的空间立体结构”假说，首创“不对称碳原子”概念，以及碳的正四面体构型假说（现称范托夫-勒·贝尔模型），即一个碳原子连接四个不同的原子或基团。

范托夫建立碳的正四面体构型学说也充满戏剧性。1874年的一天，范托夫在乌德勒支大学的图书馆里认真地研读着威利森努斯[3]关于乳酸的一篇论文。范托夫随手在纸上画出了乳酸（$C_3H_6O_3$）分子的化学结构式。当范托夫把视线集中到分子中心的碳原子上时，他立即发现，如果将这个碳原子上的不同取代

$$\begin{array}{ccccc} & & H & & \\ & & | & & \\ H_3C & — & C & — & COOH \\ & & | & & \\ & & OH & & \end{array} \qquad \begin{array}{ccccc} & & H & & \\ & & | & & \\ H & — & C & — & H \\ & & | & & \\ & & H & & \end{array}$$

乳酸分子化学结构式　　甲烷分子化学结构式

① 亚历山大·布特列洛夫（Alexander Butlerov，1828 ~ 1886）是俄罗斯化学家。
② 雅各布斯·亨里克斯·范托夫（Jacobus Henricus van 't Hoff，1852~1911），生于荷兰鹿特丹，逝于德国柏林，荷兰化学家，1901年由于“发现了溶液中的化学动力学法则和渗透压规律以及对立体化学和化学平衡理论作出的贡献”，成为第一位诺贝尔化学奖的获得者。
③ 约翰尼斯·威利森努斯（Johannes Wislicenus，1835~1902）是德国有机化学家。

基(如 COOH、OH、H_3C 等)都换成氢原子的话,这个乳酸分子就变成了一个甲烷分子。

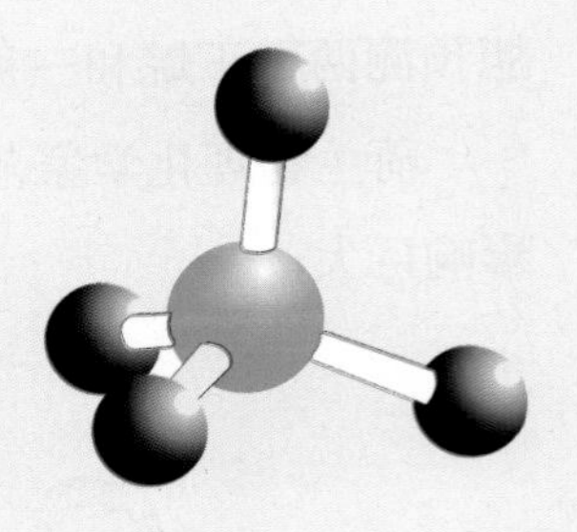
甲烷分子的空间正四面体结构

由此范托夫想,甲烷分子中的氢原子和碳原子若排列在同一个平面上是否可能?这时,具备良好数学、物理学等学识素养的范托夫突然想到,自然界中一切物质都会有趋向于最小能量的状态特征。甲烷分子中的氢原子和碳原子,只有在氢原子均匀地分布在一个碳原子周围的空间时才能达到这种状态。那么,在空间里甲烷分子就会变成了一个正四面体!

范托夫由此进一步发挥创造性想像:假如用 4 个不同的取代基换去碳原子周围的氢原子,显然,它们在空间就有两种不同的排列方式。这样,范托夫就在乳酸的化学结构式旁画出了两个正四面体,并且一个是另一个的镜像,这就是现今我们所知道的肌肉乳酸和发酵乳酸。

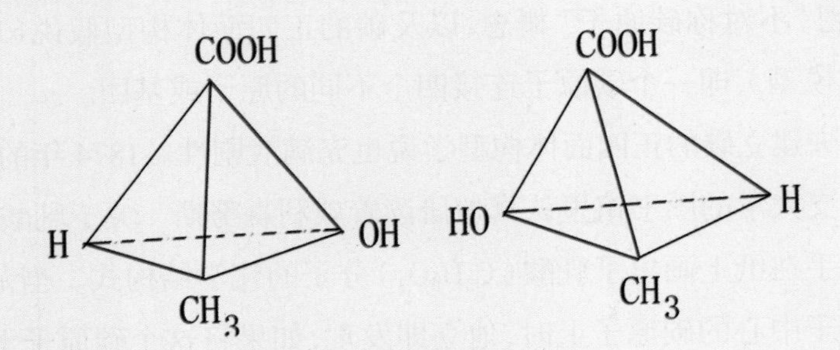

两种乳酸的正四面体结构模型(中心碳原子没有在图中画出来)

在十九世纪中叶,化学家们越来越多地发现,某些有机化合物具有旋光现象[①],如法国微生物学家巴斯德[②]最早发现酒石酸、外消旋酸都具有左旋和右旋两种不同的结构。旋光现象在当时很难获得解释,是因为人们还不清楚这些物质的分子空间结构。现在,范托夫突然发现,这些物质的旋光特性是和它们的分子空间结构有密切相关的,也就是说,这些物质的空间结构,是产生旋光异构的秘密所在。

① 旋光现象是指偏振光通过某些晶体或物质的溶液时,其振动面以光的传播方向为轴线发生旋转的现象。

② 路易·巴斯德(Louis Pasteur,1822 ~ 1895)是法国著名的微生物学家、爱国化学家,以发明“巴氏消毒法”而闻名,此法沿用至今。

为了进一步解释正四面体空间结构，我们以 CHBrClF 为例来说明，它就有如下图所示的两个异构体，这两个异构体以镜面为对称面，互为映像，就像人的两只手一样，所以称为对映异构，也就是旋光异构。这样，连接了不同的四个原子或原子团的碳原子称为不对称碳原子或“手性碳”：

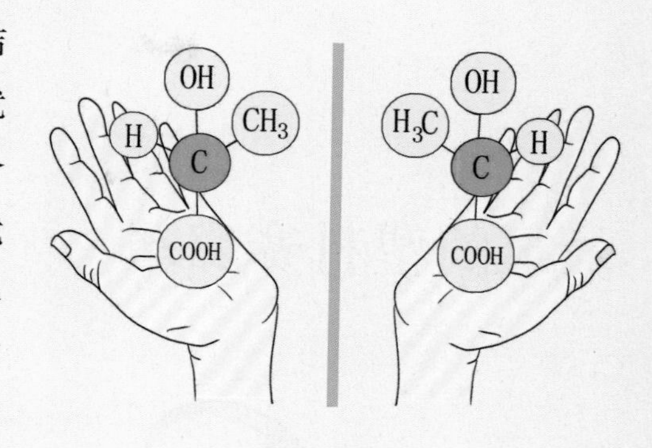

手性分子

碳四面体学说初步解决了物质的旋光性与结构的关系，所以影响非常巨大，但在化学界毁誉参半。有些化学家对范托夫的模型赞誉有加，认为对探索未知领域具有前瞻性和预测作用，具有划时代的意义；但有些化学家却对他的学说冷嘲热讽，认为这种假说式的理论，更多的是范托夫个人的异想天开。但事实证明，范托夫的“异想天开”是他开创性的科学空间能力的体现，是真正的科学素养。

最早的塑料赛璐珞

如今的生活，随处可见塑料制品，但人工合成塑料并用于生产，也仅是近百年的事。

在人工合成塑料产生之前，人类已经利用天然塑料制造各种各样的生活用品很久了。这里的天然塑料，指的是动物的毛发、蹄脚、角质物、羽毛等。

随着科技的发展，人们发现，这些动物的角质物的纤维蛋白中都含有高硫量的聚合物，它们不易溶解在一般的溶剂中，而且天然塑料浸入热水后冷却至室温，就可以成型。所以，最早的钮扣生产，就是用牛蹄脚作为一种固体材料的。到了18世纪，老的制造工艺逐渐被淘汰，热压模技术成熟起来，因为存在于蹄脚中的天然胶很适合作为模压扣的胶结剂，所以用热压模磨碎蹄脚制造钮扣更有利于产品质量的提升。当时，美国人还能用动物的蹄脚制造装饰梳子，美国马萨诸塞州的莱明斯特成为当时最著名的“梳城”，当地集中了一批制梳工厂，这些工厂不断进行产品创造和技术改革，导致许多塑料制造器械都得到长足发展，甚至有些产品经过不断技术改进后，使用到如今。这样，由于莱明斯特制梳工厂云集，成为美国最早的塑料“首府”。当然，如果说“梳城”，中国的历史一点都不逊色，甚至成为制梳行业最早的国家之一，如江苏常州市武进县陈渡桥的传统产品就是梳篦（bì，调发的用具），它的历史可以追溯到3000多年前的商朝时期；还有西汉著名辞赋家扬雄[①]在《长杨赋》中就有“头蓬不暇梳”之句，诗圣杜甫[②]在《水宿遣兴奉呈群公》一诗中也有“发短不胜篦”的佳句传世，这些都能说明我们古代梳篦制造史源远流长。这些历史悠久的梳篦，也都是取材于牛角或蹄脚之类的天然塑料物质。1915年，常州老王大昌和老卜恒顺梳篦在巴拿马国际博览会上获得银质奖，1926年，老卜恒顺梳篦在美国费城国际博览会上获得金质奖。故常州梳篦素有“宫梳名篦”之美誉。中华人民共和国成立后，随着科技的发展，梳篦的材料也更加广泛与先进，常州梳篦也有了进一步的发展，产品畅销全国，甚至出口远销东南亚和欧洲等20多个国家，成为真正的世界“梳篦城”。但比较遗憾的是，近现代中国的梳篦业虽很发达，但大量使用动物的角质物，对塑料并没有深入研究。

慈禧太后的象牙梳

宫梳名篦

① 扬雄（公元前53～18）是西汉官吏、学者和辞赋家。

② 杜甫（712～770）是唐代伟大的现实主义诗人，与李白合称“李杜”。杜甫在中国古典诗歌中的影响非常深远，被后人称为“诗圣”，他的诗被称为“诗史”。

最早的塑料叫赛璐珞，也就是硝化纤维塑料，它是由胶棉（低氮含量的硝化纤维）和增塑剂（主要是樟脑）、润滑剂、染料等加工制成。赛璐珞这个名称来自英文“celluloid”，它原来包括两个意思：一是假象牙；二是电影胶片。说起这两层意思，还是很有历史的。

在 19 世纪，美国非常盛行台球运动，而当时的台球，都是象牙做的，这样就显得高贵而典雅。虽然 19 世纪非洲大陆的开拓者利文斯通[1]认为，非洲的大象不计其数，是消耗不完的。许多欧洲殖民者和冒险家到非洲开疆拓土，都抱着与利文斯通相类似的观点，致使非洲殖民地的自然资源被大量掠夺，自然环境被大肆破坏，造成非洲大象数量锐减。当时为获取象牙，每年要杀死 2 万头以上的大象。而每头大象的长牙（獠牙）数量少，对“市场”还是供不应求，这就加快了屠杀大象，如此形成恶性循环。随着大象数量的锐减，当时政府也出台了一系列法律，不容许偷猎屠杀大象和交易象牙。一时间，象牙成为稀缺材料，在美国，几乎不能获得象牙来制作台球了。这让美国的台球生产商束手无策，急得像热锅里的蚂蚁，绞尽脑汁去寻求对策。于是，他们联合起来公开悬赏：只要有人发明一种能代替象牙来制作台球的材料，这个人就能获得 1 万美

象牙

象牙雕刻品

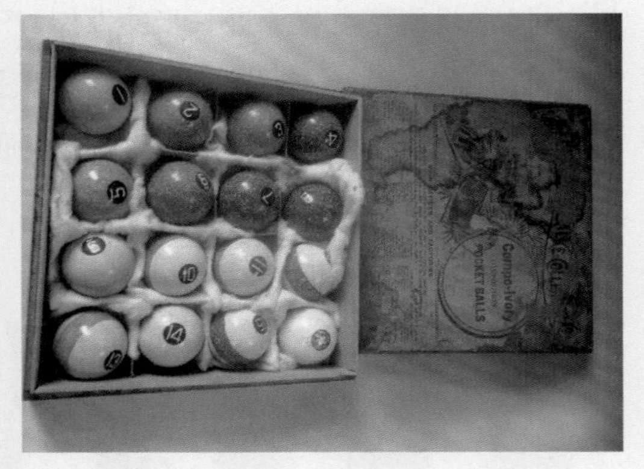
民国时期的一套象牙老台球

① 戴维·利文斯通（David Livingstone，1813 ~ 1873）是英国探险家、传教士、维多利亚瀑布和马拉维湖的发现者，也是非洲探险的最伟大人物之一。

元的奖金，在当时，这可是一笔不小的数目。1868年，美国人海厄特[1]听到此信息后非常感兴趣。海厄特本是一名印刷工人，当他听到这个“悬赏”之后，便决定发明一种能代替象牙制作台球的材料。但发明并非易事，因为他尝试过许多方法，如在木屑里加入天然树脂虫胶，使木屑结成块并搓成球，这个球的样子是很像象牙台球，但它并不坚固，一碰就碎；其后，海厄特又不知做了多少实验，但都没有找到一种又硬又不易碎的材料。就像许多发明家的励志故事一样，“苦心人，天不负”，有努力有付出，就有回报。一天，海厄特实验时发现，做火药的原料硝化纤维在酒精中溶解后，再将其涂在物体上，干燥后能形成透明而结实的一层膜，把这种膜凝结起来可以做成结实的球。后来再经过无数次的尝试，终于在1869年，海厄特发现，当硝化纤维中加入樟脑时，硝化纤维就会变成一种柔韧性相当好，而且又硬又不脆的材料，这种材料在热压下还可以制成各种各样形状的制品，当然可以用来制成台球。海厄特将它命名为“赛璐珞”。

海厄特

不过，海厄特不再觊觎那1万美元的奖金了，因为他已经成为一名了不起的发明家，他的发明给他带来了巨大的财富。1870年，海厄特发明的赛璐珞获得了专利。1872年，海厄特和他的兄弟一起在美国特拉华州纽瓦克建立了一个生产赛璐珞的工厂，工厂除用来生产台球外，还生产马车和汽车的风挡以及电影胶片。这样，我们就清楚“celluloid”一词为什么有假象牙和电影胶片两个意思了。

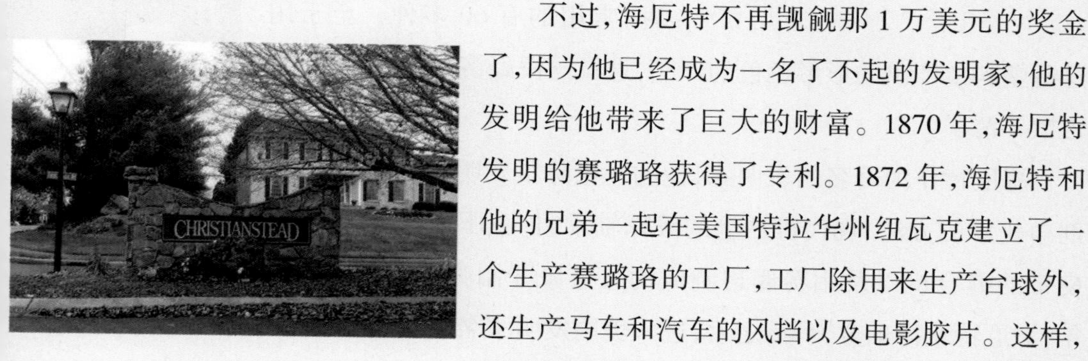

美国特拉华州纽瓦克

关于海厄特发明硝化纤维的故事，还有另一种说法：海厄特并非刻意去进行实验硝化纤维的合成，而是在印刷厂工作过程中，不小心手指被划破了，为

① 约翰·海厄特（John Hyatt，1837 ~ 1920）是美国发明家。

了止血，他随手用一团棉花包缠住伤口，也没有太在意伤口又继续工作了。而当海厄特收工后，发现伤口处的棉花竟然形成了一层胶状物，把伤口给包裹住了。海厄特对这个现象很感兴趣，他跟他的兄弟一起饶有兴味着探索这种奇特现象的发生。最终他们发现，是棉花遇到了乙醇（酒精）产生了胶状物（硝化纤维）。

一个著名的发明，它的过程往往被神奇化，以吻合科学技术发展过程给后人留下“教育意义”。我们现在无法辨别这两个版本哪个更接近真实，但两本版本的故事都给我们带来一些思索和感悟，这就是我们了解赛璐珞发明历史的意义之所在。

赛璐珞制成的乒乓球

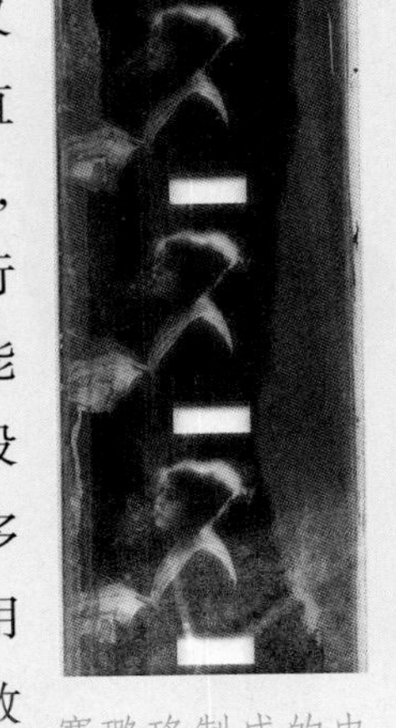
赛璐珞制成的电影胶片

建立工厂以后，海厄特又用赛璐珞制造箱子、纽扣、直尺、乒乓球和眼镜架。此后，许多化学家和发明家又进行研究，各种不同类型不同功能的塑料层出不穷，已经可能投入工业生产的塑料就有300多种，常用的有60多种。至于用这些塑料生产出的形形色色的产品，遍及国民经济的所有部门，数也数不清了。

海厄特作为著名的发明家，他的一生除了发明赛璐珞外，还发明了用混凝剂净化水的方法、现代机器上的滚珠轴承、甘蔗压榨制糖机、制造了机器传动皮带的缝合机以及用赛璐珞制成的人造象牙制弹子球和其他制品等。1914年，海厄特获得珀金奖章，之后，进入美国发明家名人堂[①]，成为后辈学子瞻仰、学习的榜样。

值得一提的是，有些史学家把1856年英国发明家帕克斯[②]发明的Parkesine当作最早的塑料，当然，这种认识并没能成为科技史的主流看法。不过在1862

① 美国发明家名人堂（the National Inventors Hall of Fame）由美国专利商标局（USPTO）于1973年创办，用以提升发明家的社会公众认知度，激励学生的创新能力并且达到尊重知识产权的目的。
② 亚历山大·帕克斯（Alexander Parkes，1813～1890）是英国冶金家和发明家。

年，帕克斯将他发明的 Parkesine 在英国伦敦国际博览会上展出过。1866 年帕克斯还成立了专门生产 Parkesine 制品的公司，但是由于 Parkesine 制品生产昂贵、容易开裂、高度易燃等缺点，公司也于 1868 年关闭了。

此外，对早期塑料研究，我们还得提到一个人，他就是曾与帕克斯合作的英国橡胶塑料制造商史毕尔[①]。帕克斯的公司关闭后，史毕尔组成了自己的 BX 塑料公司，到 1902 年时公司员工达 1160 人，可谓生意兴隆。史毕尔曾与海厄特在美国打官司，认为海厄特的公司侵权，但以失败告终。

当然，海厄特发明的赛璐珞也不是一个人努力的结果，“站在巨人肩膀上”已经成为科学研究的普遍现象。除了上文提到了几位发明家所作的努力外，法国化学家和药剂师布拉康拉特[②]，法国化学家皮乐茨[③]都有所贡献。1833 年，布拉康拉特用硝化淀粉制成了 Xyloïdine，皮乐茨继而用硝化纤维素制成了 Pyroxylin。1846 年，具有德国和瑞士双重国籍的化学家薛拜因[④]用含有硫酸和硝酸的混合酸作为硝化剂处理纤维素生成纤维素衍生物，薛拜因称它为火棉，可用作炸药。很明显，上述这些“产品”并没有什么实用功效，不能认为是真正的早期塑料。

如今赛璐珞由于易燃烧这个缺陷，已经逐渐被新的合成高分子材料所取代，但由于赛璐珞特殊的性能，还是可以制成乒乓球、火棉、饰品头饰、乐器装饰和拨片等。此外，赛璐珞在化工、航天、机械、印染、建材、装饰、包装、化妆品等多个领域都有广泛的应用，所以如今的欧洲、美国、日本等国还在继续生产和应用它。虽然在中国，赛璐珞的生产和使用并不广泛，但也不乏其踪迹：1990 年，日本和意大利合资在上海设立生产赛璐珞的工厂，生产的产品只供国外市场，不在国内销售；2003 年，温州商人在江西九江市武宁县成立赛璐珞公司，生产的赛璐珞产品受到市场上的欢迎，一直供不应求。

赛璐珞制成的人偶

---

① 丹尼尔•史毕尔（Daniel Spill，1832 ~ 1887）是英国橡胶塑料制造商。
② 亨利•布拉康拉特（Henri Braconnot，1780 ~ 1855）是法国化学家和药剂师。
③ 泰奥菲勒•皮乐茨（Théophile-Jules Pelouze，1807 ~ 1867）是法国化学家。
④ 克里斯蒂安•弗里德里希•薛拜因（Christian Friedrich Schönbein，1799 ~ 1868）是德裔 - 瑞士化学家。

著名化学家的遗憾

即便是最著名的科学家，他们也会在自己研究领域里的某些看法上存在偏颇，这是时代的局限性，无法避免。在化学发展史上，一些著名的化学家因为各种各样的原因，或与最重要的化学发现失之交臂，或成为化学发展道路上的绊脚石。我们不得不承认，这是人类的遗憾，是化学发展史上的遗憾。但作为后来者和旁观者，我们已经看清了化学发展的基本路径，当然很容易就能判断出哪些化学家在工作上出现了失误，哪些化学家在研究方向上走了弯路；而往往对于当事者，有些化学家可能已经认识到自己的"遗憾"，而有些化学家致死都抱残守缺，这就更遗憾了。

瑞典化学家舍勒是氧气的发现者之一，但因为他是“燃素说”的坚定支持者和信徒，所以与科学解释燃烧现象的“氧化学说”背道而驰了，结果失去了成为“现代化学之父”的机会。

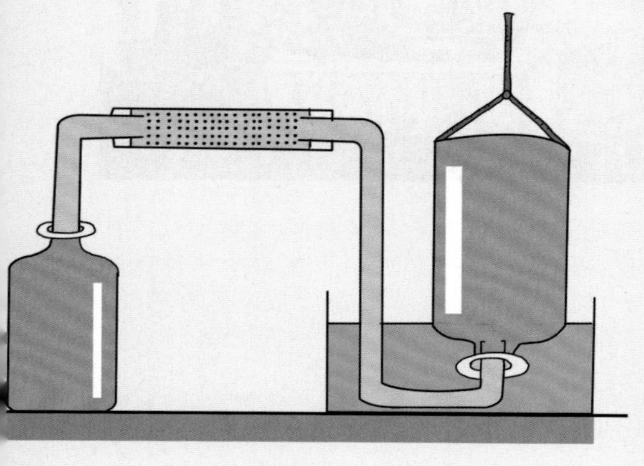
卡文迪许制氢气装置

在17世纪中叶至18世纪末的欧洲，与舍勒一样信奉“燃素说”的化学家大有人在，当然这些化学家也都取得了重大的科学发现。英国化学家和物理学家卡文迪许发现了氢气，并详细研究了氢气的性质；如果卡文迪许不坚持“燃素说”，就会完成弄清水的化学组成。但遗憾的是，因为“燃素说”的作怪，使他错误地认为，氢气是燃素和水化合而成的。

法国化学家拉瓦锡是我们多次谈及的人物，这位法兰西的贵族，最后被送上断头台的包税官，在化学发展史上的贡献口碑载道，但在其学术道德上却留下了诸多被后世化学史学家人言啧啧的地方。比如拉瓦锡建立的燃烧的氧化理论，这个理论虽然对物质的燃烧机制不再用“燃素说”去解释，但它的本质还是没有摆脱“燃素说”的禁锢，与“燃素说”还是非常类似的。凭普利斯特利与拉瓦锡的关系①，拉瓦锡的燃烧的氧化理论受到普利斯特利研究氧气的启发，也是再正常不过的事，但好大喜功的拉瓦锡却硬是说，自己建立的燃烧的氧化理论并不依赖于任何人，这让科学史学者对拉瓦锡的学术道德产生了怀疑。同样，在确定水的组成过程中，拉瓦锡也说谎了。1783年6月，卡文迪许的实验助手布拉格登②访问巴黎，他告诉拉瓦锡，卡文迪许通过实验发现氢气在空气中燃烧后会生成水。拉瓦锡以卡文迪许的实验为基础加以改进，最终

① 可参阅《谁是主宰者》一书中的《不该被遗忘的普利斯特利》一文。

② 布拉格登（Charles Blagden，1748～1820）原是卡文迪许的实验助手，后来成为医生和科学家。1784～1797年成为英国皇家学会的秘书，并于1788年获得英国最高科学奖皇家科普利奖章，1792年被封为爵士。布拉格登在科学上的贡献主要是通过实验研究人类抵御高温的能力，认识到汗液在体温调节中的作用；同时，他发现了在水中溶解盐后，水的凝固点会降低，并且凝固点降低量与溶液的浓度成正比，这就是布拉格登定律。

通过实验确定了水的组成，明确地指出水不是元素，而是氢和氧两种元素的化合物。拉瓦锡在给法国巴黎科学院的报告中却隐瞒了这个细节，反而颠倒黑白，说这个实验在前些年被卡文迪许验证了。这无疑是想告诉人们，拉瓦锡发现水的组成比卡文迪许早一些。这种把他人的研究成果占为己有的不正当做法，因为当时卡文迪许并没有发表他的研究成果而让拉瓦锡“得逞”。但历史是非常公正的，随着卡文迪许的研究手稿被发现、出版，也让我们认识了拉瓦锡的“丑陋嘴脸”，这不得不说是拉瓦锡学术道德的遗憾，甚至可称得上是学术不端行为。

据说拉瓦锡在被送上断头台的时候进行了他人生中最后的一次实验。他恳请刽子手在斩下他的头颅后观察他眨眼的次数，以验证人在身首分离后是否还有感觉。对于他的死，著名的意大利数学家拉格朗日痛心地说到：“他们一瞬间就可以把他的头砍下来，但是他那样的头脑一百年也再长不出一个来了。”

英国化学家普里斯特利也是坚定的“燃素说”的信徒，他也是氧气发现者和研究者，但由于他相信“燃素说”，用“燃素说”来解释可燃物燃烧的原理，把自己制得的氧气称为“火空气”或“脱燃素空气”。即使面对法国著名化学家拉瓦锡的燃烧的氧化理论，普里斯特利还是固执地信奉自己所相信的，一直到逝世也不更改，真的是“至死不渝”了。

英国著名化学家戴维是19世纪初的一位天才化学家。戴维通过自学成才，以高超而精妙的实验技术，通过电解熔融物的方法取得了开创性的化学发现，不但成为英国皇家学会主席，而且还被授予爵士。但当戴维在化学界取得辉煌成绩、有了崇高的威望后，他就变得自高自大起来。戴维始终瞧不起与自己一样自学成才的道尔顿，甚至对从瑞典远道慕名而来的贝采里乌斯，也是摆足架子，让他吃闭门羹。而对法拉第，我们不得不承认戴维是一位好伯乐，也给予了法拉第最好的学习条件，可以说，没有戴维就没有法拉第。而一旦法拉第成名后，他的研究成果有可能撼动戴维的地位，涉及戴维研究的领域，戴维

1802 年的一幅讽刺漫画。该漫画描述了一场皇家气体动力学讲座，戴维拿着风箱，加内特博士牵着受害者的鼻子。

的妒忌之火犹如滔滔洪水，让人不敢直视！①

英国化学家和物理学家道尔顿因为缜密的哲学思维和锲而不舍的奋斗精神闻名于世。道尔顿在“古希腊唯物主义原子论”的基础上，开创了“近代原子论”，完成了化学领域内的重大的理论综合，为建立现代化学体系奠定了理论基础，因此有“近代化学之父”之誉。此外，道尔顿还是色盲症的发现者。但道尔顿对自己的哲学观过于自信，以致刚愎（bì）自用，对更新的科学发现和理论创造采取了排斥、固步自封的态度。1808 年，法国化学家和物理学家盖・吕萨克通过大量的气体反应实验，发现了气体化合体积定律，即在同一温度、同一压力下，参加同一反应的各种气体的体积互成简单整数比。这个定律有力地支持了道尔顿的“原子学说”，但也是利用这个定律，盖・吕萨克推出了“半个原子”的结论，这与道尔顿的“原子学说”是完全相背的。当道尔顿获知这种情况后，断然否定了气体化合体积定律，并且还怀疑盖・吕萨克所做的实验结果的真实性。但事实表明，盖・吕萨克当时的气体实验技术远远超过了

① 可参阅《谁是主宰者》中的《法拉第与老师戴维之间的恩怨》一文。

道尔顿的水平。针对道尔顿不可理喻的固执,戴维知道此事后也认为,“道尔顿是一个鲁莽的实验家,他相信自己的头脑比相信自己的手要多些”。这里我们必须要注意,1808 年,意大利物理学家和化学家阿伏伽德罗[①]的“分子假说”还没有登上历史舞台,道尔顿当时的“原子学说”中所指的“原子”,泛指构成物质的微粒,类似于我们现在的分子、原子和离子的总称,盖·吕萨克所指的“半个原子”,实际上是“半个分子”,类似于如氧气分子之类的双原子分子,那么“半个原子”(氧气分子)就是 1 个氧原子了。由于道尔顿的固持己见,武断地否认盖·吕萨克的实验思想,阻碍了科学发展。遗憾的事并没有到此结束。1811 年,为了协调盖·吕萨克气体化合体积定律推导出来的“半个原子”与道尔顿原子论之间的矛盾,寻找出正确的测定相对原子质量的方法,阿伏伽德罗提出了“分子假说”。“分子假说”认为,在组成物质的结构层次中,分子是由原子构成的,而物质是由分子构成的。这样,就如前面所述,根本就不存在“半个原子”的尴尬了,由此,阿伏伽德罗推导出阿伏伽德罗定律,即在同温同压下,相同体积的任何气体中含有相同的分子数。

而自以为自己的理论是世界上最完美的道尔顿对此持强烈的否定态度,他认为同种元素的原子只能互相排斥,所以不可能存在由相同原子构成的分子,由此拒绝接受“分子假说”。在史学家看来,阿伏伽德罗的“分子假说”从建立以后的半个世纪被拒绝接受,虽然原因是多方面的,但道尔顿的态度是重要原因之一。这种拒绝、排斥“分子假说”的行为,让化学本质观的构成,推迟了至少半个世纪。道尔顿的“劣迹”还不只于此,当 1811 年瑞典化学家贝采里乌斯提出用字母来表示元素符号时,道尔顿也是坚决反对的,认为自己所创立的圆圈符号才是最完美的,而字母符号会破坏原子的完美性,殊不知圆圈符号不但难记难写,也没有规律性可言,最终还是被淘汰了。

更具有讽刺意味的是,贝采里乌斯创立了用字母表示元素符号法,他有受到过顿尔道这种霸道学术权威的抵制经历,照理说应该懂得更加开明、易接受新事物,使科学发展不再重蹈覆辙才是,但历史就是惊人的相似,甚至就是生

① 阿莫迪欧·阿伏伽德罗(Amedeo Avogadro,1776 ~ 1856)是意大利著名的化学家。“在相同的物理条件下,具有相同体积的气体,含有相同数目的分子”就是他的假设,但未被当时的科学家接受;著名的阿伏加德罗常量是以他的姓氏命名的。

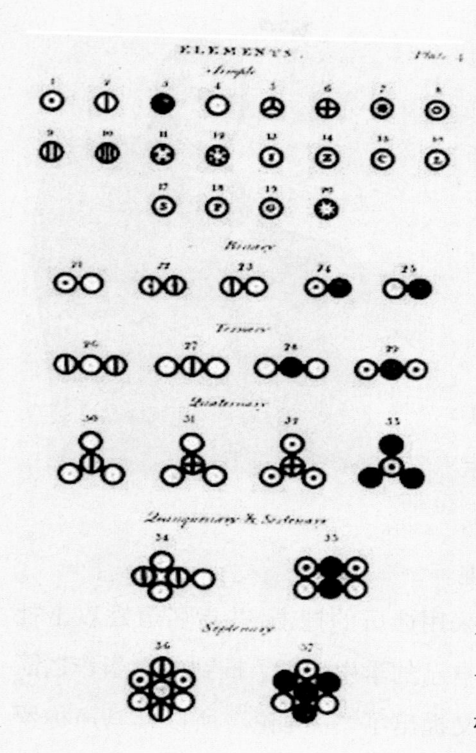

道尔顿在1808年发表的原子符号和原子量

生不息地在轮回重复发生着一些类似遗憾的事件:当贝采里乌斯从逆境中奋斗成为举世闻名的化学家后,他在晚年也与道尔顿一样,拘泥于自己的理论无法自拔,也成为思想僵化保守的代表人物,甚至就是鲜活的“学阀”形象。贝采里乌斯提出的“电化二元论”在无机化学领域有很大的影响力,所以贝采里乌斯也坚信这种理论是完全正确的。但是,我们现在很清楚,任何一个理论,都有它的局限性和适用条件,“电化二元论”当然也不可能例外。贝采里乌斯好像完全没有认识到这一点。根据“电化二元论”,同种原子应带有相同的电荷,而相同电荷的原子肯定是相互排斥的,所以不可能结合成分子,因此贝采里乌斯也是不同意阿伏伽德罗的“分子假说”的。当贝采里乌斯把“电化二元论”推广到有机化学领域时,几乎寸步难行,特别是法国化学家杜马发现的取代反应,几乎给予“电化二元论”致命打击,这让贝采里乌斯有些恼羞成怒。1834年,杜马观察到氯气和醇的反应,以及乙酸中的氢被氯取代等,提出取代反应,认为有机化合物分子中任何一个原子或基团被试剂中同类型的其他原子或基团所取代的反应就是取代反应。杜马的取代反应直接导致了1839年化学类型学说的建立。在如此强大的事实面前,贝采里乌斯无可辩驳,但他仍固执地认为“电化二元论”的正确性,并对挑战、质疑、否定“电化二元论”的化学家们,利用自己的化学权威地位进行猛烈的抨击,甚至还怀疑别人在实验中弄虚作假。当然,科学史也在大

$$\begin{array}{c}\mathrm{H}\\ |\\ \mathrm{H}-\mathrm{C}-\mathrm{H}\\ |\\ \mathrm{H}\end{array}+\mathrm{Cl_2}\xrightarrow{\text{光}}\begin{array}{c}\mathrm{H}\\ |\\ \mathrm{H}-\mathrm{C}-\mathrm{Cl}\\ |\\ \mathrm{H}\end{array}+\mathrm{HCl}$$

甲烷和氯气的取代反应

贝采里乌斯

浪淘沙，任何错误的、不科学的结论无处遁形，无处藏身，最终还是被历史所淘汰，就像贝采里乌斯所谆谆告诫的：拘泥于一种见解，常常使人坚信其完全正确；它掩盖了其缺陷，并使我们不能接受与它相反的证据。而贝采里乌斯自己却犯了"拘泥于一种见解"的错误，读来是多么的不可思议。

然而，法国化学家杜马也是一个"缩头乌龟"。当杜马提出的取代反应给了贝采里乌斯的"电化二元论"以致命的打击后，贝采里乌斯利用自己在化学界的权威地位对批评、质疑自己的"电化二元论"者采用严厉的抨击，并指名道姓攻击杜马。此时的杜马害怕了，变怂了！他就把自己的学生罗朗[①]推到前面当作挡箭牌。因为罗朗在杜马取代反应的基础上又提出了"一元论"，所以杜马声称罗朗对自己的观点做了夸大其词的渲染，认为这种过度的渲染（指"一元论"）造成的后果，自己是不会负责任的。与杜马形成鲜明对比的是罗朗面对权威攻击的态度，他毫不动摇，决不低头，表示只服从真理，不畏权威。当越来越多的化学家在实践过程中放弃了贝采里乌斯的"电化二元论"，转而接受罗朗的观点时，此时的杜马却又跳出来，将"一元论"的成果据为已有，并利用自己在法国化学界的地位，将罗朗"流放到边远地区"，排

杜马　　罗朗

① 奥古斯特•罗朗（Auguste Laurent，1807 ~ 1853）是法国化学家。

挤他去法国的山区去任教。此后，罗朗再也没有条件继续从事实验研究了，他在悲愤与穷困中倒下了，享年46岁。

历史从来不会放过一个坏人，也从来不会给好人戴上坏人的帽子。

李比希

巴拉尔

德国化学家李比希是近代化学的奠基者，他在肥料工业、农业化学和化学教育等方面都作出过开创性的贡献，有“肥料工业之父”之誉。但李比希在研究过程中，也有让他自己非常“懊悔”和“引以为戒”的事件发生。1824年，已经有博士学位，并在法国巴黎盖·吕萨克实验室工作的李比希回到德国，担任黑森州吉森大学的化学教授，并创立了吉森实验室。次年，年仅22岁的李比希从一位德国商人处获得了一瓶装有浸泡过海藻灰的溶液。李比希试图分析这瓶溶液的化学成分，判定它到底有无应用价值。李比希将氯水和淀粉加入溶液，除去反应生成的碘后，发现溶液呈红棕色，于是他根据自己的判断，认为红棕色溶液就是反应生成的氯化碘溶液，而没有进一步去认真分析它的成分。于是李比希给这瓶实验后的溶液贴上了“氯化碘”的标签后，就将它放在实验室药剂橱柜。当法国化学家巴拉尔还是学生时的1824年，他在研究盐湖中的植物时，也做过类似的实验：巴拉尔将从大西洋和地中海沿岸采集到的黑角菜燃烧成灰，然后用浸泡的方法得到一种灰黑色的浸取液；巴拉尔往浸取液中加入氯水和淀粉，溶液就分为两层，下层由于淀粉遇到了溶液中的碘而变蓝色，上层却显棕黄色，这在以前是从来没有见过的实验现象。1826年，巴拉尔从海藻灰母液中提取出碘之后，发现溶液底层有红棕色液体，最终通

溴

过实验确定为新元素溴。之后，法国科学院发表巴拉尔的论文《海藻中的新元素》的论文，并对溴的发现给予很高的评价。当李比希读到这篇论文后，肠子都悔青了，无可奈何地说：“不是巴拉尔发现了溴，而是溴发现了巴拉尔。”就是这样一个习以为常的行为，与溴元素的发现失之交臂，对李比希来说，教训不可谓不深刻，于是他将那瓶盛有“氯化碘”字样的瓶子放入了他的“耻辱柜”之中，以警示自己在将来的化学研究中，时刻不可掉以轻心。当李比希成名后，还时常与朋友、学生“分享”他的失败教训，甚至多年后他还在自传中感慨道：“从那以后，除非有绝对可靠的实验事实，我再也不凭空制造理论了。”

李比希实验室

因为粗心大意而与科学发现失之交臂的并非个例，李比希终生挚友，德国著名的化学家维勒也犯过与李比希类似的错误。维勒是著名化学家贝采里乌斯的学生，以制得金属铝和人工合成尿素而闻名于世。1830年，已经成为德国柏林理工学校化学教师的维勒，在通过实验分析一种出产自墨西哥的褐色铅矿石时，得到一种红色沉淀物。维勒已经猜想到，这种红色沉淀物里很可能存在新元素，但当时他正好在实验时中毒，而且也有些漫不经心地对待此事，所以并没有对自己的猜想做深入研究，只是根据这种物质的表面特

钒铅矿

维勒

征去判定物质里含有当时已知的金属元素铬。1831年,贝采里乌斯学生塞夫斯特姆[1]在贝采里乌斯的指导下,对维勒研究过的矿石进行认真细致的实验研究。最终,塞夫斯特姆在被维勒认为是铬的红色沉淀物里发现新元素“钒”。当维勒得知塞夫斯特姆发现了钒的消息后,悔恨交加无以复表。他对此一直耿耿于怀,写信给老师贝采里乌斯谈及此事时检讨了自己所犯的错误。贝采里乌斯当然会安慰维勒,也大大地赞扬了一番他在化学领域作出的贡献,同时也指出,科学研究来不得半点马虎。确实,在科学研究上,任何丝毫的懈怠都可能造成“千古恨”,“稍纵即逝”一词用在科学研究上是再贴切不过的。同时,我们也发现,不管是李比希还是维勒,当他们一旦发现了自己所犯的错误时,就会把自己所犯的错误“供奉起来”,引以为戒,这种精神确实值得我们学习。就像爱因斯坦所说的,一个人在科学探索的道路上,走过弯路,犯过错误,并不

位于贝尔法斯特植物园的开尔文勋爵雕像

开尔文男爵设计的潮汐预测机

是坏事,更不是什么耻辱,要在实践中勇于承认错误和改正错误。正因为年纪轻轻的李比希和维勒能勇于承认错误和改正错误,在其以后一生的化学研究

① 塞夫斯特姆(Sefstrom,1787 ~ 1845)是瑞典化学家。

过程中，才能有如此重大的化学贡献。

我们都知道热力学温标是开尔文，这是为了纪念开尔文爵士的，开尔文爵士也就是著名物理化学家威廉·汤姆生。这位在数学、物理、热力学、电磁学、弹性力学和地球科学等方面都有重大贡献的科学家，还因为在对大西洋电缆工程的铺设贡献上，被英女皇授予开尔文男爵衔。但开尔文也有"不可理喻"的时候，他罔顾 X 射线已经被实验证实的事实，认为 X 射线就是一场"精心策划的大骗局"，并在多次学术会议上对新出现的物理学理论横加指责。此外，开尔文爵士还错误地认为，引力收缩是天体的唯一能源，并由此估计太阳在引力位能支持下发光发热的时间，错误地得出地球年龄只有数亿年。开尔文爵士还武断地认为，任何比空气重的机器都不能飞，莱特兄弟[①]飞上天的飞机肯定会让这位"老学究"吓破胆。

我们都知道俄国著名化学家门捷列夫[②]发现了元素周期律，为近代化学作出重大贡献。但门捷列夫也是"顽固派"，他至死都不肯承认原子是可分的、元素是可以衰变的，他认为元素不能变化。正因为门捷列夫的这种"顽固抵抗"，使他这位本来是元素周期律的开山鼻祖，成为元素周期律发展最大的绊脚石。如果是一般化学家持门捷列夫的原子不变的哲学观点还不会对元素周期律的发展有很大的阻碍作用，但门捷列夫本身的"权威"地位，使这种阻拦在元素周期律发展道路上的阻碍固若金汤，很难撼动，对化学发展的负面影响可想而知。

门捷列夫

化学史上，在著名化学家的身上发生的遗憾事件远远不止如上几件。但仅仅就这么几件遗憾之事，已让我们的心情起伏跌宕。

① 莱特兄弟指得是威尔伯·莱特（Wilbur Wright，1867 ~ 1912）和奥维尔·莱特（Orville Wright，1871 ~ 1948），他们是美国的发明家、飞机的制造者。莱特兄弟在 1903 年 12 月 17 日首次制作了完全受控、附机载外动力、机身比空气重、持续滞空不落地的飞机，也就是世界上第一架飞机。

② 门捷列夫（Dmitri Mendeleev，1834 ~ 1907）是俄国化学家，元素周期律的发现者。可参阅《谁是主宰者》一书中的《元素周期律的孕育与诞生》一文。

YIBUYIQU
ZHUISUI ZOUGANGSIZHE

第3章

亦步亦趋
追随走钢丝者

除了在热学、热力学和电学等领域的贡献，焦耳还发现了热与功之间的联系，对得到能量守恒定律做出了不可小觑的贡献。随着走钢丝者们对力的探索，改变时代的发明家瓦特对蒸汽机的改良，不断提高的社会生产力揭开了第一次工业革命的序幕。走钢丝者们在寻求平衡中打破了“热质说”和“永动机”的神话。

焦耳是谁

作为能量单位，焦耳[①]是我们耳熟能详的，但许多人可能还不是很了解身为科学家的焦耳。焦耳这个能量单位，就是为了纪念英国著名物理学家焦耳。

焦耳是英国物理学家，英国皇家学会会员。他一生在科学上的贡献主要是在热学、热力学和电学等领域。焦耳发现了热和功之间的转换关系，并由此为得出能量守恒定律做出巨大的贡献，最终发展出热力学第一定律。焦耳与开尔文爵士合作，发展了温度的绝对尺度。焦耳还观测过磁致伸缩效应[②]，发

① 詹姆斯·普雷斯科特·焦耳（James Prescott Joule，1818 ~ 1889）是英国著名的物理学家，因他在热学、热力学和电方面的贡献，被英国皇家学会授予最高荣誉的科普利奖章。后人为了纪念他，把能量或功的单位命名为“焦耳”。

② 指铁磁体在被外磁场磁化时，其体积和长度将发生变化的现象。

科普利奖章

现了通电导体产生的热量与电流、电阻和通电时间的关系，也就是常称的焦耳定律。由于焦耳在物理学上的杰出贡献，英国皇家学会曾授予他最高荣誉的科普利奖章。

1818 年 12 月 24 日，在英格兰北部工业城市曼彻斯特近郊的索福特，在一位富裕的酿酒师家里，呱呱坠地一名男婴，他就是后来的英国著名物理学家焦耳。年幼时，小焦耳一直体弱多病，所以只能在距离家不远处的一所家庭学校里上学。在十九世纪的英国，适龄儿童并没有像现在一样，都能接受 12 年义务教育。在那时，即便是家庭经济条件富裕的孩子，也不一定有机会接受到正规的学校教育。由于受到父亲的影响，小时候的焦耳一直跟随父亲参加酿酒劳动，这样受到的学校教育也就不那么正规，断断续续地上了几年学。但是，酿酒本身就是一项化学研究的实践活动，有过酿酒经历的焦耳，为后来从事科学研究，打下了实践基础。青年时期，焦耳非常幸运地受到过几位名师的指点，这其中包括：英国著名物理学和化学家，有现代原子之父之誉的道尔顿、以发现亨利定律① 而著名的亨利②、工程师爱华德③、工程师霍金森④、私人导师和城市学术管理委会会成员戴维斯⑤ 等人。其中，道尔顿对焦耳的教导和影响是最大的。1834 年，16 岁的焦耳和他的哥哥被送到曼彻斯特文学与哲学学会拜道尔顿为师。焦耳兄弟俩跟随道尔顿学习了两年多，直到 1837 年因道尔顿中风而作罢。道尔顿不但教给焦

焦耳

①1803 年，威廉•亨利在研究气体在液体中的溶解度规律时，发现了亨利定律，这是物理化学领域的最基本定律之一。在稀溶液中，如果溶质是具有挥发性的，密闭容器内溶液上方的气体实际上是稀溶液中的挥发性溶质，气体压力就是溶质的蒸气压。亨利通过实验发现，在一定温度下，稀薄溶液中溶质的蒸气分压与溶液浓度成正比。或者也可以表述为：在一定温度的密闭容器内，气体的分压与该气体溶在溶液内的摩尔浓度成正比。

② 威廉•亨利（William Henry，1774 ~ 1836）是英国化学家。其父亲托马斯•亨利（Thomas Henry，1734 ~ 1816）为英国外科医生和药剂师，是英国皇家学会成员。

③ 彼得•爱华德（Peter Ewart，1767 ~ 1842）是英国工程师，对发展涡轮技术和热力学理论有影响。

④ 伊顿•霍金森（Eaton Hodgkinson，1789 ~ 1861）是英国工程师，将数学应用于结构设计问题的先驱。

⑤ 约翰•戴维斯（John Davies，? ~ 1850）是英国科学家。他是一位讲师和私人导师，在英国曼彻斯特市一些学术社团的管理中发挥了重要作用。

耳数学、哲学和化学方面的知识，也影响了焦耳利用理论和实践相结合的方法去研究科学，激发了焦耳在物理和化学未知领域探索奥秘的动力。这些知识和能力都为焦耳后来的科学研究奠定了理论基础，成为焦耳终身受用的宝贵财富。这段时间的焦耳兄弟，对电学非常着迷，他们曾经不顾生命安全，以彼此的身体相互电击做实验，还拿家里的仆人做过电击实验。

英国曼彻斯特市政厅里的焦耳塑像

1835年，焦耳在道尔顿指导下学习的那段时间里，进入曼彻斯特大学就读。大学毕业后，焦耳的主要工作是经营自家的啤酒厂。当然，焦耳在这段时间里并没有放弃对科学的爱好和实践，相反，他对电学和热学一直都非常感兴趣，并取得不俗的成就。

1838年，20岁的焦耳就发表了他人生中的第一篇论文。这篇关于用电池驱动电磁机的电学论文被发表在《电学年鉴》上。我们现在无从知晓，焦耳当时能发表论文是否有他当时的老师戴维斯的“人情”功劳，因为《电学年鉴》这份学术期刊是戴维斯的同事斯特金[①]创办和主持的。不过从相关文献判断，焦耳不太可能因为“人情”关系才发表这篇论文，因为斯特金也是英国著名的物理学家和发明家，他制造了第一个电磁铁，并发明了英国第一台实用电动机；而且焦耳发表了这篇论文后，受到广泛的关注，这说明他的论文在当时还是有一定影响力的。

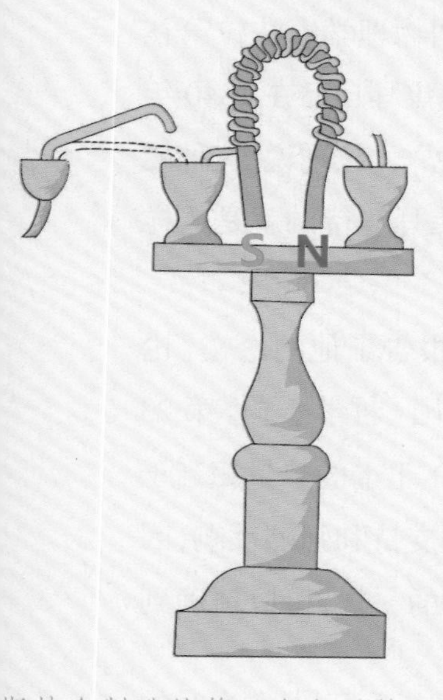

斯特金制造的第一个电磁铁，该磁铁由18匝裸铜线制成（绝缘线尚未发明）

学过初中物理的人都知道，焦耳是通过实验，在1840年发现了焦耳定律。焦耳把环形线圈放入装水的试管内，测量相同时间内，通过环形线圈不同电流强度和电阻时的水温变化情况。焦耳发现，电流通过导体会产生热量，热量的大小与电流强度的平方成正比，与导体的电阻成正比，与通电时间成正比。这就是著名的焦耳定律。这一年的12月，焦耳在英国皇家学会宣读了关于焦耳定律的发

① 威廉·斯特金（William Sturgeon，1783 ~ 1850）是英国物理学家和发明家，他发明了第一台实用的电磁铁电动机。

现。值得一提的是，1843 年，以发现楞次定律闻名于世的俄国物理学家楞次[①]，在并不知道焦耳已经发现了电流通过导体产生热量的情况下，也独立地发现了这个规律，所以有人称它为焦耳－楞次定律。

在焦耳看来，自己发现的焦耳定律肯定能让英国皇家学会的会员们大吃一惊，但现实却让焦耳非常受伤，因为他发现，自己仅仅是被皇家学会的这班科学家当作从乡下来的业余科学爱好者对待。当斯特金于 1840 年搬到曼彻斯特后，焦耳就和他在这个工业城市开展一系列的科学实践活动，焦耳经常在斯特金举办的各类活动中进行讲座，他们很快成为这个城市知识分子的核心。

1843 年，焦耳又利用自己创造性的思维和超强的动手能力设计并做了一个新实验：焦耳将一个小线圈绕在铁芯上，用电流计测量出产生的感应电流；再把线圈放在装水的容器中，通过测量水温来计算出线圈产生的热量。由于这个电路是完全封闭的，并没有外界电源给电路供电，所以水温的升高是线圈产生热量的结果，而线圈的热量是因为铁芯的机械运动（切割磁感线运动）时机械能转化为电能，电能又转化为热能的结果，整个过程并不存在热质的转移。焦耳设计的这个实验中，电能的产生是电磁感应的结果，这是英国物理学家法拉第在 1831 年发现的；电流通过线圈产生热量就是焦耳定律，这是焦耳自己在 1840 年提出来的。这个实验否定了当时对热的本质解释的“热质说”[②]。按理说，这种能把一种盛行已久的理论给否定的实验，肯定能引起轰动，焦耳等待的就是这样的结果。但理想很丰满，现实很骨感。

在 1843 年 8 月 21 日的一次英国科学学术会上，焦耳报告了他的论文《论电磁的热效应和热的机械值》。这篇论文也在 1843 年的英国《哲学杂志》第 23 卷第 3 辑上发表。在这篇论文中，但焦耳通过实验测量出，1 千卡的热量相当于 460 千克米的功。但焦耳的报告并没有得到当时科学家的支持和强烈反响，因为大家还是不太相信，焦耳的这个实验能像他自己所宣称的一样，可以精确到 $\frac{1}{200}$华氏度[③]。虽然这个精度对现在的科学仪器来说已经不在话下，但在当时的

① 楞次（Lenz，1804 ~ 1865）是俄国物理学家。

② 请参阅《热质说覆灭记》一文。

③ 华氏度与摄氏度之间的换算关系：T(℉)=t(℃)×1.8+32；绝对温度开氏度与摄氏度之间的关系：T(K)

实验技术水平下是很不寻常的。其实焦耳并没有在吹牛，因为他的怀疑者们根本不了解焦耳有在酿酒方面的经历：为了达到优质啤酒的要求，就需要有如此精确的测量为前提，而且焦耳当时的实验仪器还得到测量仪器制作家丹瑟[①]的大力支持。但此时焦耳自己也意识到，自己的实验并非在测量精确度上存在问题，而是实验的原理上还需要更巧妙的方法。此后，焦耳利用不同材料进行实验，并不断改进实验设计。结果发现，尽管所用的方法、设备、材料各不相同，结果都相差不远，并且随着实验精度的提高，1 千卡的热量相当于做的功趋近于一个固定数值。这就是焦耳早期研究的热功当量的实验。

1844 年，焦耳研究了空气在膨胀和压缩时的温度变化规律，取得了许多突破性的成果。通过对气体分子运动速度与温度的关系的研究，焦耳计算出气体分子的热运动速度值。这项研究从理论上奠定了玻意耳——马略特定律和盖·吕萨克定律[②]的基础，并解释了气体对器壁压力的实质是分子的热运动。其实焦耳能研究空气膨胀和压缩与温度变化的关系，一点都不奇怪，因为焦耳是道尔顿的学生，他肯定是深信道尔顿的现代原子理论的。同时，焦耳也是少数几个能够接受当时被忽视的赫帕斯[③]的气体的动力学理论的人之一；焦耳还被英国工程师爱华德于 1813 年发表的一篇名为《论动力的测量》的文章所影响。所以焦耳认为，他的发现和热动力学理论之间是有密切联系的。同时，焦耳还相信，热是微粒的旋转运动，而不是平移运动。

当德国物理学家亥姆霍兹在 1847 年终结性地宣布能量守恒定律时，他承认了焦耳在这方面所作的贡献。也就是说，亥姆霍兹一直在关注焦耳的热功当量的实验成果。当时，能量守恒定律的发现，亥姆霍兹也承认了迈尔[④]在 1841 年第一次所作的类似的研究成果。

焦耳一直对热功当量的实验进行不断地改进，以求用更加巧妙和精确的实

=t（℃）+273.15。可参阅《寻找层级世界》中的《温标形成的艰辛史》一文。

① 约翰·本杰明·丹瑟（John Benjamin Dancer，1812 ~ 1887）是英国科学仪器制造商和显微照相发明家。

② 莱玻意耳 - 马略特定律的内容是：对于一定质量的气体，在其温度保持不变时，它的压强和体积成反比。盖 - 吕萨克定律的内容是：一定质量的气体，当压强保持不变时，它的体积随温度呈线性变化。

③ 约翰·赫帕斯（John Herapath，1790 ~ 1868）是英国物理学家，他在 1820 年对科学界所忽视的气体动力学理论作了部分说明。

④ 尤利乌斯·迈尔（Julius Mayer，1814 ~ 1878）是德国医生和物理学家，被认为是第一个发现能量守恒定律的人。可参阅《站巨人肩膀上孕育而生的能量守恒定律》一文。

验来测量出热功当量的值。到了 1847 年,焦耳设计了一个被认为是科学史上设计思想最巧妙的实验:他在量热器里装了一定质量的水,并在中间安上带有叶片的转轴,然后通过绳子,让下降重物带动叶片旋转。由于叶片和水的摩擦,量热器里的水温就会升高;通过测量量热器内水的温度升高值,就可以计算出水的热能的增加量,再与重物重力做功量进行比较,就能得出热功当量的值。

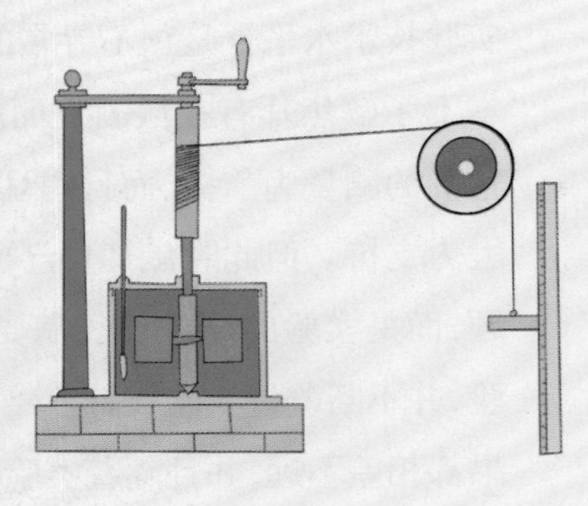
焦耳热功当量的实验示意图

焦耳还将水改为鲸鱼油来做此实验,测得了热功当量的平均值为 423.9 千克·米/千卡。其后又用水银来代替水,不断改进实验方法,整整用了近 40 年的时间,前后进行了 400 多次实验,一直持续到 1878 年。当焦耳在 1847 年牛津大学召开的英国科学促进协会会议上再次公布自己的研究成果时,他还是没能得到科学家们的大力支持,因为,在许多科学家的思想意识中,各种不同形式之间的能是不可能相互转化的,"热质说"的思想牢牢地控制着他们的思维。值得一提的是,焦耳的研究成果并非没有喝彩者,参加这次会议并听取焦耳报告的有后来成为英国皇家学会主席的斯托克斯[①],已经功成名就的著名物理学家和化学家法拉第,还有后来成为开尔文男爵的著名科学家汤姆生。汤姆生当时虽年仅 23 岁,但已经被英国格拉斯哥大学聘为自然哲学教授。28 岁的斯托克斯对焦耳的实验还是非常信服的,而且他"倾向成为一个焦耳"。事实证明,斯托克斯后来成为剑桥大学的卢卡斯数学教授,成为皇家学会主席,在学术上的造诣与贡献一点都不输给焦耳。而法拉第听了焦耳的报告后,虽然心存怀疑,但还是"被焦耳的理论所震惊"。年轻的汤姆生简直是被焦耳如此巧妙的实验给迷住了,但他心中的怀疑并未完全释然。汤姆生早在 1845 年就已经认识焦耳,只是当时还无缘单独会面。因为 1845 年在剑桥大学举行的英国科学促进协会的会议上,焦耳也是作了关于热功当量的报告,结果虽然不尽如人意,但焦耳却让汤姆生留下了深刻的印象。所以,在 1847 年的这次会议上,当焦耳再次宣读自己的热功当量研究成果时,不屈不挠的实验家形象已经深入汤姆生的脑海。

① 乔治·斯托克斯(George Stokes,1819 ~ 1903)是著名数学家和物理学家。

会后，汤姆生同焦耳亲切地交谈起来，颇有相见恨晚之感。

到了1850年，焦耳在物理学上的成就越来越多了，成为英国皇家学会会员，时年32岁。此时，一直不承认、不授受焦耳的热功当量的实验研究成果的英国皇家学会，也在学会的《哲学学报》第140卷上刊登了它的研究成果。在这篇论文中，焦耳认为，不论固体或液体，摩擦所产生的热量，总是与所耗的力的大小成比例；要产生使1磅水增加1华氏度的热量，需要耗用772磅重物下降1英尺的机械功。

1852年，已经建立起深厚友谊的焦耳和汤姆生合作，他们发现，气体自由膨胀时温度会下降，这种现象被称为焦耳——汤姆逊效应。这个效应在低温和气体液化方面有广泛的应用。

焦耳还在蒸汽机方面有很大的贡献。焦耳发现，在蒸汽机烧1磅煤所产生的热量是在革若夫[①]电池里消耗1磅锌所产生热量的5倍。

随着研究成果得到越来越多同时代物理学家的认同，焦耳在物理学界的影响力也越来越大，研究成果得到当时英国主流科学界承认也是自然而然的事，英国皇家学会刊登他的论文就是明证。但比较遗憾的是，毕竟是“半路出家的物理学家”，焦耳此后在物理理论方面的探索乏善可陈（说不出什么优点，没有什么好称道的），主要工作集中在实验的改进和精确度的提高上。

革若夫电池是由在稀硫酸中的锌阳极和在浓硝酸中的铂阴极组成，两者由多孔陶瓷坩埚隔开。

1860年，焦耳成为英国曼彻斯特文学和哲学学会的主席。这个成立于1781年的社会团体组织，是由以编制第一个现代医学伦理规范而著名的作家珀西瓦尔[②]等人发起的。这个学会出来的著名人物除了焦耳之外，还有英国空想社会主义者欧文[③]，现代原子之父道尔顿，英国内科医生罗杰[④]，英国工程师惠特沃斯[⑤]，原子核物理学之父、新西兰物

① 威廉·罗伯特·革若夫（Waliam Robert Grove,1811~1896）是英国威尔士的法官和物理学家，发明了革若夫电池，是燃料电池技术的先驱。
② 托马斯·珀西瓦尔（Thomas Percival，1740 ~ 1804）是英国医生和作家。
③ 罗伯特·欧文（Robert Owen，1771 ~ 1858）是英国空想社会主义者，也是一位实业家、慈善家，现代人事管理之父，人本管理的先驱。
④ 彼得·马克·罗杰（Peter Mark Roget，1779 ~ 1869）是英国内科医生、自然神学家和词典编纂者。
⑤ 约瑟夫·惠特沃斯（Joseph Whitworth，1803 ~ 1887）是英国工程师、企业家、发明家和慈善家。

理学家卢瑟福，英国数学家、科学家基尔本[①]等人。

1875 年，英国科学促进协会委托焦耳，通过实验测量更精确的热功当量。焦耳通过实验测得该值为 4.15，这个值非常接近真实值（1 卡 =4.184 焦耳）。到 1878 年，焦耳还在继续测量热功当量。

1878 年的焦耳，由于啤酒厂早已卖掉，没有固定的职位，几乎没有什么收入，经济上经常入不敷出（收入不够开支），捉襟见肘（比喻生活困难或处境窘迫）。此时，经过朋友的努力，焦耳收到了英国皇室专门为奖励在科学上作出重大贡献的人的生活津贴，这笔每年 200 英镑的养老金，使焦耳得以在舒适优越的经济条件中度过晚年。

1889 年 10 月 11 日，焦耳在家乡曼彻斯特的索福特逝世，享年 71 岁。尽管焦耳没有葬于英国杰出人物的埋葬地威斯敏斯特大教堂，但英国人还是在那里为他举行了纪念仪式，建造了纪念碑，也算是英国主流社会对焦耳在科学领域作出贡献的肯定。焦耳被埋葬在曼彻斯特索福特的布鲁克兰公墓。在焦耳的墓碑上刻有数字“772.55”，这是焦耳在 1878 年测量出的热功当量值。

焦耳的一生，是实验研究的一生。在焦耳去世前两年，焦耳曾对他的弟弟说过，“我一生只做了两三件事，没有什么值得炫耀的”。当然，这是焦耳作为一名伟大物理学家，对自己一生从事科学研究取得成果的谦逊表现。无论是实验研究，还是理论建构，焦耳都为科学发展作出了重大的贡献。在 18 世纪，许多科学家对热的本质的探索走上了“热质说”的弯路，虽然有一些科学家对“热质说”产生过怀疑，但一直没有办法解决热和功之间的关系问题，认为不同形式的能量之间是不可相互转化的。正是因为焦耳一生都在为精确测量热功当量而努力，为最终解决热与功之间关系问题开拓了新局面。所以，后人以他的名字命名能量单位。

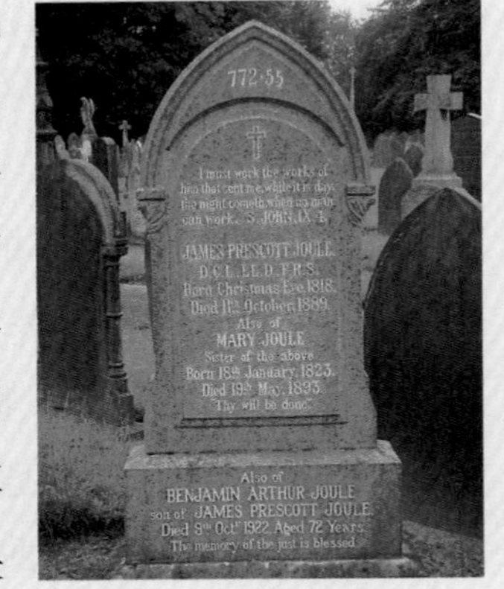

焦耳之墓

这些，都是焦耳应该享受的荣耀。

① 汤姆·基尔本（Tom Kilburn，1921 ~ 2001）是英国数学家和计算机科学家。

那些关于活力与死力的往事

什么是力？力就是我们平时所说的力气吗？力的概念是什么时候出现的？为什么要构建力的概念？度量物体的运动一定要用力吗？……

类似的问题，我们还可以提很多。

其实，只要了解一下历史上度量物体运动概念的演变过程，我们很容易就知道力到底是什么，还有什么物理量可以用来度量物体的运动。

早在17世纪，就已经有自然哲学家对度量物体的运动进行探索了。

1644年，法国著名哲学家笛卡尔在《哲学原理》一书中讨论碰撞问题时引进了动量的概念，用以度量物体运动。笛卡尔认为，在度量物体运动时，质量和速率的乘积是一个合适的物理量，这个物理量就是动量。

1669年，荷兰物理学家惠更斯[①]在研究碰撞问题时发现，如果按照笛卡尔对动量的定义，两个物体发生碰撞时，碰撞前后的动量总量不一定是守恒的。惠更斯还发现，两个物体相互碰撞时，它们各自的质量与速度平方的乘积之和在碰撞前后保持不变。

惠更斯

1687年，著名科学家牛顿在《自然哲学的数学原理》一书中也是用动量的改变来度量力的。但牛顿对动量的定义与笛卡尔有所不同，牛顿认为，动量是“质量和速度的乘积”，而不是笛卡尔所说的“质量和速率的乘积”。速率只有大小而没有方向，属于标量；而速度既有大小又有方向，属于矢量。而且牛顿把“质量与速度的乘积”叫做“运动量”，就是现在所说的动量。牛顿在书中说：某一方向运动的总和减去相反方向运动的总和所得的运动量，不因物体间的相互作用而发生变化；两个或两个以上相互作用的物体的共同重心的运动状态，也不因这些物体间的相互作用而改变，总是保持静止或做匀速直线运动。

莱布尼兹

但是，与笛卡尔和牛顿度量物体运动不同，德国自然哲学家莱布尼兹[②]在

① 克里斯蒂安•惠更斯（Christiaan Huygens，1629 ~ 1695）是荷兰物理学家、天文学家和数学家，是介于伽利略与牛顿之间的一位重要的物理学先驱，对力学的发展和光学的研究都有杰出的贡献，在数学和天文学方面也有卓越的成就，是近代自然科学的一位重要开拓者。惠更斯在物理学上建立了向心力定律，提出动量守恒原理，并改进了计时器。

② 戈特弗里德•威廉•莱布尼兹（Gottfried Wilhelm Leibniz，1646 ~ 1716）是德国著名的哲学家、数学家，也是历史上少见的通才，被誉为十七世纪的亚里士多德。在数学上，莱布尼茨和牛顿先后独立发明了微积分，而且他所使用的微积分的数学符号被更广泛地使用；莱布尼兹还对二进制的发展做出了贡献。

1686年的一篇论文中批评了笛卡尔关于动量的定义，认为用“质量乘以速度的平方”来度量物体的运动更科学。莱布尼兹把物体的“质量乘以速度的平方”这个量称为“活力”，而把牛顿定义的动量（即“物体的质量乘以速度”）称为“死力”。莱布尼兹的主张与惠更斯的研究成果是一致的。这样，描述物体的运动就形成了以笛卡尔为代表的“死力派”和以莱布尼兹为代表的“活力派”之间论争的局面。这场论争持续了近半个世纪，许多科学家都参与其中，并都有实验证据支持自己的观点。

1743年，法国物理学家达朗贝尔①在他的伟大著作《动力学》一书中写道，对于量度一个力来说，用它给予一个受它作用而通过一定距离的物体的活力，或者用它给予受它作用一定时间的物体的动量同样都是合理的。如果我们以现在的物理学知识来评价，达朗贝尔把活力与死力之间的区别从本质上揭示出来，即活力是按“力作用在物体上通过一段距离”来度量物体的运动，而死力是按“力作用在物体上一段时间”来度量物体的运动。这说明活力与死力是两个不同的物理量，从两种不同的角度来度量物体的运动状态。这样，这场论争终于被达朗贝尔给“一锤定音”了。而活力，就是类似于物体的动能（当然现在的动能是物体的质量与速度的平方乘积的二分之一），而死力也就是现在的动量。

达朗贝尔

在达朗贝尔之后，活力作为一个描述物体运动的物理量才逐渐被物理学家接受。但是，活力是力吗？它与力有什么关系？当时的物理学家都没有弄清楚这个问题。1807年，英国物理学家托马斯·杨②首次创造了能量的概念，这样，活力与能量发生了联系。

在哲学上，莱布尼兹的乐观主义最为著名。此外，莱布尼兹在政治学、法学、伦理学、神学、历史学、语言学诸多方向都留下了著作。

① 让·勒朗·达朗贝尔（Jean le Rond d'Alembert，1717 ~ 1783）是法国哲学家、物理学家。

② 托马斯·杨（Thomas Young，1773 ~ 1829）是英国医生、物理学家，是光的波动说的奠基人之一。托马斯·杨不仅在光学领域享誉世界，而且涉猎甚广，如力学、数学、声学、语言学、动物学、考古学等。他热爱美术，几乎会演奏当时的所有乐器，并且会制造天文器材；还研究了保险经济问题；擅长骑马，会要杂技走钢丝。

1829年，法国物理学家科里奥利[①]出版了《机器功效的计算》一书，这本书作为当时大学的教科书，影响非常巨大。在这本书中，科里奥利对一般意义上的机器进行了研究，并提出了功的概念，即物体在力的方向上通过一段距离。

科里奥利

1831年，科里奥利在莱布尼兹提出的"质量乘以速度的平方"这个活力前面加上了$\frac{1}{2}$的系数并称为动能，通过积分推导出了功与动能的联系。科里奥利的研究表明，物体动能的增加就是力对物体做功的结果，功率就是力和物体运动速度的乘积，揭示了能量转化的奥妙，表明自然界的机械能是守恒的。

其实，科里奥利除了是法国著名的数学家、机械工程师和物理学家之外，还是气象学家。特别值得一提的是，在科学史上，科里奥利不是因为提出动能的概念或者动能的定义而闻名于世，而是因为一种以他的名字命名的科里奥利力[②]。

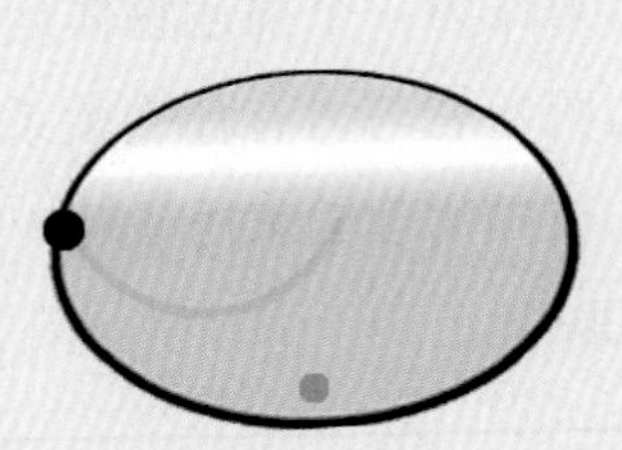
在惯性坐标系中，黑球直线移动。然而在旋转/非惯性坐标系中，观察者（红色圆点）由于科里奥利力的存在而将物体视为沿着弯曲路径运动

① 科里奥利（Gaspard-Gustave de Coriolis，1792～1843）是法国物理学家、工程师和数学家。
② 科里奥利力是对旋转体系中进行直线运动的质点由于惯性相对于旋转体系产生的直线运动的偏移的一种描述。科里奥利力来自于物体运动所具有的惯性。

改变时代的发明家

我们经常会看到这篇英国发明家瓦特[①]与茶壶的故事：

英国发明家瓦特小时候就善于观察和思考。一天，小瓦特在看祖母做饭时，发现火炉上有一壶水开了，壶盖儿在不停地跳动，噼啪作响。

小瓦特非常奇怪，就问祖母："奶奶，壶盖儿为什么会跳动呢？"

祖母道："水开了，壶盖儿就会跳动的。"

小瓦特并不满意祖母的答案，又问道："为什么水开了，壶盖儿就会跳动呢？"

祖母却回答不上来。

小瓦特通过认真观察，发现壶盖儿跳动是因为来自壶里的水蒸气冲击着壶盖儿。

① 詹姆斯·瓦特（James Watt，1736 ~ 1819）是英国发明家，第一次工业革命时期的重要人物。后人为了纪念他，把功率的单位定为"瓦特"。可参阅本书中的《蒸汽机的"十八变"》一文。

历史上流传的这则故事还有许多不同的说法：有的说当时的瓦特已经是成年人了；有的说这水壶是瓦特母亲或姨母的。故事中烧水的人在变，但故事内容大致就是如此。我们现在能知道的就是这则故事并非百分之百真实，它与许多其他伟大人物的故事一样，为了突出他们的“典型事迹”，使他们的成长、发明、发现更加动人，使人们更加感兴趣，后人对这些故事进行了添油加醋地二次创造，其中不乏虚构、渲染、夸大、吹捧的成分。

蒸汽机并不是瓦特发明的，瓦特在蒸汽机上的贡献是改良了它的结构和功能，拓展了它的应用领域，从而大大提高了蒸汽机的工作效率，使蒸汽机在工业生产中得到广泛应用。

一般科学史学家认为，瓦特与茶壶的故事是由瓦特的儿子朱尼尔[①]亲自“操刀”的，这位后来成为英国工程师、商人和社会活动家的继承人，往自己老爸的脸上“贴金”的做法也是能得到人们的理解和体谅的。但是，这个故事并非空穴来风，因为在瓦特的工作日记中就记录着许多利用水壶产生蒸汽进行实验的例子。

1736年1月19日，瓦特出生于英国格拉斯哥市附近的格里诺克镇上。瓦特的父亲凭借自己高超的手艺和精湛的技术，经营着一家制造机械的小作坊，专门来制造和维修船上的设备。瓦特从小体弱多病，性格内向，小时候的家庭教育主要是由他的母亲来完成的。后来，瓦特进入格里诺克文法学校上学，学习非常勤奋刻苦，在动手能力、工程技术和数学等方面表现出极高的天赋，但拉丁文和希腊文并没能引起他的兴趣。很

朱尼尔

① 詹姆斯·瓦特·朱尼尔（James Watt Junior，1769 ~ 1848）是英国工程师、商人和社会活动家。

快,因为身体的原因,瓦特退学了。辍学在家的瓦特并没有失去学习的兴趣,他坚持自学。受到作为机械工人的父亲的影响,瓦特对机械制造非常感兴趣,他经常光顾父亲的作坊,观看工人们修理航海仪器和制造机械模型。同时,在父亲的支持和鼓励下,瓦特也开始自己动手进行机械修理和模型制造。心灵手巧的瓦特在父亲专门替他安排的"工作间"里摆弄他的机械产品,在不断地拆装的过程中,瓦特比较全面地了解了机械制造方面的知识和技能。正当瓦特的身体有所好转,想去大学进一步学习科学知识时,他的家庭遭遇了变故,母亲去世了,父亲经营的小作坊濒临破产,家庭很快陷入贫困的窘境。此时,瓦特不得不面对现实,放弃了上大学的打算,专心做一名机械仪器制造师。但要当一名机械仪器制造师,按照英国的传统,必须拜师学艺。

瓦特工作的车间

1754年,18岁的瓦特通过在格拉斯哥大学当教授的舅舅的帮助,在一家钟表店当学徒。但瓦特并不满足于此,又在1755年到伦敦向名师学习。在伦敦学习的一年时间里,因为行业的一些陋习,瓦特几乎失去了学习的机会。但瓦特最终还是遇到了良师,并通过刻苦学习在一年的时间里学完了原本需要4年学习的内容。

1756年7月,瓦特成功"出师",带着他在伦敦购买的工具、仪器和图书,回到了格拉斯哥,准备开创自己的数学仪器制造事业,因为在当时的英国,还没有一家专门的数学仪器制造商。但是,由于瓦特并没有遵守"作为学徒至少服务7年"的行业规矩,他的申请被格拉斯哥公会(对任何使用锤子的工匠有管辖权)驳回。在这样的状况下,瓦特只好到格拉斯哥大学当一名教学仪器修理工。值得注意的是,此时的瓦特根本没有立志去改良蒸汽机,甚至对蒸汽机还是非常陌生的。

格拉斯哥大学的教学仪器还是比较完备的，这让瓦特有机会全面了解当时最先进的仪器设备，并在修理的实践过程中不断提升自己的技术，开阔眼界。瓦特从来不认为自己只是一名维修工，他为人谦和，工作过程中积极上进，给找过他修理仪器的大学教授们留下深刻的印象。瓦特热情好学，经常向博学者请教问题，这就使他与许多教授建立了深厚的友谊。这其中，瓦特就与潜热理论的提出者布莱克教授[①]形成亦师亦友的关系，也与著名物理学家罗宾逊[②]成为莫逆之交。共同的追求让他们三人经常聚在一起，不是师生胜似师生。有时瓦特会向他们请教各种各样的难题，有时他们彼此分享和交流自己的一些开创性的思想和观念。对瓦特来说，三人在一起交流是他人生中最大的“课堂”，这种从实践到理论、有问题就能得到解决的“课堂”，不是什么人都有机会进入的。对于两位挚友，瓦特有对恩师般的感激之情。瓦特曾表露过自己对布莱克的感激：“我之所以能够有今天，多亏布莱克的巨大帮助。是他教给我物理学的理论和实验，他始终是一个真正的朋友和顾问。”

1764 年，格拉斯哥大学的一台用于教学的纽可曼蒸汽机[③]坏了，人们将它送到伦敦请人修理，但并没有修好。学校只好报着“死马当活马医”的心态请瓦特尝试着去修一修。此前，瓦特已经从罗宾逊那里了解了一些蒸汽机的信息，也掌握了相关的资料和图纸，并进行过一定的研究。当瓦特接手修理此蒸汽机的任务后，他很快就找到了“症结”所在，修好了这台蒸汽机。此时，瓦特并不是把这台蒸汽机的“毛病”作为个例来对待，而是对这台当时世界上最先进的蒸汽机的“共性”进行深入研究。当时，纽可曼蒸汽机工作效率普遍低下，而要提高工作

纽可曼大气式蒸汽机

① 可参阅《寻找层级世界》一书中的《热量与温度分道扬镳的故事》一文。
② 约翰·罗宾逊（John Robison，1739 ~ 1805），英国物理学家、数学家。
③ 关于这个时期的英国蒸汽机的发展，可参阅本书《蒸汽机“十八变”》一文。

效率，有三种方式可供选择：加强汽缸与活塞之间的密合度，防止因漏气而使蒸汽损失是一种；在气缸循环工作过程中，避免大量蒸汽（热量）被浪费是一种方式；寻找到与蒸汽机最匹配的锅炉，保证最恰当的蒸汽机的供气量是一种方式。瓦特凭借其天才般的发明家智慧和精湛的机械制作技术，再加上物理学家布莱克教授等人的帮助，很快找到了纽可曼蒸汽机耗煤量大、工作效率低下的真正原因。纽可曼蒸汽机在工作时，蒸汽在气缸中膨胀做功，又在汽缸中冷凝，这样汽缸一会儿被加热，一会儿被冷却，在加热与冷却的过程中，许多热量没有得到利用，白白被浪费掉：这种汽缸身兼"做功"和"冷却"两职的做法大大降低了机器的工作效率。瓦特深知布莱克的潜热原理，他根据这个原理计算出消耗的煤与产生蒸汽量的关系。瓦特还发现煤燃烧产生的蒸汽，只有四分之一被用于做功，其余的就在汽缸的冷热交替过程中被浪费了。为什么机器不设计两个容器，一个容器一直是热的，只用来做功，而另一个容器则是冷的，只用来冷凝？在这里，我的可以看到瓦特非凡的思想：如果瓦特仅仅针对纽可曼蒸汽机的某项缺点进行改进，那结果最多只能使蒸汽机工艺水平提高；如果瓦特把重点放在上述的第三种思路上，最多也只能找到与蒸汽机相匹配的锅炉尺寸；而瓦特把研究的重心放在第二种思路上，给分离式冷凝器的发明确定了探索方向。

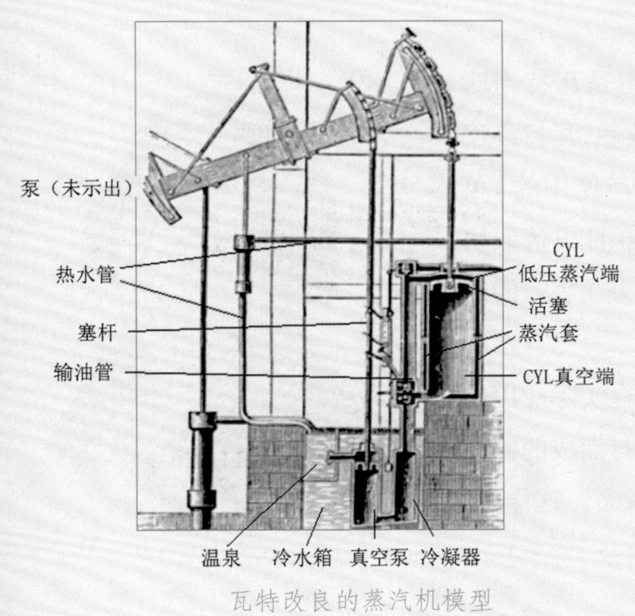

瓦特改良的蒸汽机模型

经过近一年的思考与实践探索，瓦特终于在1765年找到了解决纽可曼蒸汽机工作效率低的办法：在汽缸外再增加一个独立的蒸汽冷凝器。有了这样明确的想法，瓦特说干就干。但是，任何探索性试验，在达到光辉的顶点之前都要经过崎岖的山路。这段漫长的攀爬，既是对探索者坚定意志的考验，也是对其在贫瘠物质生活中的历练。所谓"天降大任于斯人也，必先苦其心志，劳其筋骨，饿其体肤，空乏其身，行拂乱其所为，所以动心忍性，曾益其所不能”正是瓦特那几年工作生活最好的写照。

瓦特要想把实验室里的纽可曼蒸汽机变成大引擎实用蒸汽机，首先面临三个难题：缺乏精密的工具，缺少技能娴熟的助手，没有购置实验用的材料、工具以及雇佣助手的资金。为了养家糊口，瓦特不得不接受运河规划与勘测的工作，这项工作需要经常呆在野外。从小就体弱多病、体格并不强壮的瓦特在高强度的野外工作之余，再也没有时间和精力去从事蒸汽机的研究了。因此，瓦特几乎要放弃自己继续攻克纽可曼蒸汽机效率低的难题了。

但是，瓦特最终能担当改良蒸汽机的大任并取得成功，与遇到了罗巴克[①]是分不开的。当时，罗巴克急需一种强有力但又经济的抽水设备，用来给他开发的煤矿抽水。1767年，在布莱克的介绍下，罗巴克与瓦特开始通信，罗巴克对瓦特改良蒸汽机的模型和图样非常满意，同意与瓦特合伙为发明这种新型的蒸汽机申请专利。通过两人的合作，瓦特得到的好处是由罗巴克来偿还1 000英镑的债务，而他只需要负责改良蒸汽机所需的三分之一的经费，而且瓦特有权力支配罗巴克位于福尔柯克附近的著名的卡伦铁厂中的设备。当然，瓦特也只占有专利权的三分之一。

瓦特为了使自己能安心探索蒸汽机的改良之道，租了一间地下室进行研究，买了一些必需的工具仪器和实验材料，聘请了几位助手，就夜以继日地投入到实验中去。废寝忘食、旰食宵衣（gàn shí xiāo yī，天色很晚才吃饭，天不亮就穿衣起来。形容勤于政事）正是瓦特当时生活的真实写照。经过若干次失败后，瓦特终于在1768年制造出一台可供实际生产使用的“单作用式蒸汽机”，并于1769年1月5日申请取得“降低火机的蒸汽和燃料消耗量的新方法”的发明专利。

博尔顿

但是，申请专利成功的蒸汽机，在实际应用中还是有很多问题无法解决。比如锤打而成的锡块汽缸严重漏气，从而无法形成真空状态。这样，罗

① 约翰·罗巴克（John Roebuck，1718 ~ 1794），工业革命时期英国发明家和实业家。

巴克的煤矿还是无法解决排水问题。1773 年，罗巴克的煤矿企业生产陷入了困境，事业也一蹶不振。所以罗巴克不得不将自己持有的瓦特发明专利的三分之二的股权转卖给伯明翰的博尔顿[1]，瓦特的专利模型也被拆卸后运到伯明翰的索霍。

1775 年，瓦特仿制了他自己获得专利的蒸汽机模型继续进行研究。此时，瓦特蒸汽机获得专利已经过去 6 年了，在这 6 年当中，蒸汽机模型除了毫无实用的一纸专利权之外，研制改良蒸汽机就像一只血盆大口，不断地吞噬经费，带给瓦特及其合伙人无尽的失望和忧虑。而这无望的专利很快也会因到期限而作废。所幸，这项专利在议会的应允之下延长到 1780 年，这也促使了博尔顿和瓦特达成正式协议来制造蒸汽机。

博尔顿在索霍的工厂

瓦特是幸运的，在"拖垮"（当然罗巴克事业的失败并非单由瓦特造成的，只是他时运不济，煤矿没能坚持到瓦特解决了所有问题的时刻）了罗巴克的企业后，还能获得博尔顿的赏识。很快，瓦特解决了"汽缸无法获得真空"的问题，造出了一台为英国钢铁实业家威尔金森[2]定制的蒸汽机。当然，能解决汽缸的真空问题，最关键的还是威尔金森在 1775 年发明的空心圆筒镗杆。

1777 年，瓦特制造了一台供自己与博尔顿合伙企业使用的蒸汽机，后来又

① 马修·博尔顿（Matthew Boulton，1728 ~ 1809）是英国工程师，是瓦特事业上的合作者。
② 约翰·威尔金森（John Wilkinson，1728 ~ 1808）是英国实业家和发明家。

制造了一台给英国的康沃尔郡，从此，康沃尔郡成为瓦特蒸汽机的主要市场。也是在这一年，博尔顿和瓦特合伙的企业招聘到23岁的默多克[1]，这位后来成为英国著名发明家的机器师，其后为瓦特工作了62年，为瓦特改良蒸汽机立下汗马功劳。

除了威尔金森、默多克等人的贡献之外，瓦特蒸汽机改良成功还离不开英国其他发明家、工程师和工匠们的贡献，如他们发现了螺纹加工法、机械工人培训方法、水压机、啤酒机、木工刨床、端面铣（xǐ）床（一种机械车床）、机械加工流水线、刀架车床、螺纹车床等。这么多的技术发明，以及科学合理地培训出合格的机械工人，给了瓦特蒸汽机的改良提供了技术与人员的保障。

默多克

默多克的模型蒸汽车

瓦特的“单作用式蒸汽机”的耗煤量只有纽可曼蒸汽机的四分之一，但动作比纽可曼蒸汽机迅速，而且工作更可靠，蒸汽机的性能大大提高了，这样越来越多的厂矿选择了瓦特的蒸汽机，使他们从原本因为矿井难以排水问题而濒临倒闭的窘境中摆脱出来。

1780年，第一台瓦特新式蒸汽机在欧洲大陆安装使用，而此时，在英伦三岛，已经有40台瓦特蒸汽机在轰鸣吼叫，其中的一半就在康沃尔郡。但是，此时瓦特的蒸汽机还是一种昂贵的机器，这极大地阻碍了它被广泛推广，也给博尔顿的企业运营带来沉重的负担，有时安装蒸汽机的收益都不足以偿付生产成本。雪上加霜的是，由于新式蒸汽机的成功已经成为事实，这就引起其他竞

① 威廉·默多克（William Murdoch，1754 ~ 1839）是英国工程师和发明家。

争者侵权伪造。而瓦特蒸汽机的专权利已经包括了在矿井排水领域的使用，为了增加收益，必须拓展蒸汽机的使用范围。所以，继续改良蒸汽机，使它能广泛应用于交通、工厂等各行各业的工场中，这是瓦特和其合伙人走出窘境的必经之路。

瓦特曾经使用飞轮和曲拐把活塞的往复运动变成圆周运动，但这项技术却被人抢先申请了专利，这使他不得不另辟蹊径。终于，瓦特利用缩放仪原理，研制出“行星齿轮机构”，并于1781年10月获得了“双作用式蒸汽机”的发明专利权。

行星齿轮构造示意图

从1769年开始到1800年的31年之间，虽然欧洲也有不计其数的发明家和工程师在研究和改良蒸汽机，但瓦特以其无可辩驳的发明成果和专利使用广泛性，让同时期的发明家汗颜。他们几乎没能从瓦特的盛誉之下获得一丁点儿关于蒸汽机改良的功绩，因为瓦特已经独占了蒸汽机改良领域的地盘，想从他的锅里分一杯羹几乎是休想。所以，与瓦特同时代的蒸汽机发明家们在这段历史上几乎销声匿迹了。即便有时偶尔被提到，也是在同瓦特及博尔顿的通信中露一下脸。

瓦特非常清楚地意识到，自己改良的蒸汽机虽然比改进之前有了很大的进步，但还有改进的空间。这样，瓦特在1782年引入了飞轮，解决了转动时不稳定的问题，又于1784年引入带气泵的凝汽器和使活塞平行运动的四连杆机构等，改进了蒸汽机的配汽机构。瓦特还在1788年发明了离心调速器，这种调速器能控制进气阀开启程度，从而控制了蒸汽机运行的速度。此外，瓦特还在1790年发明了压力表，在1794年将行星齿轮机构改为曲柄连杆机构。这一系

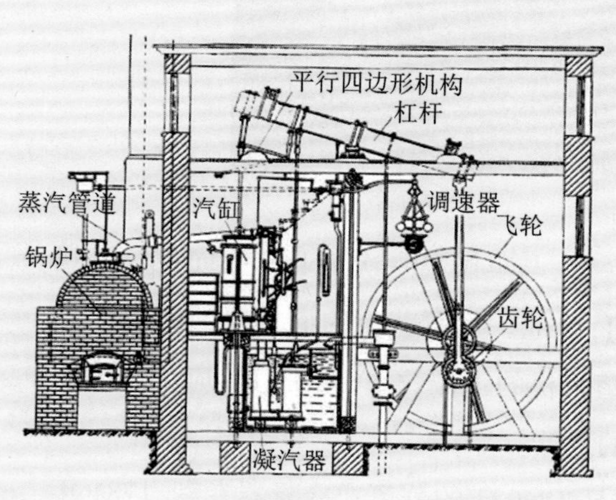

双作用式蒸汽机

列的发明与改良，使瓦特的“双作用式蒸汽机”日臻完善。

瓦特与博尔顿的合作可谓绝配。瓦特生性内向，性格懦弱，不喜欢做生意，只关心他的改良与发明。但博尔顿却完全不同，他是从事企业生产和商业运作的天才。这样互补的合作替瓦特解决了日常生活带来的经济压力，也缓解了由于科学探索带来的思想压力。

与之前的蒸汽机相比，瓦特的“双作用式蒸汽机”更具有优越性，它能广泛应用于纺织、冶金、机器制造等行业中。高工作效率的瓦特蒸汽机的推广，使人们从手工状态下摆脱出来，促进了工业的发展和社会的进步。这个划时代的变革，使英国的整个社会发生了翻天覆地的变化。英国在第一次工业革命中一枝独秀，成为世界强国。很快，英国的近邻法国、德国，以及与英国颇有渊源的美国等也纷纷引入瓦特改良后的蒸汽机，工业得到很大的发展。到19世纪三四十年代，蒸汽机已经在全世界得到广泛应用，人类历史也由此进入了“蒸气时代”。

第一次工业革命

如今，瓦特的名字与蒸汽机成为一体，与英国第一次工业革命同在。纵观瓦特的一生，他的发明之路，崎岖坎坷，但他一生所获得的最重要的四项专利和五项发明（专利与发明有重合），使蒸汽机的工作效率不断提高，应用领域不断拓宽，终于成为工业革命最强有力的武器。

瓦特一生最重要的四项专利分别是1769年的分离式冷凝器专利、1781年的“行星齿轮系”等五种变往复运动为旋转运动的方法的专利、1782年的双作用式蒸汽机专利以及1784年的利用平行四边形机构连接活塞杆和横梁一端的方法的专利；重要的五项发明分别是1765年的分离式冷凝器、1782年的蒸汽切断阀、1784年的调速器、1784年的室内蒸汽加热器、1790年的蒸汽气压表。

有学者认为，瓦特的成功既是社会发展的必然，也是个人努力的结果。但不管如何，时代赋予了瓦特改变社会历史的重任，瓦特加快了社会前进的步伐。

晚年时期，瓦特这位并没有上过大学的发明家获得了格拉斯哥大学的荣誉博士，并被推选为英国皇家学会会员。英国皇室还决定授封他为男爵，但被瓦特拒绝了。

1819年8月25日，一生都在追求改良和发明的伟大发明家瓦特走完了他人生的旅程，给这个世界留下了美好。后人为了纪念这位伟大的发明家，把国际单位制中的功率单位命名为“瓦特”。

杠杆在中国的“前身”

有一个成语叫“半斤八两”，它比喻两者不相上下，实力相当。可半斤怎么会是八两，不应该是五两吗？原来，在中国古代采用16进制，1斤等于16两。而中国古代测量物体质量的工具，主要是天平和杆秤，它们的工作原理就是杠杆平衡原理。

古人称天平和杆秤为“权衡”或“衡器”。“权”是秤锤，“衡”是秤杆。中国古代的天平，大多属于等臂杠杆，即以衡梁中部作为支点悬挂起来，在距悬挂点相同长度的两端分别系挂盘物和秤锤，所以物品的质量就是通过秤锤得出来的。而中国古代的杆秤就是一个不等臂杠杆，一般会在秤杆上标有刻度，

长”。这里的“本”指的是靠近支点一边的杆，而“标”是指靠近重锤一边的杆。如果杠杆平衡，杠杆一定是水平静止的，被测重物一边杆短，重锤一边杆长。《墨子》中还解释道：“两加焉，重相若，则标必下，标得权也。”意思是说杠杆平衡后，两边加相等的重物，杠杆就不平衡了，“标”这一边必然下降，这叫做“标得权”。这里，《墨子》就是利用杠杆平衡原理来解释了不等臂杠杆的科学原理。

在中国古代，利用杠杆平衡原理不仅仅局限于天平和杆秤上。我们可以想像，在刀耕火种的社会里，原始人利用棍棒和野兽搏斗，或者利用木棒撬动巨石，就是利用杠杆平衡原理最好的实证。此外，根据现在出土的原始工具来

古人利用桔槔取水

看，原始人所用的石刃、石斧等都是捆绑或者穿凿在木柄上的，这样相当于在使用过程中增长了力臂，可以省力。

桔槔（jié gāo，俗称"吊杆""称杆"，一种古代汉族原始的汲水工具）是中国古代称得上杠杆的农用工具，在农业与手工业生产中得到广泛的使用。桔槔的装置非常简单，就是将一根细长的棍子（杠杆）架在一个竖立的架子上，在棍子的一端悬挂一个重物，另一端悬挂水桶。当水桶从井里打满水后，利用杠杆原理，就能非常省力地将水桶拉出水面。

战国中期著名哲学家庄周[①]在《庄子·天地》中记载了孔子[②]的弟子子贡[③]南游楚国时的一段经历：

子贡南游于楚，反于晋。过汉阴，见一丈人方将为圃畦，凿隧而入井，抱瓮而出灌，搰（hú）搰然用力甚多而见功寡。子贡曰："有械于此，一日浸百畦，用力甚寡而见功多，夫子不欲乎？"为圃者昂而视之曰："奈何？"曰："凿木为机，后重前轻，挈（qiè）水若抽，数如泆（yì）汤，其名为槔。"为圃者忿然作色而笑曰："吾闻之吾师，有机械者必有机事，有机事者必有机心。机心存于胸中，则纯白不备；纯白不备，则神生不定者；神生不定者，道之所不载也。吾非不知，羞而不为也。"子贡瞒然惭，俯而不对。

这段话大致是说：孔子的学生子贡向南游历到楚国，然后返回到晋国，路过山西的汉阴时，看见一位老人正要取水浇菜园，他为了取水竟然在水井旁挖了个隧道进到井里，然后抱着一坛子水出来浇地，这样来来去去费了很多力气，而且效率很低。子贡很同情地跟他说："我曾见过一种机械，使用它的话一天可以浇灌一百亩地，不费多大的力气，收效却很大，您想不想用它呢？"正在浇菜园的老人抬头看了看他，然后说："你刚才说什么？"子贡回答道："可以

---

① 庄子（前369～前286），姓庄名周，是战国中期著名的思想家、哲学家和文学家。创立了华夏重要的哲学学派庄学，是继老子之后，战国时期道家学派的代表人物，是道家学派的主要代表人物之一。代表作品为《庄子》，其中的名篇有《逍遥游》《齐物论》等。据传，庄周尝隐居南华山，故唐玄宗天宝初，诏封庄周为南华真人，称其著作《庄子》为《南华真经》。

② 孔子（前551～前479）是中国著名的思想家、教育家，儒家学派创始人。孔子曾带领部分弟子周游列国14年，晚年修订六经，即《诗》《书》《礼》《乐》《易》《春秋》。相传他有弟子三千，其中七十二贤人。孔子去世后，其弟子及其再传弟子把孔子及其弟子的言行语录和思想记录下来，整理编成儒家经典《论语》。

③ 子贡（前520～前456），即端木赐，春秋末年卫国（今河南鹤壁市浚县）人，是孔子的得意门生，孔门十哲之一，曾任鲁国、卫国之相，被誉为"中华儒商第一人""中华儒商始祖"和"儒商文化创始人"。

汉阴抱瓮

用木头打造成一种后头重前头轻的机械，用它来提水，提水就像抽水一样简单，水会哗哗地流出来，这种机械被叫做桔槔。”老人阴沉着脸，过了一会儿笑着说道：“我的老师说过，凡是想要使用机械的人，他的心术一定很巧诈。机巧的心术存在于胸中，那么他纯洁的灵性就不会完整；纯洁的灵性不完整，那么他心神就常常不能安定；不能安定的心神就会使他偏离天地间的大道；偏离大道的人是不会被天地间的大道所承载的。你所说的机械我并不是不知道，我只是对使用它感到羞耻因而没有使用。”

这就是成语“汉阴抱瓮”的来历，也由此衍生出“抱瓮灌园”“抱瓮”“汉阴灌”“汉阴瓮”“无机汉阴”“汉渚绝机”等表示纯朴无邪的成语或词语，表示对事物无所刻意用心；而相应的“汉阴机”“汉机”等词语则表示机巧或权变的心计。

作为道家的代表人物，庄子想要表达人要回归本性，返璞归真的思想。但是，从科学发展和社会进步的角度来看，“汉阴抱瓮”就是固步自封的典型。

无独有偶，西汉文学家、经学家刘向①编撰的《说苑 · 反质》中，也记载了类似的故事：春秋末期思想家、郑国大夫邓析②过卫国时，见到五位农夫“俱负缶而入井灌韭，终日一区”。这五个农夫背着一个大瓦罐从井里汲水浇灌韭菜园子，起早摸黑的一天辛劳，只能浇一畦。邓析下车就对这五位农民说，“为机，重其后，轻其前，命曰桥。终日灌韭百区不倦。”邓析是知道有桔槔这种工具的，所以才会对五位农民说，可以做一种机械，它后端重，前端轻，就是桔槔；用它来浇地，一天可浇百畦而不觉累。但是五位卫国人自我安慰地说，他们并不是不知道有这种机械，而是“有机之巧，必有机之败”，即有使用机械的好处，就一定有使用机械的坏处，所以就不用了。

① 刘向（前 77 ～前 6）是西汉官吏，目录学家、文学家和经学家。
② 邓析（前 545 ～前 501）是春秋末期思想家，“名辨之学”倡始人。

《庄子·天运篇》中还有一段描述，孔子西游到卫国时，孔子的弟子颜渊[①]问师金这次孔子的卫国之行怎么样，师金答曰："且子独不见夫桔槔者乎？引之则俯，舍之则仰"。意思是说，你没有看见那桔槔汲水的情景吗？拉起它的一端则另一端便俯身临近水面，放下它的一端则另一端就高高仰起。这就是成语"俯仰由人"的出处，比喻一切受人支配，就像汲水的桔槔一样。

此外，中国古代利用杠杆原理工作的工具还有辘轳（lù gū），它也是从杠杆演变而来的汲水工具。

辘轳

明朝学者罗欣在《物原》一书中记载："史佚[②]始作辘轳。"这说明早在公元前1100年左右，中国就发明并使用辘轳来汲水了。到春秋时期，辘轳的使用非常广泛，此时的辘轳已用于从竖井中提升铜矿石。1974年，考古学家在湖北铜绿山春秋战国古铜矿遗址中挖掘出两根木制辘轳轴，其中一根长2 500毫米，直径260毫米。经考证，这两根辘轳轴是用来提升铜矿石的起重辘轳的残件。此外，南朝宋文学家刘义庆[③]所著的《世说新语》中也有对起重辘轳应用的实例：三国时期曹魏政权第二位皇帝魏明帝曹叡（ruì）在建凌霄观时，误将尚未题字的匾先钉在高处，所以"乃笼盛韦诞，辘轳长緪（gēng 1. 粗绳子 2. 拧紧）引上"，利用辘轳使他能在离地25丈的匾上写字。

绞车也是杠杆的变形物，类似于辘轳，也利用了杠杆平衡原理。唐朝政治家房玄龄[④]等编撰的中国二十四史之一的《晋书》中记载，后赵武帝石虎[⑤]在东

① 颜渊（前521～前481），即颜回，春秋末期鲁国人，孔门十哲之一，孔门七十二贤之首，儒家五大圣人之一。
② 史佚是西周初期周文王的史官，生卒年不详。
③ 刘义庆（403～444）是南朝宋文学家，著有《世说新语》、志怪小说《幽明录》。
④ 房玄龄（579～648）是唐朝政治家、文学家，是唐太宗李世民得力谋士之一。
⑤ 后赵武帝石虎（295～349）是十六国时期后赵君主，334年到349年间在位，在位期间极其残暴，因此被认为是五胡十六国中的暴君。

晋永和三年（347 年）发掘赵简子[①]墓时挖到了泉水，所以就“作绞车以牛皮囊汲之”。北宋文学家曾公亮与训诂（gǔ）学家丁度[②]承旨编撰的中国古代第一部官方编纂的军事科学百科全书《武经总要》中，就有绞车图，并说“绞车，合大木为床……力可挽二千斤”。

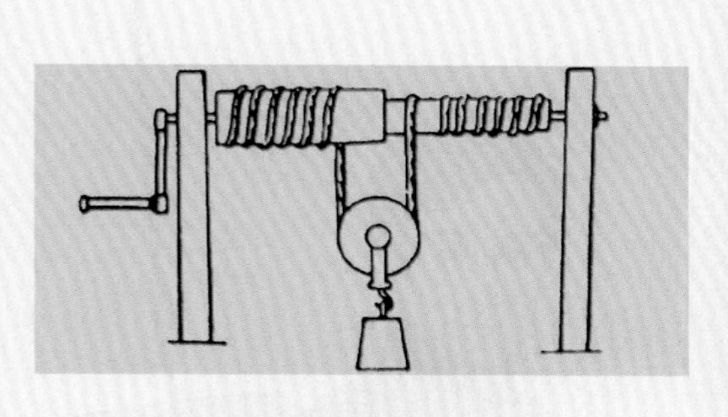

绞车

中国古代对杠杆的使用，不但早，而且非常专业。像其他自然科学领域一样，中国古代科技水平非常高，但由于文明发展路径、文化土壤等原因，中国还是没能在近代自然科学的发展史上占一席之地，可谓是近代中国的憾事！

① 赵简子（？～前 476），春秋时期晋国赵氏的领袖，杰出的政治家，军事家、外交家、改革家。
② 曾公亮（999 ～ 1078）是北宋著名政治家、文学家。丁度（990 ～ 1053）是北宋大臣、训诂学家。训诂学是中国传统研究古书词义的学科，是中国传统的语文学——小学的一个分支。训诂学在译解古代词义的同时，也分析古代书籍中的语法、修辞现象。从语言的角度研究古代文献，帮助人们阅读古典文献。

“热质说”覆灭记

对事物本质的认识，是人们探索自然过程中的一个重要内容。对热的本质认识，曾经就有两种说法：一种是“热质说”，另一种是“运动说”。

我们现在已经知道，热的本质是微粒的运动，即“运动说”是正确的。但是，关于热的“运动说”并非一开始就被人们接受。在18世纪，人们还是比较容易地接受“热质说”，因为当时的“运动说”还没有充足的实验证据，而牛顿力学的理论已经非常完善了，在机械唯物主义哲学思想的影响下，人们还是不善于把各种自然现象联系起来加以综合考虑。同时，在牛顿“不臆造假说”的科学研究方法的影响下，人们很难接受比较复杂的“运动说”。这样，热质说逐渐在热学中占领统治地位。

“热质说”的思想根源可以追溯到公元前4、5世纪。古希腊唯物主义哲学家德谟克利特[①]认为，热是一种特殊的物质原子，粗重的“火原子”引起热的感觉。中国古代的“五行说”（金、木、水、火、土）中把火看成是构成万物的一种基本物质。到了中世纪，法国自然哲学家伽桑狄[②]认为，热和冷也都是由特殊的“热原子”和“冷原子”引起的。到此时，学者们对热的思考还是处于思辨性，都没有实证的依据。

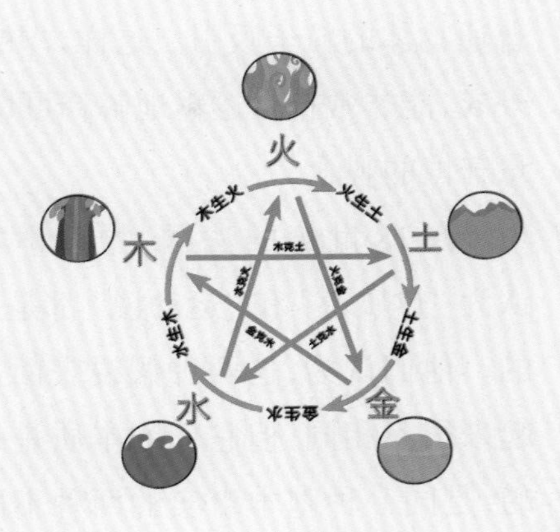

五行说

此后，英国哲学家培根、英国化学家玻意耳和英国科学家牛顿等人都从经验事实出发，认为热是微细粒子的扰动或振动引起的。

到了17世纪末，随着蒸汽机的发明和不断完善与广泛应用，科学技术得到迅猛发展。此时，热学方面的发展也非常迅速，特别是温度计的发明和量热学的发展，以及对温度、热量、潜热、比热容等概念的构建，人们要求对热的本质有更全面的认识，这样才能更科学地解释热现象，才能把热学知识应用到实践中去。到18世纪，人们已经形成了热的守恒观念。道尔顿的现代原子论思想逐渐被人们接受，同时氧气的发现，使人们对物质燃烧又有了新的认识。这一切最终产生了“热是某种坚实原子气体”的观点，即“热质说”。

英国科学家普利斯特里曾用“脱燃素空气”代表氧气，并在1783年的一篇论文中认为，“燃素说”和他的实验结果并不吻合，因此提出“热质”的说法。

有科学史学家认为，“热质说”真正盛行起来，是在法国化学家拉瓦锡通过实验否定了“燃素说”之后。拉瓦锡在他著作《化学概要》一书中，就把热列

① 德谟克利特（Demokritos，约前460～前370）是古希腊伟大的唯物主义哲学家，原子唯物论学说的创始人之一。德谟克利特认为，万物的本原是原子和虚空，原子是不可再分的物质微粒，虚空是原子运动的场所。著有《小宇宙秩序》《论自然》《论人生》等，但仅有残篇传世。

② 皮埃尔·伽桑狄（Pierre Gassendi，1592～1655）是法国科学家、数学家和哲学家。

入基本物质的行列。在拉瓦锡看来，热质原子是氧必不可少的成分，燃烧时热质原子便释放出来；热质是一种不可称量的“无重流体”，其粒子彼此排斥而被普通物体的粒子吸引。这样，“热质说”理论披上了现代原子理论的一些观念外衣，能非常符合逻辑地解释可燃物燃烧和量热学的一些现象，并能阐明了热量守恒的观念。

在18世纪的法国，物理学家们认为“热质说”和“运动说”都是正确的。他们认为，这两种假说表面上看起来很不相同，但它们的本质是一样的，是同一种基本事实的两种不同表现形式。1786年，拉普拉斯[①]和拉瓦锡在《热学年鉴》里对这个问题作了阐述：我们不能在上述的两种假说中作出充分判断的一些现象，如摩擦生热，看起来支持第一种假设，但是另一些现象则更容易由第二个假设解释。总而言之，只要把词语“自由热”和“结合热”换成“活动”“损失活动”和“增长活动”，我们即可把第一个假设转变成第二个假设。在这些物理学家的眼中，热和热质是等价的。

摩擦生热

在对“热质说”理论的丰富与发展作出贡献的科学家中，拉普拉斯和泊松[②]的贡献不可小觑(qù)。大约在1818年左右，拉普拉斯和泊松利用他们天才的数学能力，发展了“热质说”的数学定量方法。通过数理的探讨深入研究“热质说”，利用数理的工具来解释当时许多物理学家发现的热力学规律，使它们能从数理定量的角度得到阐释。

有“热力学之父”之誉的法国著名物理学家卡诺[③]对“热质说”的发展贡献

① 拉普拉斯（Pierre-Simon Laplace，1749 ~ 1827）是法国分析学家、概率论学家和物理学家。拉普拉斯在科学上的主要贡献有：提出了拉普拉斯定理，建立了拉普拉斯方程，提出了行星起源的星云假说。同时长期从事天体力学研究，被誉为“法国的牛顿”和“天体力学之父”。可参阅《大同世界》一书中的《太阳系起源之争的纷扰》一文。

② 西莫恩·德尼·泊松（Simeon-Denis Poisson，1781 ~ 1840）是法国几何学家、物理学家。

③ 尼古拉·莱昂纳尔·萨迪·卡诺（Nicolas Léonard Sadi Carnot，1796 ~ 1832）著名物理学家、工程师，是热力学的创始人之一。他创造性地用“理想实验”的思维方法，提出了热机循环——卡诺循环，从而

卡诺

很大。1824年，卡诺发表了《关于燃烧动力的设想》一文，其中主要观点就是基于“热质说”的。由于蒸汽机的发明，工业革命在欧洲逐步兴起，特别是英国的工业化程度，让欧洲其他国家认识到蒸汽机在工业革命中的重要地位。身为英国人“邻居”的法国人，青年工程师卡诺已经亲身经历了这场蒸汽机革命带给整个国家、社会的冲击，亲眼目睹了这场工业大革命在促进人类文明发展过程中所起的关键作用。但是，卡诺也发现，当时的人们虽然知道制造和使用蒸汽机的方法，但对蒸汽机的理论却了解得还不是很多。所以，工程师们只能从热机的适用性、安全性和燃料的经济性等几个方面来改良蒸汽机，很少去探讨热机的工作效率极限和工作物质的性质之类的理论问题。这样造成的后果是，一些工程师为了追求实效性，盲目地采用空气、二氧化碳或酒精来代替蒸汽，试图找到一种最佳的工作物质。但这样的研究并不具有普遍意义：一些试验可能在这台热机获得最佳效果，但在另一台热机上却并不适用。卡诺充分认识到了这些问题，所以他采用了与其他工程师截然不同的途径，不是有针对性地去研究某一台热机，而是要寻找一种普遍的适用所有热机的标准，制作理想的热机。1824年6月12日，卡诺的论文《关于燃烧动力的设想》在弟弟的协助下完成并发表。在这篇论文中，卡诺提出了著名的“卡诺热机”和“卡诺循环”的概念，以及后来成为热力学第二定律导出基础的“卡诺定理”。卡诺热机是理想状态的热机，在相同的高温热源和低温热源之间工作的一切热机当中，卡诺热机的效率是最高的。卡诺循环是可逆循环，是熵（shāng）[①]

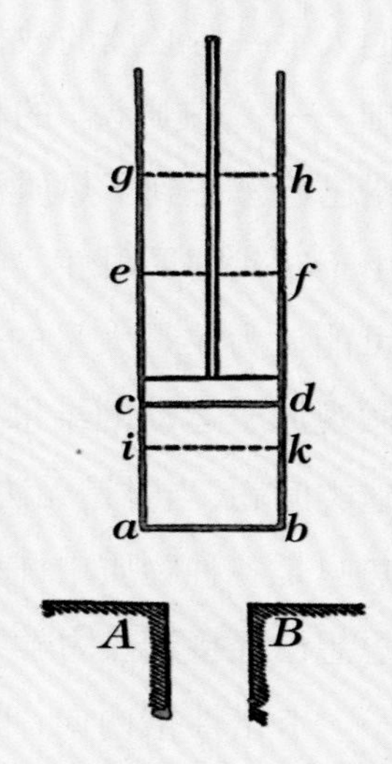

如图为一个卡诺热机的示意图，其中abcd为圆柱的容器，cd为活塞，而A和B为两个恒温体。圆柱容器可以位于同时接触两个恒温体上或放置在任意一个恒温体上。

创造了一部理想的热机（卡诺热机）。

① 熵是热力学中表征物质状态的参量之一，用符号S表示，其物理意义是体系混乱程度的度量。熵是德国物理学家和数学家鲁道夫·克劳修斯（Rudolf Clausius，1822~1888）于1854年提出的。在一个孤立系

保持不变的循环。根据卡诺定理，热动力与用来产生它的工作物质无关，决定它的量的唯一因素，是在它们之间产生效力的物体（热源）的温度，最后当然还与热质的输运量有关。这样，卡诺的研究成果几乎解决了当时工程师们对蒸汽机的讨论问题。而我们之所以说卡诺的研究对热质有贡献，是因为在 1824 年的这篇论文中，卡诺是借用“热质说”来阐述理论的。也正因为如此，卡诺的理论被当时不支持“热质说”的人所怀疑。从卡诺的理论来看，他用“热质说”就能比较形象地通过蒸汽机和水轮机的类比来发现热机的规律。卡诺发现，“热质”就像水从高处流下来推动水轮机一样，从高温热源流出用以推动活塞，然后进入低温热源，在这个过程中，推动水轮机的水并没有损失，同样，推动活塞的“热质”也没有损失。

卡诺的《关于燃烧动力的设想》被印成了小册子，成为当时蒸汽机工程师们人手一册必读的教材，影响之大可想而知。但是，卡诺也在反思他的理论基础——“热质说”的科学性问题。其实从他留下的许多文字中，我们发现卡诺已经考虑到了热质模型的缺点，同时也在朝向热功平衡的观念探索。但是，由于时代的局限性，当时的人们还没有完全弄清楚构成物质的微观结构，更不可能认为热是大量的微观原子运动的结果。正如卡诺的怀疑一样，如果热是微观原子运动的结果，那么是什么维持着固体中的原子在原来的位置呢？像这类问题，当时是无法解决的。到 1830 年，卡诺已基本放弃了“热质说”，认为热只是各种物质中许多微粒的运动，热和机械能可以相互转化。这样，卡诺的思想已经接近热力学第二定律了。

卡诺性格内向，平时沉默寡言，但他在研究中追求完美。只可惜的是，这样的英才在 36 岁之时就因患霍乱而离世，没能把热力学继续深入研究而得出热力学第二定律，这也是科学史上的缺憾。

除了前文所述的研究在不断丰富、发展“热质说”之外，当时许多实验及对一些日常生活现象的解释，也支持了“热质说”。如一定质量的气体，在密闭

统中，系统与环境没有能量交换，则系统总是自发地向混乱度增大的方向变化，整个系统的熵值增大，这就是熵增原理。以人工生态系统为例，当建立一个人工生态系统后，这个生态系统与外界没有物质和能量的交换，则这个生态系统会越来越向生态不平衡的方向发展，即熵值越来越大。1987 年，在美国亚利桑那州，科学家花了近 2 亿美元建造了一个几乎完全密闭的“生物圈二号”，但实验很快就失败了，因为这个人工建造的生态系统的熵值越来越大，即生态平衡被破坏得越来越严重。

一定质量的气体在密闭容器中受压后，温度升高

容器中受压后，温度就会升高，用“热质说”来解释，就是压力把热质原子挤出来了，就好像把水从海绵中挤出来一样。现在看来，这种比较形象的、类比的解释不是很规范，但它却是以数学为基础的，拉普拉斯就从他的数学研究中给出了定量的函数关系。根据拉普拉斯推导出来的公式，在一定质量的空气被挤压过程中，空气的比热约按压强的三次方减少，即空气被挤压时压强变为原来的 2 倍，则空气的比热变成原来的 1/8。卡诺对这个问题的定量推导结果，是气体的比热容是按气体压强的对数在减少。尽管两人的结果不相同，却都说明了气体比热容随着气体被压缩而减少的规律，说明是压强的增加将热质原子释放出来而使温度升高的。后来，拉普拉斯和卡诺的推导结果都被实验证实了。

19 世纪 30 年代，人们已经积累了大量的实验结果，并且也发展出一套先进的数学方法来支持“热质说”，而且这个时期的热动力学理论发展很迅速。

这样，“热质说”在相当长的一段时间里，还是取得了成功，主要体现在如下几个方面：

首先，我们在《寻找层级世界》一书中的《热量与温度分道扬镳的故事》一文中介绍过温度和热量区别开来的实验，这是利用“热质说”进行定量实验才能实现的。人们用混合法测量物体的温度时，用质量相同但温度不同的水混合，当水温平衡后，混合物的温度为混合前的平均温度。如 1 千克 80℃的水与 1 千克 60℃的水混合，平衡后水温为 70℃。而如果质量不相同时，混合后的温度为质量比率的温度之和。如 3 千克 80℃的水与 1 千克 60℃的水混合，平衡后水温为 $80℃\times\frac{3}{4}+60℃\times\frac{1}{4}=75℃$。但是，在量热学[1]的实验中发现，当有相变（物态变化）存在时，上述情况就不再符合了。在布莱克看来，当有相变时存在潜热，尽管有热质的流入与流出，但温度并没有改变。所以，热量与温度是两个不同的量，用“热质说”来解释：热量反映传递热质的多少，而温度的

① 量热学是热力学的一个分支，是测量物理、化学变化的热效应，并据热效应研究物理和化学变化的规律的学科。

变化则与吸收或放出热质有关；潜热是热质与物质间发生化学反应而贮藏或释放出来的热质，所以不会引起温度的变化。当然，如上的解释并没能从本质上揭示温度与热量的区别，但总算把两者分开了。

其次，用“热质说”能比较简单地解释热传导、摩擦生热、热膨胀等现象。当热质在物体之间流动时，就是热传导现象；载有热质的流体在流动时，就会发生对流传热；而当热质微粒直接传播时就是热辐射。摩擦生热是因为物体在摩擦过程中受到挤压，使得物体的比热减小，从而释放出潜热的缘故，这种解释与“溶解度随温度降低而减小的溶质，在饱和溶液降温时会析出晶体”非常类似。而热胀冷缩是因为温度的变化，引起了热质微粒之间排斥作用的程度的变化。如此这般的解释，确实合情合理，令人信服，也难怪当时的“热质说”能取得如此成功。

第三，“热质说”也促进了热学理论的研究。当时许多物理学家都是在“热质说”的指导下进行热学研究的，而且相当成功。比如物理学家们利用“热质说”来研究物体传递热量的规律，得到了许多热传导的理论公式，这些理论公式都得到了实验证明。蒸汽机的工作效率问题就是在“热质说”的指导下进行的，而且使蒸汽机的工作效率大大提高，特别是卡诺理想热机。

虽然“热质说”有这么大的影响力，但从现在的眼光来看，“热质说”没有揭示热的本质，最终还是会被淘汰。

“热质说”之所以在18世纪之前有市场，是因为当时的人们还没有深入地研究各种运动形式之间的转换问题，对做功问题也研究较少。但是，随着热学理论的发展，用“热质说”并不能很合理地解释新出现的现象，甚至有些现象已经无法用“热质说”来解释了。以摩擦生热现象为例，虽然用“物体受挤压使得物体的比热减小，从而释放出潜热”来解释较为合理，但人们还是有疑问：热质的总量是不变的，为什么会有这么多的热质被挤压出来？

在美国出生的英国物理学家和发明家汤普森[①]在实践过程中对“热质说”产生了怀疑，并通过实验否定了“热质说”。汤普森在德国巴伐利亚监造大炮

① 本杰明·汤普森（Benjamin Thompson，1753 ~ 1814）是英国科学家，美国独立战争时期曾为英国间谍。1776年被迫逃离美国去英国定居。发明了光度计和色度计，改进了家庭炊具和加热器，并帮助推翻了燃素原理，对19世纪热力学的发展有重大意义。

汤普森

时发现，当对炮膛钻孔时，炮筒和钻头都会变热；如果连续钻孔，就可以产生持续不断的热量，甚至可以使水沸腾。如果用“热质说”来解释这种现象，是由于摩擦，物体受挤压使得物体的比热减小，从而释放出潜热。但是，汤普森设计了严密的实验，发现：当他对炮筒钻孔时，尽量减少从外界输入热量，然后测定炮筒和碎屑在钻孔前后的比热，结果发现比热并没有发生变化。也就是说，在摩擦生热的过程中，并没有出现像“热质说”解释的那样，摩擦使物体受到了挤压而减少了比热，释放潜热。后来，汤普森为了避免碎屑的产生，用非常钝的钻头去钻炮筒，但是照样会使钻头和炮筒变热，而且钻孔的时间越久，产生的热量也就越多。实验过程中，汤普森用了 2 小时 45 分钟的时间进行钻孔，产生的热量可以使 18 磅（约 8.165 千克）的水沸腾。这一结果和热质守恒的观点似乎是矛盾的，物质中有这么多的潜热可以释放吗？所以汤普森在笔记中对此实验作出了推论：在这些实验中激发出来的热，除了把它看作是微粒的运动之外，似乎很难把它视为其他任何东西。这是汤普森通过实验质疑“热质说”，从而向“热动说”靠近。

1799 年，英国化学家和发明家戴维做了更精密的实验来否定“热质说”。戴维把两块冰放在 0℃的真空容器中，用一个钟表的机件带动它们相互摩擦。最后，这两块冰都变成了水，但它们的温度始终不变。这个实验证明，冰熔化所需要的潜热完全来自摩擦，而不是从外界吸收来的，所以这个过程的热量并不守恒，与“热质说”产生了矛盾。用我们现在的眼光来看，这是冰块相互做功产生了热能，为它们的熔化提供了潜热。

19 世纪之前，人们对自然界的认识是孤立的，认为不同自然现象之间不存在联系。但到了 19 世纪初期，像热能与机械能的转换，电与磁之间的相互作用，电流的热效应，生物化学等存在不可分割的联系的自然现象被相继发现，特别是德国物理学家迈尔、英国物理学家焦耳、德国物理学家亥姆霍兹等人[①]

① 见本书《站在巨人肩膀上孕育而生的能量守恒定律》一文。

通过努力工作，最终找到了热功当量和能量守恒定律，从而彻底否定了"热质说"。这样，"热质说"退出了历史舞台，"热的本性就是微粒的运动"被平反了，热的本质观被重新书写。

"热质说"对热力学的发展有过积极的促进作用，但作为一个并没有正确反映科学的学说，"热质说"最终会被历史抛弃也是再正常不过的；同时，因为它的错误性，往往把科学研究带入了一条死胡同。以卡诺热机为例，卡诺能正确地总结热机工作的原理和热机作功的条件；同时也正确地指出，只有存在温度差的条件下，热机才能做功；并且给出了热机效率（卡诺定理）。但是卡诺刚开始是信奉"热质说"的，所以也采用了热质守恒的观念，把热质类比为水流来证明卡诺定理。这个结论虽然是正确的，但证明的方法却是错误的。正因为卡诺受到"热质说"思想的束缚，没能看到热量可以做功，所以就与热功当量和热力学第二定律擦肩而过了[①]。这正如革命导师恩格斯对此事所评价的一样，"卡诺差不多已经探究到问题的底蕴，而阻碍他完全解决这个问题的，并不是事实材料的不足，而只是一个先入为主的错误理论。"恩格斯所指的这个错误理论就是"热质说"。无疑，恩格斯对此事的评价可谓一针见血。

"热质说"虽然已经被否定两个世纪了，但它的消极影响到现在还没有被完全消除。在如今的中学和普通物理的热学中，学习者还是很容易混淆内能、热量和功这三个概念。内能是一个状态量，而热量与功是个过程量。热量是物体在热传递过程中的内能变化的量度；而功是物体在做功过程中内能变化的量度；所以热量和功都不是状态量，我们不能说"某系统有多少功"，同样也不能说"某系统有多少热量"。但在具体学习过程，学习者还是不自觉地把热量当作状态量，不自觉地宣扬了"热质说"的观点。

"热质说"虽然"覆灭"了，但我们并不能把它直接扫到历史的垃圾筒中。当我们现在回过头来，细细地品味"热质说"曾经的风光岁月，是否能从它曾经的光辉岁月中看到科学发展过程的经验教训？

① 热功当量是焦耳的研究成果，热力学第二定律最终是由德国数学家、物理学家鲁道夫·克劳修斯（Rudolf Clausius，1822~1888）和英国物理学家、发明家开尔文爵士（Lord Kelvin，1824 ~ 1907）发现的。开尔文爵士的原名叫威廉·汤姆生（William Thomson）。

蒸汽机的“十八变”

蒸汽机是最早的热机，是将热能转化为机械能的装置，实现了两种不同形式能之间的转化，为建立能量守恒定律提供了物质基础。

最早发明蒸汽机的是古希腊亚历山大港的工程师希罗[①]。大约在公元62年前后，希罗制作了一台“蒸汽机”。这台“蒸汽机”的主要结构包括一个空心的蒸汽球，球体上面连有两段弯管；当球内的水沸腾时，蒸汽通过管子喷

① 希罗（Hero of Alexandria，10 ~ 70）是古希腊亚力山大港的数学家和工程师。

出，这个球就迅速地旋转起来。不过在当时，这种装置主要是用来祭神、装饰或娱乐，并没有应用到实际的生产中。

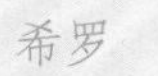
希罗

希罗发明的蒸汽机

近代蒸汽机的发明，与大气压强的发现有很大的关系。大约在1640年，意大利著名物理学家伽利略偶然得知，抽水机（离心水泵式）从深井里抽水，最大的深度不超过10米（实际如果用压强公式来计算，大约不超过10.36米）。但此时的伽利略已经是一位双目失明、体弱多病，且被罗马教廷软禁在家里的古稀老人，这位曾经名满天下的科学巨人，只得嘱咐他的得意门生和亲密助手托里拆利[①]去研究这个问题。伽利略去世后的1643年，托里拆利通过被后世称为“托里拆利实验”的装置，测得大气压力约为76.2厘米垂直水银柱产生的压力。这个实验不但比较准确地测出了大气压力的值，而且也否定了流传1 800多年的亚里士多德的“自然界憎恶真空”的观点。这个发现也启发了德国马德堡市市长格里克[②]。格里克将自己发明的空气泵与汽缸连接起来，使活塞下面产生真空，从而使活塞下降。至此，利用大气压来推动活塞运动的蒸汽机雏形已经形成。

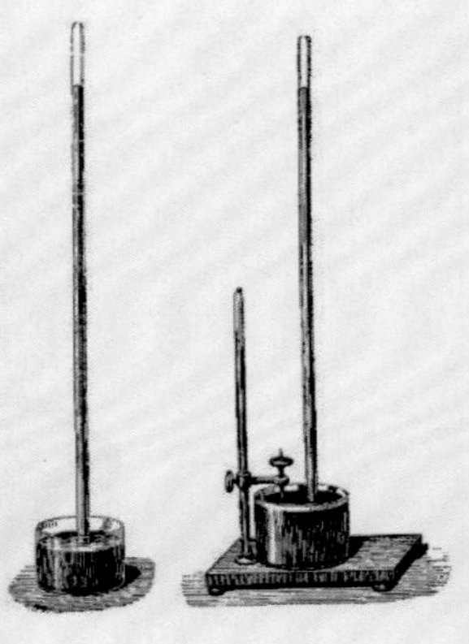
托里拆利发明水银气压表

1680年，荷兰物理学家惠更斯[③]提出了一种火药蒸汽机的模型。但惠更斯并没有把它制作出来应用到生产实践中，这位天才全能的科学家把这个问题留

① 托里拆利（Evangelista Torricelli，1608 ~ 1647）是意大利物理学家和数学家，以测量大气的“托里拆利实验”而著名。可参阅作《不再孤独》一书中的《奥托·冯·格里克的惊世之举》和《天妒英才托里拆利》两篇文章。

② 奥托·冯·格里克（Otto von Guericke，1602 ~ 1686）是德国科学家发明家和政治家。可参阅《不再孤独》一书中的《奥托·冯·格里克的惊世之举》一文。

③ 惠更斯于1655年的7月到9月、1660年的10月到1661年3月、1663年4月到1664年5月以及1666年的5月到1681年四次来访居住在巴黎，其中第四次在巴黎生活了15年之久。

给了他的法国实验助手巴本[①]。

1690年，巴本在观察到蒸汽逃离了他发明的高压锅后，制造出一个包括锅炉、发动机汽缸、冷凝器及活塞的装置，完成了蒸汽机的基本工作模型，并指出了一种让蒸汽机做周期性工作的操作方法。但巴本只是一位学者，并不是工程师，所以这个装置也仅仅在实验室里使用，并没有应用到生产实践中。

巴本

巴本的装置

1698年7月2日，英国发明家塞维利[②]获得了一项早期蒸汽发动机的专利，这项产品很快投入到市场。1699年6月14日，塞维利结合一张他设计的发动机设计图，将他的“一种靠火力吸水的蒸汽机”向英国皇家学会的会员们作了介绍。塞维利说，这种新发明的装置可以用于从矿井中抽水，能使消防车提高输水量，还能为城镇供水服务。但塞维利的蒸汽机还存在许多问题需要解决。

塞维利

塞维利发明的赛车引擎

1712年，英国发明家纽可曼[③]综合了巴本和塞维利的想法，发明了大气压蒸汽机。有资料表明，纽可曼设计的用于抽水的蒸汽动力机械，是对大气压的

① 丹尼斯·巴本（Denis Papin,1663~1712）是法国物理学家、数学家和发明家。
② 托马斯·塞维利（Thomas Savery，1650 ~ 1715）是英国工程师和发明家。
③ 托马斯·纽可曼（Thomas Newcomen，1664 ~ 1729）是英国工程师和发明家。

充分利用，而且他就这个课题与英国著名博物学家和发明家胡克作过交流。纽可曼设计的机器具有汽缸与活塞，工作原理如右图所示：在工作时，先把蒸汽导入汽缸后，活塞在蒸汽的作用下向上运动，随之，停止向汽缸供蒸汽，并向汽缸内进水，此时汽缸内的蒸汽遇冷水液化，使汽缸内的气压迅速降低，活塞在大气压的作用下向下运动，也带动了外部机械的运动。之后，再向汽缸内导入蒸汽，进入下一个循环。起初，纽可曼的蒸汽机大约每分钟可以往返十次，后来纽可曼进行了巧妙的改造，使这个汽缸可以自动连续地工作，这样，就可以应用在矿井的抽水工作中。当时，这种蒸汽机不但在英国得到广泛使用，德国人与法国人也普遍使用它。

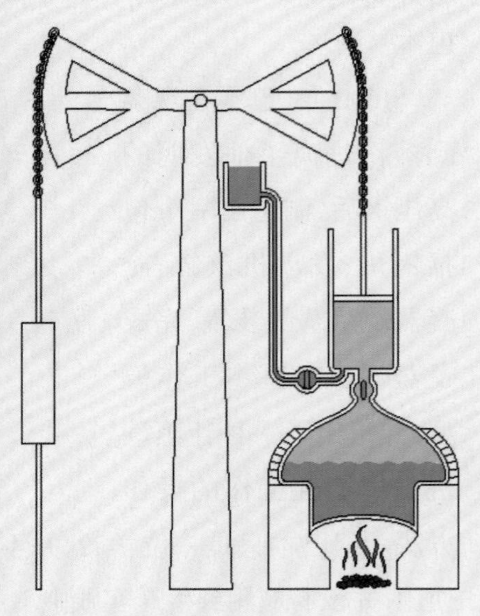
纽可曼的蒸汽机示意图

如今，一提起蒸汽机，我们首先想到的是英国发明家瓦特[①]。因为在瓦特之前，蒸汽机还没有普遍被工业所利用，而瓦特主要是从两个方面对蒸汽机进行了改良：一是发明了冷凝器，从而大大提高了蒸汽机的效率；二是发明了离心调速器，使蒸汽机的速度可自由控制。

瓦特

瓦特并不仅仅是一个工匠，从1757年开始，瓦特成为英国格拉斯哥大学的科学仪器制造师兼维修师。瓦特在格拉斯哥大学里与潜热理论的提出者布莱克教授成为亦师亦友的亲密关系；同时，瓦特与著名物理学家和数学家罗宾逊成为莫逆之交。这些都说明，瓦特在改良蒸汽机的过程中，并非仅仅是从技

① 关于瓦特的事迹，可参阅本书《改变时代的发明家》一文。

术的角度的改变，这其中也因为受到比热、潜热等理论的影响，对蒸汽机的整体工作原理进行了思考。

瓦特改良蒸汽机结构示意图

1781年，瓦特取得了双作用旋转式蒸汽机的专利权，这种蒸汽机从结构和传动原理上加以革新，大大提高了工作效率。值得一说的，瓦特的蒸汽机，属于低压真空蒸汽机。

蒸汽机到瓦特这里，并没有成为最优良的设计。但不可否认，瓦特改良后的蒸汽机，相对之前的蒸汽机来说，在工作效率和功率等方面都达到一个新高度。这也是瓦特在历史上众多改良蒸汽机的工程师中被特别“供奉”的原因。

自瓦特以后的相当长的一段时间里，蒸汽机在应用过程中，还是不断地被加以改良。

特里维希克测试蒸汽机车的圆形轨道

1802年，英国发明家特里维西克[①]取得了高压蒸汽机的专利权，开拓了使用增加压强提高蒸汽机热效率和功率的方法。

1781年，英国研究蒸汽机的先驱霍恩布洛尔[②]取得了第一台复合式蒸汽机的专利，利用双缸使蒸汽二级膨胀，从而产生较高的热效率和功率。这种蒸汽机在1803年经过英国康沃尔郡的工程师伍尔夫[③]

① 特里维西克（Richard Trevithick，1771 ~ 1833）是英国发明家和采矿工程师。

② 霍恩布洛尔（Jabez Carter Hornblower，1744 ~ 1814）是英国蒸汽机发明家，其父乔纳森·霍恩布洛尔（Jonathan Hornblower，1717 ~ 1780）也是研究蒸汽动力的先驱。

③ 亚瑟·伍尔夫（Arthur Woolf，1766 ~ 1837）是英国工程师，以发明高压复合蒸汽机而闻名，他对康沃尔发动机的发展和完善做出了突出贡献。

的改良，在1803年取得专利，节约燃料达50%；后又经过多次改良，到1816年蒸汽机的热效率和功率又得到了很大的提高。

在被内燃机替代之前，蒸汽机在使用过程中，不断被改良，也正是蒸汽机的发明和改良，强有力地推进了英国的工业。

1820年前后，伍尔夫的蒸汽机被引入法国，从而开发了卡诺理想热机创建的新征程。

1851年伦敦世博会蒸汽机带动各种机械

1867年巴黎世博会的法考特蒸汽机

1873年维也纳世博会考里斯蒸汽机用皮带连杆驱动机器馆

美国总统和巴西国王开启1876年费城世博会考里斯蒸汽机

谈“核”色变的心理隐忧

当前，全世界的人们都在追求和平，要求销毁核武器，避免发生核战争，因为关于核武器的一切，甚至核电站发生核泄露事故，都是全世界永远的痛。

1945年2月，盟军在发动对日本的硫磺岛战役中，以付出6 871人阵亡、21 865人受伤的沉重代价取得胜利；1945年4月，盟军在冲绳战役中，以伤亡7万余人为代价取得胜利……虽然到1945年时盟军的胜利已成定局，但是由于日本军国主义的负隅（yú）顽抗（比喻依仗某种条件顽固抵抗），使盟军的每一次胜利都付出惨痛的代价。为了减少盟军伤亡，加速第二次世界大战结束的进程，迫使日本投降，并遏制苏联在远东的扩张，美国总统杜鲁门[①]决定，要在包括日本东京在内的六个城市（东京、京都、新潟（xì）、小仓、广岛、长崎）投掷原子弹。

最终经过权衡考虑，美军分别于8月6日在日本广岛、8月9日在长崎投下一颗原子弹，这是人类迄今为止在战争中唯一一次使用原子弹。当轰

① 哈里•杜鲁门（Harry S.Truman，1884～1972），美国民主党政治家，第32任副总统（1945年），随后接替因病逝世的富兰克林•罗斯福总统，成为第33任美国总统（1945年至1953年）。

炸机将这颗代号为“小男孩”的原子弹投放到广岛上空，在闪光声波和蘑菇状烟云之后，全城被火海和浓烟笼罩，原子弹爆炸处方圆14平方千米内有6万幢房屋被摧毁，寸草不生。在长崎爆炸的这颗代号为“胖子”的原子弹，全城27万人中当日就死亡6万余人。这两颗原子弹的爆炸迫使日本天皇在1945年8月15日宣布投降。

广岛、长崎核爆炸产生的蘑菇云

美国在日本广岛和长崎投下原子弹已经过去70多年了，人们已经充分地认清了原子弹对人类的伤害。对于美国在日本投下两颗原子弹，一直以来就存在质疑的声音。无疑，两颗原子弹是对日本军国主义的致命一击，是加速日本投降的重要因素，但原子弹下产生了许多冤魂，许多平民在这两次核爆中死亡，或受到核辐射。原子弹给日本广岛和长崎民众带来巨大灾难，原子弹爆炸后的凄惨画面犹如人间地狱。原子弹的威力不是吹嘘的，“美国和俄罗斯储备的原子弹能够把地球毁灭十余次”的论调也并非危言耸听。

长崎遭原子弹轰炸后的惨状

爱好和平的人们，绝对不希望原子弹在战场上再次被使用。

即便是将核能用于民用的核电站，一旦发生泄露，也会造成生灵涂炭。

想必大家对1986年4月26日发生在苏联乌克兰共和国切尔诺贝利核能发电厂的核泄漏事故还记忆犹新。这次事故使约1650平方千米的土地受到核辐射，32人当场死亡，上万人受到核辐射后致病或患重病。核辐射除了对临近的乌克兰、白俄罗斯、俄罗斯有严重的污染之外，由于大气环流等原因，受辐射的尘埃随着大气飘散到苏联的西部地区、东欧地区、北欧的斯堪地纳维亚半岛。此外，由于受到核辐射的影响，当地至今还有畸形胎儿出生。悲剧远远不止于此，专家认为，消除切尔诺贝利核泄漏事故的后遗症至少需要 800 年，而反应堆核心下方的辐射要被自然分化需要几百万年；事故造成 27 万人患上癌症，其中约 9.3 万人致癌死亡；事故会影响全球 20 亿人的生命安全……

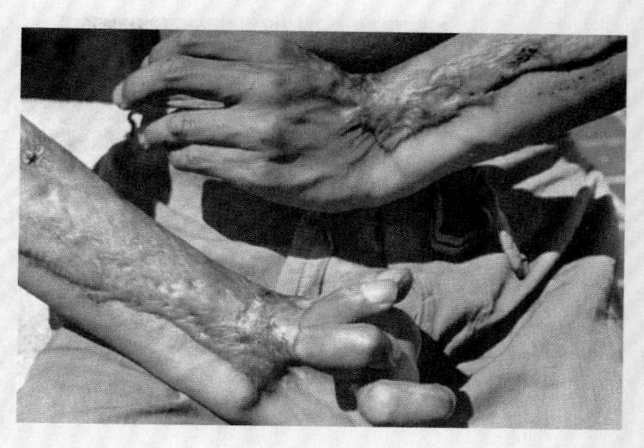
核辐射的受害者

如今，绝大部分追求和平的人们还在担忧核辐射和核爆炸的威胁，因为世界仍然处在核阴影的笼罩之下，朝鲜半岛核问题、伊朗核危机都表明国际关系中不稳定因素的存在。

为什么原子弹能有这么大的威力？核能这个既能造福人类，又能毁灭人类的潘多拉盒子是如何被打开的？

这一切都源自于放射性和放射性元素的发现。

1895 年，德国物理学家伦琴[①]在研究荧光现象的起因时发现了 X 射线；1897 年，英国物理学家汤姆生在研究引起荧光发生的阴极射线时发现了电子；物理学家们又在探索 X 射线产生的原因中发现了放射性。在 19 世纪末，电子、X 射线和放射性的三项发现，震惊了整个科学界，许多科学家认为，自然科学划时代的巨大变革即将发生。

在 19 世纪末，许多科学家都认为自然科学的理论体系大厦已经建成，这个体系是那么的完美。但是，新的发现却让人大跌眼镜，这个理论体系大厦竟然是如此的不堪一击！

从道尔顿建立现代原子论开始，到门捷列夫元素周期律的发现，科学家们都认为原子是不可分割的，自然界都在遵循人类已知的优美的数学规律在运行着。但是，新发现让人们刚刚建立起来的一套思路走向了覆灭，人们用无可辩驳的事实来说明，原子是由更小的微粒构成，而在这微观世界里，许多已知

① 威廉·康拉德·伦琴（Wilhelm Konrad Rontgen，1845 ~ 1923）是德国物理学家，因发现 X 射线而获得 1901 年诺贝尔物理学奖。可参阅《寻找层级世界》中的《幸亏砸中了伦琴这颗有准备的脑袋》一文。

放射性标志

的科学规律已经不再适用，微观世界的科学大厦需要重新建立。

1895 年 11 月 8 日，德国物理学家伦琴在进行阴极射线的实验时，首次注意到放在射线管附近的氰亚铂酸钡小屏上发出的微光，经过证实，这微光是由不知名的射线射到氰亚铂酸钡小屏造成的，所以把不知名的射线称为 X 射线。12 月 28 日，伦琴在《维尔茨堡物理学医学学会会刊》发表了发现 X 射线的第一篇报告。其后，伦琴又分别在 1896 年和 1897 年发表了自己继续研究 X 射线的论文。很快，伦琴发现 X 射线的消息传遍了全世界，成为科学界的奇事，甚至许多著名的科学家（如开尔文爵士）不相信 X 射线的存在，认为这就是一个骗局。当人们看到伦琴在实验室替他夫人拍摄的手掌骨骼 X 射线照片时，更引起了人们的兴趣、惊奇。这件事经过媒体的传播，对整个欧洲社会的影响很大，甚至出现了一些现在看来非常荒诞可笑的事：人们对 X 射线能穿透人体的恐慌，在英国伦敦的一家商场就打出了能防护 X 射线的内衣广告；在美国新泽西州议会还通过一项禁止关于 X 射线物品使用的决议。与现实生活不同的是，X 射线很快在医学上得到应用，也就是现在体检时在医院拍摄的 X 光片。但 X 射线到底是怎么产生的，它的本质是什么，这就是理论物理学家需要解决的问题，也成为当时非常热门的研究课题。

伦琴用这台感应圈使放电管发出阴极射线

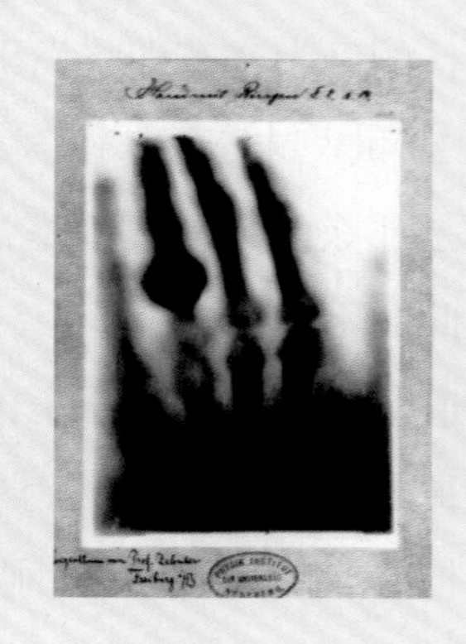
伦琴夫人手掌骨骼 X 射线照片

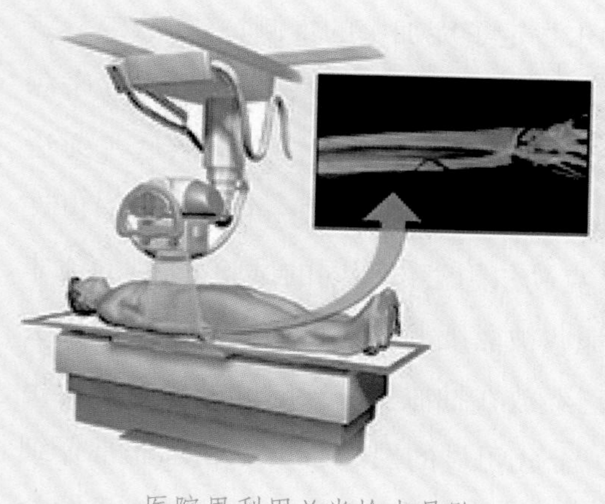

医院里利用X光检查骨骼

1896年1月，法国著名数学家和物理学家庞加莱在巴黎科学院的一次会议上介绍了X射线，并展示了用X射线拍摄的照片，引起与会科学家的关注和讨论，其中就包括法国著名物理学家贝克勒尔[①]。会后，贝克勒尔问庞加莱，X射线是如何产生的？庞加莱也不太知道，但他提出了自己的猜想，认为X射线可能与呈现在真空管玻璃壁上的荧光有着直接关系，因为从实验现象来看，X射线好像就是从真空管玻璃壁上发射出去的。此外，庞加莱还提出了一个让大家都非常感兴趣的问题：是否所有的荧光物质在太阳光的作用下都能放出类似于X射线呢？

庞加莱的见解当然不能令科学家信服和满意，因为伦琴已经发现了非荧光物质的金属铂，它的辐射X射线的能力比玻璃要强得多。但是，庞加莱的问题还是非常有价值的，因为贝克勒尔就对此问题“穷追不舍”。

就在听了庞加莱介绍后的第二天，贝克勒尔在自己的实验室里开始实验，试图证明庞加莱所说的荧光物质会辐射出一种看不见却能穿透厚纸使底片感光的射线。贝克勒尔通过多次实验后，终于发现铀盐具有这种效果，也就是说，庞加莱的推测是正确的。试验时，贝克勒尔拿两张厚黑纸把感光底片严严实实地包起来，使它们在太阳光下暴晒一天也不会被感光；然后，把铀盐放在黑纸包好的底片上，又让太阳晒几个小时，结果发现底片上显示了黑影。为了证实底片被感光是由射线造成的，贝克勒尔特意在黑纸包和铀盐之间夹了一层玻璃，再放到太阳底下晒。很明显，贝克勒尔的目的就是要排除某种化学作

① 安东尼·亨利·贝克勒尔（Antoine Henri Becquerel，1852 ~ 1908）是法国物理学家，因在放射学方面的深入研究和杰出贡献获得1903年度诺贝尔物理学奖。值得一提的是，贝克勒尔一家四代都是著名的科学家：他的祖父安东尼·塞瑟·贝克勒尔（Antoine César Becquerel，1788 ~ 1878）是电和发光现象研究的先驱，也是英国皇家学会会员；他的父亲亚历山大·爱德蒙·贝克勒尔（Alexandre-Edmond Becquerel，1820 ~ 1891）发现了光伏效应和太阳能电池的工作原理，并以发光和磷光的工作而闻名；他的儿子吉昂·贝克勒尔（Jean Becquerel，1878 ~ 1953）致力于晶体的光学和磁性研究。

用或热效应造成的干扰。这样，贝克勒尔肯定了庞加莱的推测，并在法国科学院的例会上报告了实验结果。几天后，贝克勒尔正准备进一步通过实验来深入研究这种现象，可是事有不巧，正遇上巴黎连续几天的连绵阴雨，底片无法晒太阳，贝克勒尔只好把所有底片和铀盐都包好后放入同一个抽屉里。也许是物理学家的灵感在作怪，又或者是贝克勒尔想尝试不同的试验，此时的他非常想知道，在没有太阳照晒的情况下，那些被黑纸严实包裹的底片会不会也会变黑？于是贝克勒尔鬼使神差般地把已经放在抽屉里一段时间的底片洗了出来。结果让他惊诧不已，底片上出现了十分明显的黑影。贝克勒尔非常仔细认真地检查了抽屉及周边的环境，唯一可以解释这些黑影产生的只能是铀盐作用的结果。贝克勒尔想，荧光物质在没有被太阳照射的情况下，不可能会产生射线；而现在底片被曝光了，说明这种射线与荧光物质完全没有关系，也就是说，庞加莱的推测是不正确的，这种射线根本不需要外来太阳光去激发就能产生。异常兴奋的贝克勒尔继续投入到实验中去，终于通过实验确证，这种射线是由铀元素自身发出的。贝克勒尔把这种射线称为铀辐射。

贝克勒尔在实验室

铀射线与 X 射线都有很强的穿透力，但两者并不是同一种射线，因为它们产生的机理不同。1896 年 5 月 18 日，贝克勒尔向法国科学院报告这个实验过程时认为，铀射线是原子自身的一种作用，只要有铀元素存在就会产生这种辐射。

这就是人类历史上首次放射性发现的过程。

虽然贝克勒尔发现铀元素放射性并没有如伦琴发现 X 射线那样轰动，但它对现代科学发展的意义比 X 射线更深远，因为它为核物理学的诞生投下了第一块基石。

许多史学家认为贝克勒尔的发现是一次偶然：如果不是庞加莱在法国科

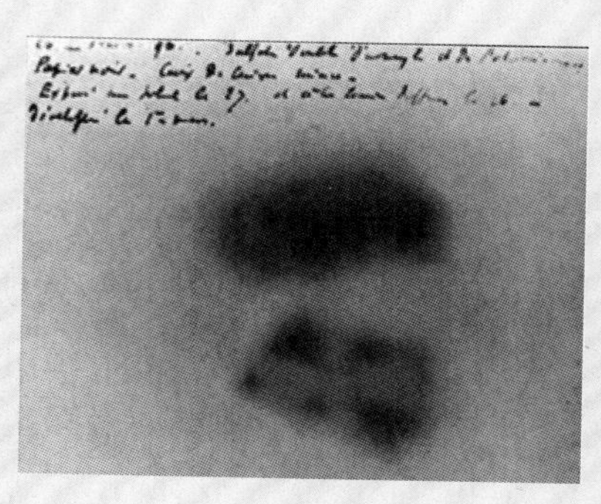

射线在底片上的显影

学院介绍X射线的发现;如果不是贝克勒尔向庞加莱寻问了X射线产生的机制;如果不是贝克勒尔把铀盐当作试验对象;如果不是那几天刚好遇到巴黎的阴雨天;如果不是贝克勒尔把未曝光的底片和铀盐一起放在抽屉里;如果不是他好奇地把没有曝光的底片拿出来冲洗……

还有无数个“如果”都有可能造成贝克勒尔发现不了铀盐的放射性。

但是,这些偶然的背后,还是存在诸多的必然。因为,在贝克勒尔于1895年所发生的一切科学研究,没有哪一个工作和行为显得异常“突兀”,一切都在贝克勒尔实验室里“完全合乎逻辑的”地发生,这就是放射性发现的必然性。

贝克勒尔的发现,后来被居里夫妇[①]称为“放射性”。现在,物理学家称其为天然放射性。虽然贝克勒尔在当时错误地认为天然放射性是某种特殊形式的荧光,但天然放射性的发现是划时代的事件,它为人类研究微观世界打开了一扇大门,为原子核物理学和粒子物理学的诞生和发展奠定了实验基础。

贝克勒尔因为“发现天然放射性”,和居里夫妇一起分享了1903年度的诺贝尔物理学奖。由于长期生活在放射性辐射之中,刚过50岁的贝克勒尔就已疾病缠身:时常感觉浑身瘫软,头发脱落,经常感到手上的皮肤像烫伤一样疼痛。1908年8月25日,这位放射性研究的先驱和发现者终于被他自己发现的放射性物质夺走了生命。

铀是一种放射性金属元素,也是能在自然界中找到的最重要的元素。铀为银白色,英文名Uranium,化学符号为U,熔点为1132.5℃。铀的化学性质非常活泼,可以和冷水反应,溶于盐酸和硝酸,在空气中光泽变暗,金属铀在空气中可以燃烧,放出大量热,发出耀眼的白光。

贝克勒尔的发现为几个月前因为X射线的发现而激动不已的物理学家们继续打了一针兴奋剂,物理学家们以亢奋的状态投入到

① 指法国物理学家皮埃尔·居里(Pierre Curie, 1859~1906)和他的夫人玛丽·居里(Marie Curie, 1867~1934)。

这些神秘的射线研究当中去。这些射线是怎么产生的？它们究竟从何而来？性质怎么样？除了铀元素能产生射线，还有其他元素吗？铀元素不断地向外辐射射线，似乎有“不竭”之势，这辐射的能量又从何而来？

历史在等待着一位名垂青史的科学家的出现，她正是我们所熟知的，被后人称为居里夫人的玛丽·居里。

居里夫人

居里夫人全名玛丽亚·斯克沃多夫斯卡·居里，1867 年 11 月 7 日出生于波兰华沙一个书香门第之家。1891 年年底，玛丽亚跟随姐姐到巴黎求学。1894 年的夏天，学成回国的玛丽亚在华沙找不到工作，因为在俄国统一下的波兰，女人想跟男人一样获得一份工作是非常不容易的。在皮埃尔的建议下，玛丽亚回到巴黎继续攻读博士学位。1895 年 3 月，皮埃尔获得了博士学位，并担任教授。1895 年 7 月 26 日，皮埃尔和玛丽亚结婚，这样玛丽亚就成为居里夫人了。

1896 年，贝克勒尔发现的放射性引起了居里夫妇浓厚的兴趣，居里夫人就选定对放射性的研究作为自己的博士论文课题。

在一个没有相关论文可以检索，没有任何文献资料可供参考的崭新领域，去研究一项全新的放射性现象，对居里夫人来说，简直无法入手。不过，居里夫人首先想到的问题就是：是否存在像铀一样会产生放射性现象的其他元素呢？而放射性又如何检测呢？

居里夫人首先想到的是她的丈夫皮埃尔曾经的研究成果和制作的精巧的探测器。原来，皮埃尔曾对晶体的电性能进行过研究，发现某些晶体在受压力时，一边产生正电荷，另一边产生负电荷，这就是“压电现象”。利用晶体的这种压电现象和受金箔验电器测量空气导电能力的启发，皮埃尔和他的哥哥——法国物理学家和矿物学教授保罗[1]共同制成了一台非常灵敏的装置，可用来检测非常微弱的电流。1896 年 6 月 12 日，居里夫人在《科学院报告》

① 保罗·雅克·居里（Paul-Jacques Curie，1855 ~ 1941）是法国物理学家和矿物学教授。

中刊载的《笔记》里记载了自己用这种方法来检测放射性，而且在其一生的研究历程中，都是用这种方法的。

有了研究的方向和检测的方法，居里夫人就把自己全部的精力投入到放射性研究当中去。她广泛收集并检测各种各样的铀盐矿石，并依据门捷列夫的元素周期律排列出有可以类似铀元素产生放射性的其他元素，并逐一进行放射性测定。显然，这样的工作是巨大的。功夫不负有心人，到1898年，第一批检测结果出来了，居里夫人发现了钍（tǔ）元素也会自动发出射线，而且钍射线与铀射线相似，射线的强度也较相近。很明显，这种由某些元素自发地向外发射射线的特征，并非铀元素的特性，显然这种射线被贝克勒尔称为“铀射线”是不合适的，居里夫人就给它取了一个新名称“放射性”，所以像铀、钍等能自发地产生放射线的元素，就叫做放射性元素。

在丈夫皮埃尔的协助下，居里夫人又测定了能够收集到的所有矿物。在测量中，居里夫人获得了重要的发现：在一种来自捷克的沥青铀矿中，它的放射性强度比原先设想的大得多！问题是这种铀矿中的铀含量并不大，但其放

居里夫妇在实验室

射性比铀本身的放射性还要强得多，唯一的解释是这种铀矿中还可能存在其他放射性比铀更强的元素。这个“异常现象”在独具敏锐洞察力的居里夫人的眼皮底下，绝不会给它“溜走”的机会。

接下来的工作就是居里夫人如何在这种铀矿中寻找新的放射性元素。居里夫人深知，要从沥青铀矿中提取含量极其微少的元素，这是何等艰难的事情，而且结果如何，亦未可知。但是，科学家特有的坚定信念与坚韧不拔的性格，使居里夫人毅然投身于这项未知的工作中去。居里夫人对科学孜孜以求的精神，也感召着皮埃尔，他放下自己正在研究的课题，一起投入到这场寻找新放射性元素的工作中去。

任何开拓性的垦荒，艰难而痛苦，但换来的也往往是巨大的丰收喜悦。1898 年 7 月，这对携手在铀矿中“大海捞针”的夫妇，以愚公移山的精神，经过锲而不舍的努力，在简陋的实验室中发现了新元素，它比纯铀的放射线要高出 400 倍。对祖国波兰有深切感情的居里夫人，为了纪念她饱经沧桑的祖国，把新元素命名为“钋”（pō）（元素符号为 Po，英文全名为 Polonium）。

1899 年 12 月，更不可思议的事情发生了：居里夫妇从沥青铀矿中又发现了一种比钋元素的放射性不知强多少倍的新元素（后来测得比铀强百万倍），这就是“镭”（元素符号为 Ra，是“射线”的意思）。在当时的科学界，还根本没有钋和镭的样品，所以化学家们不可能测定出钋和镭的相对原子质量，所以，没有人相信居里夫妇的发现是真实的。而唯一能够让那些怀疑者无话可说的，就是居里夫妇能提取出钋和镭的样品。但是，提取钋和镭比提取铀困难得多，因为含有钋和镭的沥青铀矿，在当时是一种非常昂贵的稀有矿物，这种矿物主要来自捷克的圣约阿希姆斯塔尔矿，而居里夫妇是一对经济相当拮据的“穷书生”，他们根本无力支付购买沥青铀矿所需的高昂费用。正当“山重水复疑无路”之时，居里夫妇想尽各种各样的办法，使获得这种珍稀的铀矿石有了“柳岸花明又一村”的希望：当时统治捷克的奥匈帝国政府决定，先捐赠一吨居里夫妇所需要的铀矿渣给他们，并且许诺，如果他们将来还需要这些铀矿渣，奥匈帝国政府会以最优惠的价格继续为他们提供。即便如此，居里夫妇还得为运送这吨铀矿渣到法国巴黎的运费而向亲戚朋友东挪西借。等到那第一辆运矿渣的马车来到家门口时，居里夫妇才长长地舒了一口气。

在铀矿渣里寻找钋与镭无异于大海捞针，而且这项工作是繁重的体力活。居里夫妇每次把20多公斤的废矿渣放入冶炼锅里加热熔化，要连续几个小时不间断地用一根粗大的铁棍去搅动沸腾的渣液。对于居里夫妇当时工作的实验环境，出生于拉脱维亚的德国籍著名化学家奥斯特瓦尔德在他的自传里是这样描述他访问镭诞生地的："这是介于马厩（jiù）和豆窖之间的某处地方，假若我不是看到装有化学仪器的工作台，那么我会以为这是在对我开玩笑。"的确，居里夫妇工作的实验室就如同马厩和豆窖般简陋，但就是在这样的条件下，居里夫妇成功地提取出镭。在居里夫人的眼中，这项工作虽然艰辛，但认为是他们夫妻渡过了"一生中最美好和最幸福的岁月"，即使他们"整天用我身长差不多的铁条去搅拌沸腾的物质""有时晚上疲乏得站都站不住了"。

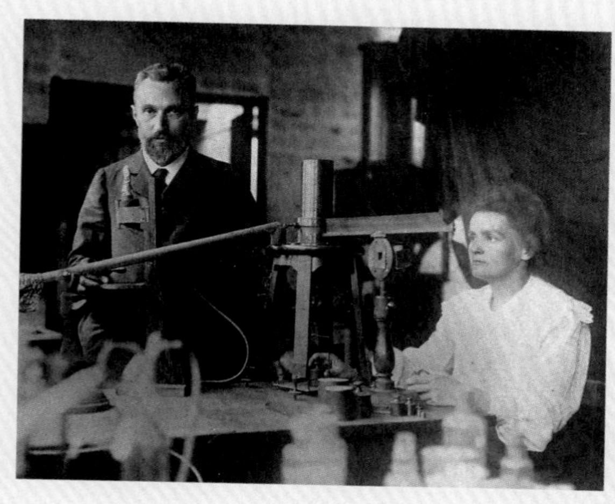

居里夫妇

居里夫妇以自己的体力劳动来处理大量的铀矿渣，使含有镭和钋的氧化物一起沉淀出来，然后通过分馏结晶的办法使它们分离开来。这样，每一次分离后，居里夫妇就对分离出来的物质进行放射性强度测量。通过一次次分离，分离物的放射性强度越来越高，也代表着镭的含量越来越高，这一次次的小成功鼓舞着他们在艰难的条件下继续研究下去。居里夫妇凭借他们科学的研究方法和思维方式，以及高超的实验技术，加上坚韧不拔的意志，克服种种困难，终于登上了科学的高峰。

经过四年艰苦卓绝的工作，到1902年11月，居里夫妇经过无数次的分离、测定，终于提取出了0.1克的氧化镭，并测定出了镭元素的相对原子质量是225，确定了它在元素周期表中的位置。

1903 年，居里夫人以《放射性物质的研究》为题目的博士论文通过了答辩。双喜临门的是，也正是在这一年，因为居里夫妇在放射性现象研究中所做出的卓越贡献，他们和贝克勒尔一起获得了 1903 年度的诺贝尔物理学奖。1911 年，居里夫人还因为“发现了镭和钋元素，提纯镭并研究了这种引人注目的元素的性质及其化合物”而获得诺贝尔化学奖，成为诺贝尔奖历史上少有的两次得奖的科学家，也是历史上第一个获得诺贝尔奖的女性。

当然，当时对放射性的研究，不只是贝克勒尔和居里夫妇。1899 年，年仅 25 岁的法国化学家德比尔[①] 从沥青铀矿中发现放射性元素“锕”（ā，一种放射性元素，由铀衰变而成）。德比尔是居里夫妇的亲密朋友，而且他的工作也与居里夫妇有很大的关系。德比尔将沥青铀矿溶解后，加入氨水，于是新元素锕与稀土同时沉淀分离出来。

在短短的几年内，铀、钍、锕、钋、镭等放射性元素相继被发现和分离出来，这引起科学家们极大的兴趣与关注，科学家们也用无可辩驳的事实说明，放射性元素所产生的放射性并不受光线、温度等影响，即使进行化学反应也不会影响放射性射线，所以它们与一般物质的物理性质和化学性质是完全不同的。简单来说，单质的碳（游离态的碳元素）具有可燃性，当碳元素转化为化合态时，化合物中的碳就没有可燃性了。但放射性元素却完全不同，不管放射性元素处于游离态的单质还是化合态的化合物，它们的放射性仍然不变。这样，我们可以认为放射性就是放射性元素固有的性质。

同时，科学家们推测，放射性原子能自发地放出射线，说明原子本身在发生变化，而且原子内部还是有结构的。

这样，人们传统的物质观受到了严重的挑战，经典的物理学理论体系大厦也摇摇欲坠。一些科学家不甘心已经非常“完美”的物理学大厦就这样被推倒，试图把这些新发现纳入到旧理论框架内，但无济于事，物理学需要建立一坐新大厦才能容得下他们，当然旧的大厦不是被彻底推倒，而是容纳着它原来容纳的宏观世界的内容物。

就在许多科学家在新实验面前哀叹之时，也代表着物理学革命的到来和

① 安德烈·路易斯·德比尔（André-Louis Debierne，1874 ~ 1949）是法国化学家。

新学科的诞生，人们直接闯进了原子和原子核的内部，开启了新的对未知世界的征程。

最后值得一提的是，1906年4月19日，皮埃尔在一场马车车祸中丧生，居里夫人陷入深深地哀恸（tòng）之中。1911年，法国巴黎新闻报在11月4日发表了一篇标题为《爱情故事：居里夫人与郎之万[①]教授》，传言丈夫在世时，居里夫人就与其丈夫的学生朗之万过从甚密（相互往来很多，关系密切）。此事有恶语中伤、添油加醋之嫌，但寡居的居里夫人与科学家郎之万之间的恋情却是事实。由于郎之万是有妇之夫，此事被媒体报道后满城风雨。后来，郎之万未能与他的妻子离婚成功，而且还让她的妻子拿到了居里夫人写给他的情书，此情书又被报纸刊登出来。一时间，巴黎的各种报纸都在炒作这段绯闻。被世人认为最浪漫城市的巴黎，并不能容忍这位波兰籍的“女性科学家小三”，居里夫人被人们恶毒地称为“波兰荡妇”。所幸，著名科学家爱因斯坦等人认为，如果他们是相爱的，这件事谁也管不着。

郎之万

① 保罗·朗之万（Paul Langevin，1872~1946）是法国物理学家。他是反法西斯知识分子警觉委员会的创始人之一，因而在维希政府时期声望大受影响，但法国光复后声望得到恢复。主要贡献有朗之万动力学及朗之万方程。

站在巨人肩膀上孕育而生的能量守恒定律

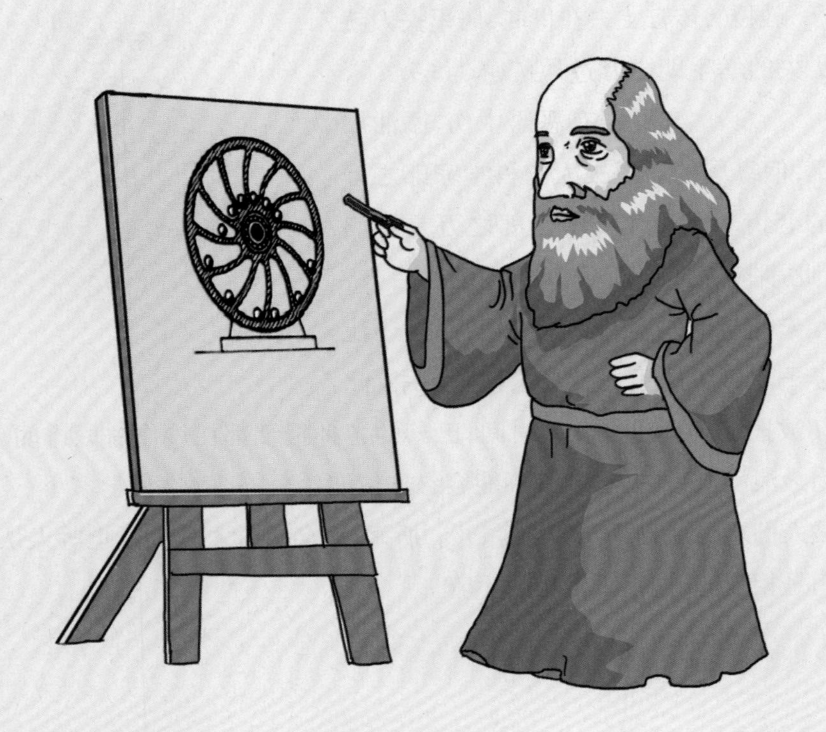

能量的转换与守恒定律，也叫能量守恒定律，是自然界中最普遍、最重要的基本定律之一。无产阶级革命导师恩格斯将它与细胞学说、生物进化论一起誉为19世纪三大自然科学发现。也确实，不管是微观粒子世界还是宏观物质世界，甚至是宇宙空间世界，无不遵循能量守恒定律。

但能量守恒定律在最终确定之前，经过了漫长的探索，这其中既有对热的本质的认识过程中所走弯路的“拨乱反正”，也有对以蒸汽机的发明与改良为代表的探索[①]，更有基于科学家们不断站在巨人肩膀上进行的实验研究。

---

① 关于对热的本质的认识的热质说和改良蒸汽机，可参阅本书《热质说覆灭记》和《蒸汽机的“十八变”》。

此外，对永动机的研究，也为能量守恒定律的最终确立提供了另一个线索。

永动机起源于何时，已经不可考证了。据传，产生制造永动机的想法最早来源于印度，大约在12世纪传入欧洲。历史上研究永动机的人不计其数，但都以失败告终。其中，有两位代表性的永动机设计者值得一提：

早期最著名的永动机设计者是法国人亨内考[①]。亨内考是一位艺术家，一生绘制了大量的设计图，许多都是他根据自己在各地参观时的实地记录而设计的。我们现在能看到的，是亨内考大约在1230年绘制了永动机设计图。

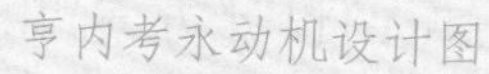

亨内考永动机设计图

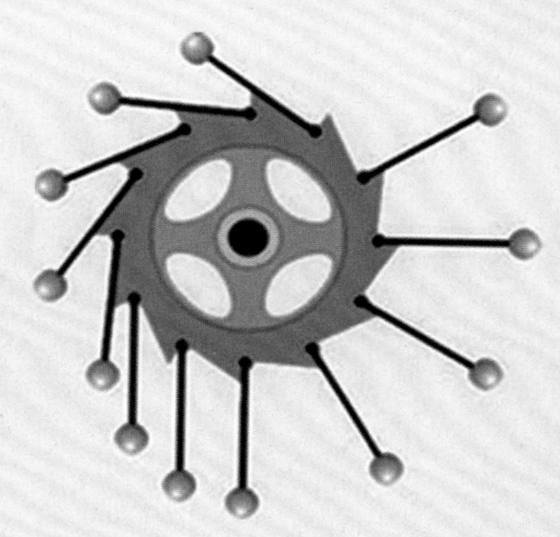

亨内考永动机方案

从右图中可以看出，将一个大轮子的中央固定在转动轴上，在轮子边缘上安装若干个可活动的短杆，每个短杆的一端装有一个铁球。在亨内考看来，右侧小球的力矩（力与力臂的乘积）要大于左侧的小球，所以大轮子就沿着顺时针转动。殊不知，右侧的小球数量小于左侧，如果比较左右两侧小球的总力矩，其实它们是相等的。

到了文艺复兴时期，意大利著名画家达·芬奇[②]也制造了一个类似的装置。在我们的印象中，达·芬奇是一名著名的画家。其实，达·芬奇为人类文

① 亨内考（Villard de Honnecourt，生卒年不详）是13世纪法国艺术家。

② 列奥纳多·达·芬奇（Leonardo da Vinci，1452 ~ 1519）是欧洲文艺复兴时期意大利天才的科学家、发明家、画家。现代学者称他为“文艺复兴时期最完美的代表”，是人类历史上绝无仅有的全才，他最大的成就是绘画，杰作有《蒙娜丽莎》《最后的晚餐》《岩间圣母》等作品。此外，他还擅长雕塑、音乐、发明、建筑，通晓数学、生理、物理、天文、地质等学科，既多才多艺，又勤奋多产，保存下来的手稿有6 000多页。他全部的科研成果尽数保存在他的手稿中，爱因斯坦认为，达·芬奇的科研成果如果在当时就发表的话，科技可以提前30~50年。

明发展的贡献，不仅仅只在绘画艺术方面，他是欧洲文艺复兴时期一位思想深邃、学识渊博的全能学者，不但许多画作成为千古名画，而且他还是一名颇为成功的天文学家、发明家和建筑工程师。此外，达·芬奇还擅长雕刻、音乐，通晓数学、生理、物理、地质等学科。就像爱因斯坦评价的一样，如果达·芬奇的研究成果在当时都能及时发表的话，人类的科技发展可以提前 30—50 年。

达·芬奇自画像

达·芬奇的永动机方案

如果仔细对比达·芬奇和亨内考的永动机设计方案，就会发现它们的原理是类似的。而达·芬奇在对自己设计的永动机方案进行研究后，认为永动机是不可能实现的。根据达·芬奇的设计方案，由杠杆平衡原理可知，右边每个重物施加于轮子的旋转作用虽然较大（因为力臂大），但是右边的重物的个数却较少。同样，如果进行精确的计算，左右两侧重物施加于轮子的相反方向的旋转作用（力矩）恰好是相等的，它们互相抵消，使轮子达到平衡状态，而不可能自发而永远地旋转下去。

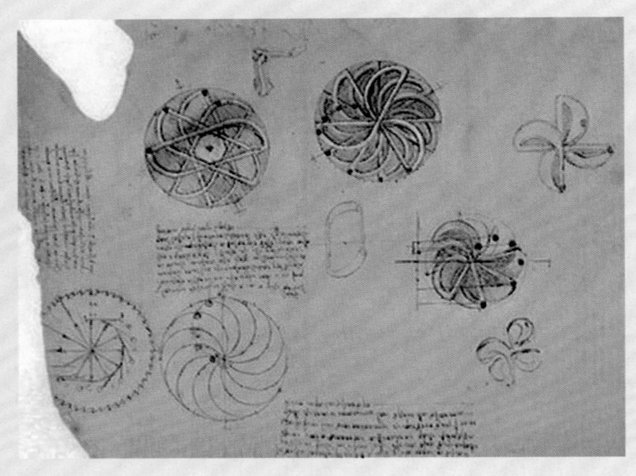

达·芬奇永动机手稿

当然，历史上关于永动的研究资料简直汗牛充栋（形容藏书非常多），有兴趣的话可以阅读崔莹等人所著的《永动机的神话》[①] 一书。

荷兰工程师斯蒂文[②] 通过解决共点力的平衡问题，也得出了永动机是不可

① 机械工业出版社 2012 年 9 月出版。

② 西蒙·斯蒂文（Simon Stevin，1548 ~ 1620）是荷兰数学家、物理学家和军事工程师。斯蒂文链是用 15 个重量相同的光滑小球等距地连成一根链条，挂在光滑的直角三棱柱上，此链可沿柱面两边滑动。该

能的结论，并由此得出了三力共点的平衡条件。

斯蒂文

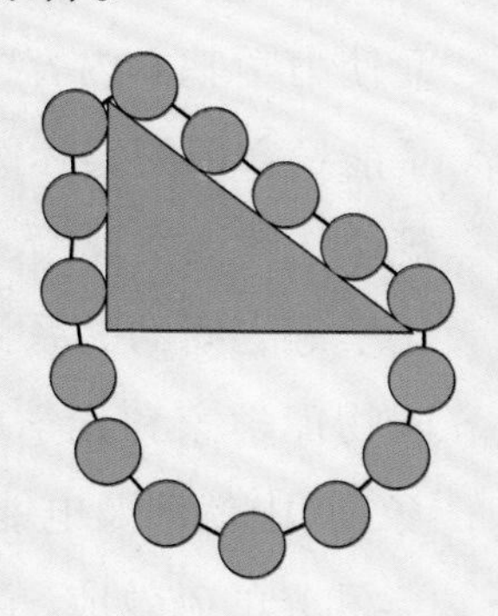

斯蒂文证明斜面上的平衡

有这么多科学家证明永动机是不可能的，研究永动机的热情是不是锐减了呢？其实不然，看看历史上研究永动机的案例，我们就知道，永动机的“魅力”太大了，如果它真得可能存在的话，则已经建立的常规科学将全部被颠覆，许多物理学规律都要重写，世界也由此变得不同。正因为它有如此大的魅力，一大批探索者“前赴后继”，有些人甚至将终生的热血都奉献给了制造永动机，而有些人就打着永动机的旗帜，“挂羊头卖狗肉”，到处行骗。这样，一些已经从长期所积累的经验中，认识到制造永动机是没有成功的希望的国家，就对研究与探索永动机给予了限制。如在1775年，法国科学院就做出决定，其管辖下的期刊不再刊载有关永动机的设计和论文。1917年，美国专利局决定，任何关于永动机发明的专利申请，将不再受理。

为什么永动机是不可能的，简单地说，它违反了能量守恒定律。从历史的角度来看，正因为发明永动机受到了挫折，给最终确定能量守恒定律提供了有力的例证。

此外，物理学、生物学和化学方面的发展，为能量守恒定律的最终确定创立了条件。

装置图画在1586年斯蒂文著的《静力学原理》一书的封面上。根据这种装置，斯蒂文提出了这样的问题：在自由状态下球链将呈现什么状态？因为棱柱较长一边的小球比较短一边的小球多，有人会认为由于重量不同，链子会持续从右向左运动。如果真的如此，我们就可以给这个装置加上一些齿轮和传动部件来无限久地带动各种机器而无需任何消耗了。但是斯蒂文否定了这种可能性，他认为链子应处于平衡状态意味着斜面上由链子连成的小球，其重力形成的拉力随着斜面与水平面之间的夹角的减小而减小。由于左右两个斜面上的小球的数目明显地与这些斜面的长度成正比，由此斯蒂文便得出斜面原理：放在斜面上的一个物体所受的沿斜面方向的重力与倾角的正弦成正比。

哈密顿

1835 年，爱尔兰物理学家哈密顿[1]提出了哈密顿原理，从而使力学基本内容中又增添了机械能守恒定律，这样就形成了能量守恒的实际例证。到 19 世纪二三十年代，随着电磁学规律陆续被发现，人们对自然界中的电与磁、电与热以及电与化学等之间的关系做了深入的研究，取得了巨大的成就。英国物理学家和化学家法拉第最著名的发现就是电磁感应现象，其中就涉及电能转化为机械能；此外，法拉第发现的电化学和光的磁效应，也分别涉及电能转化为化学能和光能转化为磁能。在表述这些能量转化的过程中，法拉第非常明确地表示出他对“力”（法拉第时代还没有能量的概念，他所说的“力”相当于现在的能量）的统一性和等价性的理解，也就是说，法拉第已经具备了“不同形式能量，它们的本质是相同的”观念。1821 年，德国物理学家塞贝克[2]发现，由两种不同金属连接而成的回路，当两个接点的温度不同时，回路中便会出现电流，即两个金属接点之间存在着温差电动势（电压），这种现象称为温差电效应，这种装置称为温差电偶。温差电现象充分说明自然界之间的不同的“力”是可以互相转化的。

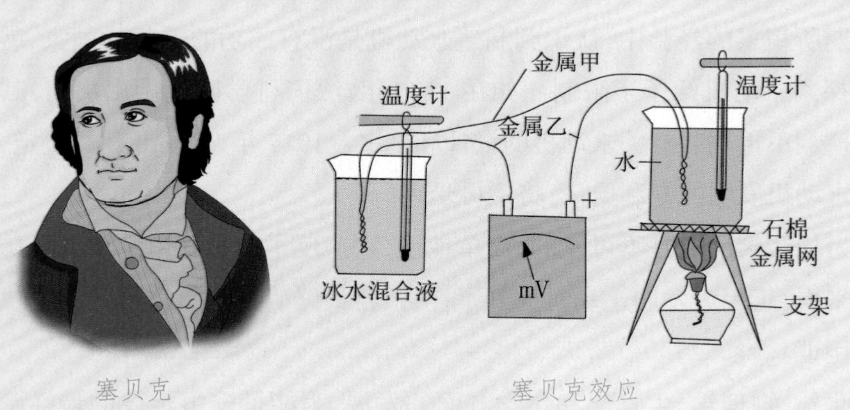

塞贝克　　塞贝克效应

在生物学与化学等方面，法国化学家拉瓦锡与法国科学家拉普拉斯合作，证明了某些化学反应过程中所释放的热量，等于其逆反应过程中所吸收的热量。德国化学家李比希在研究过程中推测，动物的体热和其机械活动所需要的

① 威廉·卢云·哈密顿（William Rowan Hamilton，1805 ~ 1865）是爱尔兰数学家、物理学家和天文学家。
② 塞贝克（Thomas Johann Seebeck，1770 ~ 1831）是德国物理学家。

能量，可能来自于食物的化学能。德国药剂师和化学家莫尔[①]认为，除了54种（当时已知的）化学元素之外，自然界还有一种动因叫做“力”，它在适当的条件下可以表现为运动、化学亲和力、凝聚、电、光、热和磁等。莫尔认为，只要有了其中一种形式的“力”，就可以转化为其他任何形式的“力”。

到了19世纪40年代前后，在欧洲的科学界，已经弥漫着“各种自然现象之间是相互联系的并可以相互转化的”观念与思想，这为创立能量守恒定律奠定了基础。

德国医生和热力学奠基人之一的迈尔对能量守恒定律有开创性的研究。1814年11月25日，迈尔出生于德国符腾堡的海尔布隆，他的父亲是一名药剂师。迈尔在海尔布隆高中毕业后，进入蒂宾根大学学习医学。1838年获得博士学位后，在巴黎逗留了一段时间，于1840年2月22日作为荷兰的随船医生去印度尼西亚旅行。在旅途过程中，迈尔就对动物体温问题非常感兴趣。当船队在印度加尔各答登陆时，船员因水土不服而生病，于是迈尔根据欧洲古老的医疗方法给船员们放血治疗。依据迈尔的经验，如果在德国，这种病只需在病人的静脉血管上扎一针，就会有一股黑红的血流出来，病就可得到医治；但在这里，从病人静脉里流出的仍然是鲜红的血。起初迈尔还以为自己扎错了血管，后经过确认自己没有错误后，引发了迈尔开始思考这样的问题：人的血液之所以是红色的，是因为里面含有丰富的氧，氧在人体内“燃烧”产生热量，维持人的体温。印度的天气非常炎热，人并不需要很多的氧气“燃烧”来维持体温，所以静脉里的血仍然是鲜红的。那么，氧气到底在哪里“燃烧”产生热量呢？如果在心脏，一个最多500克的器官，即便它彻夜不停地运动，也无法产生能维持人体生命活动和维持体温的热量。这样，迈尔最终认为，这些热量是人体从食物中得到的，而不论吃肉吃菜，都一定是由植物而来，植物是靠太阳的光热而生长的，那太阳的热量又是从哪里来的呢？迈尔推出，太阳中心的温度约有27 500 000℃（现在我们知道是15 000 000℃）。

迈尔

① 卡尔·弗里德里希·莫尔（Karl Friedrich Mohr，1806～1879）是德国药剂师和化学家。

最终，迈尔将这些问题归结到“不同形式之间的能是可以相互转化的”结论上来。但能量到底是如何转化（转移）的？当时许多人对永动机进行研究，结果都以失败而告终，这些事给迈尔留下了深刻的印象，让他形成“机械功根本不可能产生于无”的观念。1841 年 9 月 12 日，迈尔在给友人的信中提到，“对于我的理论来说，极为重要的仍然是解决以下这个问题：某一重物（例如 100 磅）必须举到地面上多高的地方，才能使得与这一高度相应的运动量和将该重物放下来所获得的运动量正好等于将 1 磅 0℃的冰转化为 0℃的水所需要的热量”。迈尔回到德国汉堡后，通过自己的深入研究与思考，写成了一篇《论无机界的力》的论文。但在当时，人们普遍认为，不同形式之间的热能是不可能发生转化的。所以当迈尔将他的论文投到专业的物理学期刊《物理年鉴》时，却得不到发表。1842 年 3 月，迈尔又把这篇论文寄给了《药剂学和化学编年史》的主编、德国化学家李比希，最终于 1842 年 5 月得到发表。在这篇论文中，迈尔认为，一重物从大约 365 米高处下落所做的功，相当于把同重量的水从 0℃升到 1℃所需的热量。

1842 年，迈尔用一匹马拉机械装置去搅拌锅中的纸浆，比较了马所做的功与纸浆的温升，给出了热功当量的数值。我们比较迈尔和焦耳的实验[①]发现，迈尔的实验更粗糙，但即便如此，由于迈尔早期对能量守恒的研究，让他成为最早表述能量守恒定律的物理学家，所以他深知这个问题的重大意义。1842 年底，迈尔在写给友人的信中说：“我主观认为，表明我的定律的绝对真理性的是这种证明：即一个在科学上得到普遍公认的定理：永动机的设计在理论上是绝对不可能的（这就是说，即使人们不考虑力学上的困难，比方说摩擦等等，人们也不可能成功地由思想上设计出来）。而我的断言可以全部被视为从这种不可能原则中得出的纯结论。要是有人否认我的这个定理，那么我就能建造一部永动机。”但迈尔的论文并没有引起当时人们的关注，这既有人们思想观念的原因，更有迈尔论文本身的缺陷 —— 这篇论文不但内容非常简要，而且也没有准确的定量计算。后来，迈尔还针对自己的研究写了第 2 篇论文，论证了太阳是地球上所有生命与非生命能源的最终来源。但依旧石沉大海。

① 卡尔•弗里德里希•莫尔（Karl Friedrich Mohr，1806 ~ 1879）是德国药剂师和化学家。

迈尔的人生充满了悲情[①]，他此后的人生非常不顺遂，除了研究成果不被别人认可之外，生活上的打击最终使他精神失常。直到1862年，能量守恒定律陆续被人们肯定和接受后，人们才重新认识到迈尔工作的价值，这也算给一生郁郁不得志的迈尔一个很好的交待了。

1858年，德国物理学家亥姆霍兹承认，自己在最终确定能量守恒定律之前，阅读过迈尔1852年发表的论文，并对迈尔在能量守恒定律上的贡献给予肯定。德国物理学家和数学家克劳修斯也认为迈尔是能量守恒定律的最早发现者，并且克劳修斯把这一事实告诉了爱尔兰物理学家丁达尔[②]。1862年，丁达尔在伦敦英国皇家学会上系统介绍了迈尔的工作，这样，迈尔的成就才得到社会的公认。

亥姆霍兹

能量守恒定律的最终确定，与亥姆霍兹和焦耳[③]的研究工作是分不开的。

亥姆霍兹是德国著名物理学家、数学家、生理学家和心理学家。1821年8月31日，亥姆霍兹生于波茨坦。亥姆霍兹17岁中学毕业后，由于家庭经济困难，在军队服役8年后以优异的成绩考取了在柏林的皇家医学科学院的公费生。在大学学习期间，亥姆霍兹到柏林大学旁听了许多化学和生理学课程，自修了法国科学家拉普拉斯，法国科学家毕奥[④]和瑞士科学家伯努利[⑤]等人的数学著作，以及德国著名哲学家康德的哲学著作。1842年，亥姆霍兹获得医学博士学位后，被任命为波茨坦驻军军医。在这段时间里，亥姆霍兹开始

丁达尔

① 可参阅《谁是主宰者》中的《“光合作用”风雨发现路》一文。
② 约翰·丁达尔（John Tyndall，1820 ~ 1893）是爱尔兰物理学家。
③ 关于焦耳的工作，可参阅本书《焦耳是谁》一文。
④ 让·巴蒂斯特·毕奥（Jean-Baptiste Biot，1774 ~ 1862）是法国著名物理学家、天文学家和数学家。
⑤ 丹尼尔·伯努利（Daniel Bernoulli，1700 ~ 1782）是瑞士数学家和物理学家，以发现液体力学中的“伯努利原理”而闻名。

研究生理学。1845 年,亥姆霍兹发表了一篇与著名化学家李比希不同观点的小论文,认为动物体中的食物的燃烧热,不可以直接等同于构成这些食物的化学元素的燃烧热。1847 年 7 月 23 日,亥姆霍兹在德国物理学会发表了关于力的守恒的演讲,论述了他的能量守恒的基本思想,第一次以数学的方式提出能量守恒定律。亥姆霍兹主要的论点包括:

一切科学都可以归结到力学;强调了牛顿力学和拉格朗日力学在数学上是等价的,因而可以用拉格朗日的方法,用力所传递的能量或它所作的功来量度力;所有这些能量是守恒的。

当然,这个结论是亥姆霍兹发展了迈尔和焦耳等人的研究成果,讨论了当时在力学、热学、电学、化学等领域已知的科学成果,严谨地论证了各种运动中的能量守恒定律。亥姆霍兹后来根据这次演讲内容,写成了专著《力之守恒》并出版。在这本著作中,亥姆霍兹还从永动机不可能实现的事实入手,研究发现了能量转换和守恒原理。在热力学研究方面,亥姆霍兹在 1882 年发表论文《化学过程的热力学》,把化学反应中的"束缚能"和"自由能"区别开来。亥姆霍兹认为,化学反应中的"束缚能"只能转化为热,而"自由能"却可以转化为其他形式的能量。

值得一提的是,当亥姆霍兹把自己在德国物理学会上发表的演讲整理成文字投稿给专业期刊《物理学编年史》时,这篇文章的命运几乎与 6 年前迈尔的稿件一样,该杂志也以没有实验事实依据为借口拒绝刊登。

但是,以亥姆霍兹的著作《力之守恒》为标志,代表着能量守恒定律正式诞生,且被越来越多的人接受。

由于不同物理学家研究的角度不同,能量守恒定律有三种不同的表述方式:永动机不能实现、热力学第一定律、能量转换与守恒定律。

前文已经提到,大约在 1475 年到 1824 年之间,人们对永动机进行了广泛的研究,最终发现了永动机不可能造成的这一事实,这是能量守恒定律的事实性描述。

同时,我们也把能量守恒定律称为热力学第一定律,这是对能量守恒定律的科学解释。热量这一概念大约在 18 世纪就已经提出了,但当时由于受"热质说”的影响，认为热量就是热质的量。1829年，法国工程师和数学家蓬斯莱[1]在研究蒸汽机的过程中，非常明确地定义“功是力和距离之积”。而能量的概念则是1717年瑞士数学家约翰·伯努利[2]在论述虚位移[3]时所采用过的；到1805年时，英国医生和物理学家托马斯·杨把“力”改称为能量。但是，他们的定义却未被人们所接受，所以我们现在见到的迈耳、焦耳和亥姆霍兹的论文和著作中，还是用“力”来称呼能量。当时，由于“能量”概念没有厘清，特别是“热质说”的错误观念还没有被完全清除，这对于建立能量守恒定律非常不利，所以“力”的守恒原理一直没有被大多数人接受。不过，像英国著名物理学家汤姆生和德国物理学家克劳修斯在前人的研究基础上，提出了热力学第一和第二定律，并由此建立了热力学理论体系的大厦。1850年，克劳修斯在《物理学和化学年报》第79卷上发表了《论热的动力和能由此推出的关于热学本身的定律》的论文。在这篇文章中，克劳修斯指出当时的卡诺定理是以理想气体为工作物质的可逆卡诺循环，其热效率仅取决于高温及低温两个热源的温度。以热力学第二定律为基础，可以将之推广为适用于任意可逆循环的普遍结论，称为“卡诺定理”。要证明它的正确性，必须用热运动说再加上其他方法才能加以证明。热力学第一定律就是能量守恒定律，它的内容是这样表述的：自然界一切物质都具有能量，能量有各种不同的形式，能够从一种形式转换为另一种形式，从一个物体传递给另一个物体，在转化和传递中能量的数量不变。1853年，汤姆生重新提出了能量的定义，这样，人们开始把牛顿的“力”和表示物质运动的“能量”区别开来，并广泛使用。在此基础上，英国物理学家兰金[4]才把“力的守恒”原理改称为“能量守恒”原理。

1860年后，能量守恒定律很快成为自然科学的基石。但是，有物理学家发现，当时的能量守恒原理的发现者们，还只是从量的守恒上去概括定律的名称，还没有从变换、转换的角度去命名。大约在1875年前后，能量守恒定

① 蓬斯莱（Jean-Victor Poncelet，1788 ~ 1867）是法国工程师和数学家。

② 约翰·伯努利（Johann Bernoulli，1667 ~ 1748）是瑞士著名的数学家，因其对微积分的卓越贡献以及对欧洲数学家的培养而知名。是丹尼尔·伯努利的父亲，可参阅《不再孤独》一书中的《叹为观止的伯努利家族》一文。

③ 在分析力学里，给定的瞬时和位形上，虚位移是符合约束条件的无穷小位移。由于任何物理运动都需要经过时间的演进才会有实际的位移，所以称保持时间不变的位移为虚位移。

④ 威廉·约翰·麦克康·兰金（William John Macquorn Rankine，1820 ~ 1872）是英国物理学家，机械工程师。

律在表述上发展成“能量的转化和守恒定律”，这样的表述更加精确了，也更加符合事实。

这样，能量的转化和守恒定律就有了从三个不同角度来表述，这三种表述在本质上是相同的，但后一种比前一种更深刻。

当然，一种科学定律的命运，永远是动态的、变化的、发展的，这才是科学的本质特征。1905 年，爱因斯坦发表了著名论文《关于光的产生和转化的一个启发性的观点》，在这篇文章中，爱因斯坦创造性地揭示出质能守恒定律，即在一个孤立系统内，所有粒子的相对论动能与静能之和在相互作用过程中保持不变，称为质能守恒定律。爱因斯坦著名的质能方程非常简洁，公式为：

$$E=mc^2$$

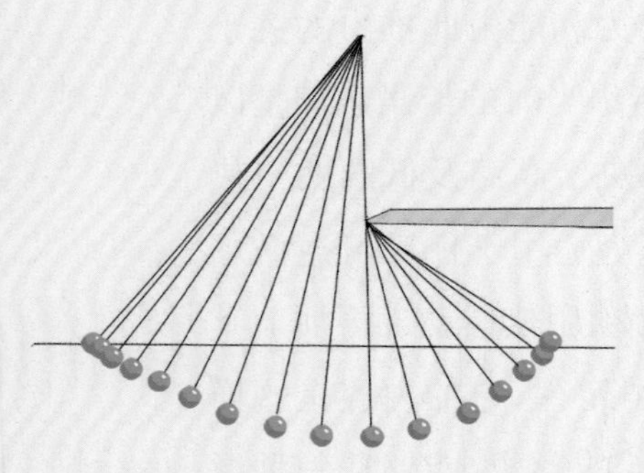
能量守恒定律

公式中，E 代表能量，m 代表质量，c 代表光速。公式反映了质量与能量之间的联系，这为人类发展核能提供了理论基础。

在 20 世纪初，德国女数学家诺特[①]在物理学领域提出了关于对称性探索的诺特定理。诺特定理指出：如果运动定律在某一变换下具有不变性，则必相应地存在一条守恒定律。也就是说，诺特定理把对称性和守恒量联系起来了，非常有用。是指对于力学体系的每一个连续的对称变换，都有一个守恒量与之对应。对称变换是力学体系在某种变换下不变。例如：对物理定律不随着空间中的位置而变化给出了线性动量的守恒律；对于转动的不变性给出了角动量的守恒律；对于时间平移的不变性给出了著名的能量守恒定律。如果加以推广，在量子力学范围内也成立。

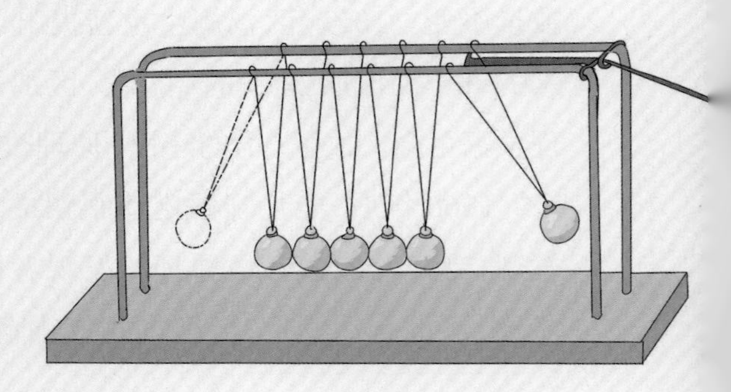
牛顿摆

对于能量守恒定律，还有许多值得我们继续深入研究的地方。

① 艾米·诺特（Emmy Noether，1882 ~ 1935）是德国女数学家，以其对抽象代数和理论物理学的重要贡献而闻名。

HUAIZHE PINGHENGXIN
ZHUIXUN ZOUGANGSIZHE

第4章

怀着平衡心 追寻走钢丝者

人们探索维生素和血型的秘密，分享血压和血压计的故事，攀登血液循环的高峰，这是一条多么漫长而又崎岖的路！而这一切最关键的在于：有了转化，就必须要有平衡，就必须要有那些伟大的走钢丝者。而能掀起生理学“哥白尼革命”之风的哈维，对医学的发展做出了跨时代的贡献。

维生素的秘密

当你在刷牙时经常性地牙龈出血，很可能是因为缺乏维生素C的摄入，建议你平时多吃一些富含维生素C的新鲜蔬菜和水果。

维生素的种类不仅仅只有维生素C一种。日常生活中，人们也将维生素称为维他命，是维持人体生命活动必需的一类有机物质，也是保持人体健康的重要活性物质。维生素在人体内的含量非常少，但其重要意义却不言而喻。在人的生长、发育、代谢等生命过程中，都要有维生素的参与。各种维生素的化学结构和性质有很大的差异，但它们也有共同的性质。如维生素都是以维生素原（维生素前体）的形式存在于食物中；在人体七种营养素中，维生素不属于能量物质，它也不是构成人体细胞和组织的物质，但它参与机体新陈代谢；绝大部分的维生素是人体自身无法合成的，即便少数维生素可以由人体自身合成，但合成的量也比较少，无法满足日常生命活动的需要，所以绝大部分的维生素是从食物中摄取的；虽然人体正常生命活动对维生素的需要量很小，经常用毫克甚至微克来计算，但它们是必不可少的，一旦缺乏就会引发相应的维生素缺乏症，对人体健康造成损害。

各类新鲜果蔬中富含维生素

人类对缺乏维生素而造成的疾病有较早的认识，但真正认识并命名维生素还是在1912年，由波兰生物化学家冯克[①]称它为“维持生命的营养素”。

冯克

回溯人类对维生素的认识，最早约起始于3 000多年前。有资料记载，当时的古埃及人发现，只要给夜盲症[②]患者多吃一些动物的肝脏，夜盲症就会好转，甚至被治愈。虽然他们并不清楚动物肝脏里到底含有什么，但已经对维生素有了非常朦胧的认识。

中国唐代著名医药家孙思邈（miǎo）曾经发现，在某地的穷人中，许多人的皮肤非常粗糙，并患有“雀目（夜盲症）”，被称为“穷病”。孙思邈认为，可以用动物肝脏来防治夜盲症，用稻谷的谷皮熬粥可以防治脚气病。孙思邈的观点当然是有道理的，谷皮中含有丰富的维生素B1，对脚气病恰好是对症下药。

① 卡西米尔·冯克（Casimir Funk，1884 ~ 1967）是波兰生物化学家。

② 夜盲症就是在暗环境或夜晚视力很差或完全看不见东西，俗称“雀蒙眼”，是视网膜杆状细胞缺乏合成视紫红质的原料或杆状细胞本身的病变造成的。当人体缺乏维生素A时会患夜盲症，而动物肝脏中含有丰富的维生素A。

15 世纪时期，欧洲大陆各国的航海事业蓬勃发展，航海家们在远航的过程中，发现船员们长期缺乏新鲜蔬菜、水果而出现了一些特别的疾病症状。葡萄牙探险家和航海家达・迦马曾三次率领远洋船队，沿东非海岸进入印度洋，最后到达印度。在此长期的海上航行过程中，船员们曾患过严重的坏血症。

1497 年 7 月 8 日正要从里斯本港出发的达・迦马

1497 年 7 月 8 日，受葡萄牙国王派遣，达・迦马率领由 4 艘船、170 名队员组成的船队，从葡萄牙里斯本港口出发，开辟通向印度的海上航路。船队经过加那利群岛，并绕过非洲最南端的好望角，再经过莫桑比克、肯尼亚的蒙巴萨和马林迪等地，终于在 1498 年 5 月 20 日到达印度西南部的卡利卡特。

当达・伽马与印度的统治者签订贸易协定后，船队按照原航线返回了。但返航的航程艰难至极，虽然船队并不缺少食物，但饮食单一，缺乏新鲜的蔬菜、水果，越来越多的船员逐渐患病：刚开始时它们牙龈肿痛出血，溃烂坏死，导致牙齿松动脱落；严重者皮下淤斑，内脏出血；患者精神萎靡，神疲力乏，步履艰难，最后贫血消瘦，直至死亡。这就是典型的坏血病症状。当达・迦马率船队回到葡萄牙时，船队只剩下两艘船和 55 名船员，绝大多数人是从印度的卡列卡特折返马林迪的途中死亡的。

达・伽马在卡里卡特登陆

同样的事件也曾经发生在著名的葡萄牙探险家和航海家麦哲伦[1]身上。1519 年，麦哲伦率领西班牙远洋船队[2]从南美洲东岸跨过后来由他发现的麦哲伦海峡向太平洋进发。三个月后，船队中有些船员牙床破损，有些船员鼻子血流不止，有些船员浑身乏力，因此死亡的人数不少，但他们并没有找到原因。按照船员日记记录的病人症状，船员们患的就是坏血症。

1734 年，在一艘开往格陵兰的轮船上，有一名船员得了严重的坏血病，随船医生对此束手无策，其他船员只好把他抛弃在一个荒岛上。当这名昏迷不醒的患者在岛上呆了几天苏醒后，用岛上的野草充饥，想不到他的病竟然奇迹般地痊愈了。

自从 17 世纪以来，世界各国都有关于食用柑橘类水果预防和治愈坏血病的说法。如英国东印度公司的外科医生伍德尔[3]就曾经向远航的海员们推荐柑橘类水果来预防和治疗坏血病，但他的建议并没能得到推广和广泛应用。真正用柑橘类水果来预防和治疗坏血症的，是英国外科医生林德[4]。

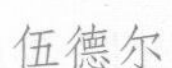

伍德尔

1716 年 10 月 4 日，林德出生于苏格兰首府爱丁堡。15 岁开始学医，师从欧洲最有名气的医生，有“荷兰的希波克拉底”之誉的布尔哈夫[5]。1739 年，林德成为英国皇家海军外科医生助理，开始了他在几内亚、西印度群岛、地中海和英吉利海峡驻军医疗服务。在此期间，林德发现许多远航的船员都会受到一种后来被称为“坏血病”的疾病

林德

① 斐迪南·麦哲伦（Fernando de Magallanes，1480 ~ 1521）是为西班牙政府效力的葡萄牙探险家、航海家和殖民者。1519 ~ 1521 年，麦哲伦船队完成环航地球，麦哲伦在途中死于菲律宾部落冲突，船上的水手在他死后继续向西航行，回到欧洲，并完成了人类首次环球航行。可参阅《寻找层级世界》一书中的《争相“拥抱”地球的时代》和《“半神半兽”麦哲伦》两文。

② 可参阅《寻找层级世界》中的《“半人半兽”麦哲伦》一文。

③ 约翰·伍德尔（John Woodall，1570 ~ 1643）是英国军医、化学家、商人、语言学家和外交官。

④ 詹姆斯·林德（James Lind，1716 ~ 1794）是英国外科医生，海军军医。

⑤ 赫尔曼·布尔哈夫（Herman Boerhaave，1668 ~ 1738）是荷兰植物学家、基督教人文主义者和欧洲著名医生。

侵害，并对此疾病非常感兴趣。当时的英国，航海业发展非常迅速，皇家海军非常强大，英国俨然已经成为一个海上大国，远航时患上坏血病的海员非常普遍。解决远航船员受此疾病的困扰，对于整个国家的安全和发展，有重大意义，所以林德下定决心要探寻解决这个问题的办法。其后，他带着"如何预防海员患坏血症"这个问题进入爱丁堡大学学习。通过对近千例坏血病病历对比研究，林德发现患坏血病的病人大多发生在被围城之中或远征探险之时，这些船员都因为食物单一，没有新鲜蔬菜和水果食用。林德由此相信，这种疾病是由饮食问题导致的，通过饮食的改善就能治愈。1747 年，林德在远航的船上做了一个非常著名的实验：他让 12 名患严重坏血病的海员都吃完全相同的食物，但让其中的两个患者每天吃两个橘子和一个柠檬，另两人喝苹果汁，其他人则只喝酸醋、海水或一些当时认为可治愈坏血病的药物。过了 6 天，吃橘子和柠檬的两名患者的病情逐渐好转，而其他患者的病情并无转变。1748 年，林德以优异成绩获得爱丁堡大学医学博士学位，又继续回到英国皇家海军任军医。此时，林德除了继续用他的柑橘类水果饮食疗法治疗坏血病外，同时观察记录了舰船上容易引发坏血病、斑症伤寒、痢疾等疾病的不良卫生情况，提出了改进船上环境清洁和通风的提议，并建议在热带海域建立海上医院，以收容患病船员。1754 年和 1757 年，林德分别在他的《论坏血病》《保护海员健康的最有效的方法》等论文中介绍了他的饮食疗法。但就像伍德尔的建议一样，林德的研究成果也没有引起英国海军当局的重视，因为能防治坏血病的柑橘类水果必须是新鲜的，只有新鲜的柑橘类水果才含有丰富的维生素 C，但是在当时的状况下，远航的舰船中很难长期保持蔬果新鲜。1758 年，林德出任哈斯拉海军医院的主任医师时，建议海军当局采用柑橘类作为海上规定饮食中的一种主要成分，但当时的海军还是没有认真采纳此法。

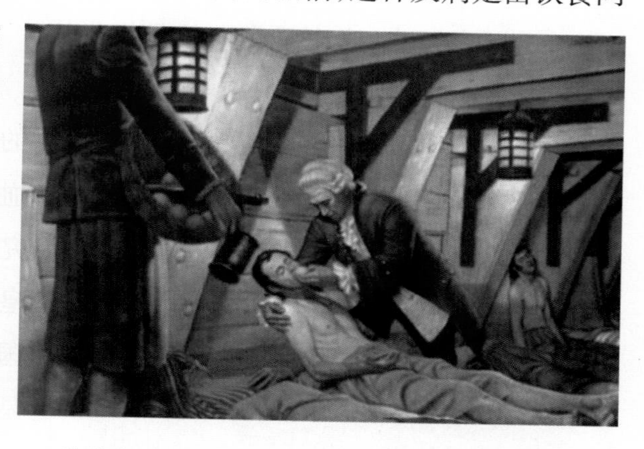
林德医生用柑橘类水果饮食疗法治疗坏血病

当时英国皇家海军也有成功预防坏血病的案例。英国著名的航海家库克[①]在他第二次奉命出海太平洋时，他的船员就没有一人患过坏血病。库克曾三度奉命前往太平洋，他是首批登陆澳大利亚东岸和夏威夷群岛的欧洲人，也是欧洲船只首次环绕新西兰的航海家。在第二次太平洋航行过程（1772 ~ 1775）中，库克经常向船员提供充足的新鲜蔬菜和水果，防止船员患坏血病。回国后，库克把这方面的研究成果写成详细的报告提交给英国皇家学会，这使他在 1776 年获得英国皇家学会颁发的科普利奖章。但是，英国皇家海军对此法能防治坏血症还是迟疑不决。

库克

库克船长的航程（地上的水果为柑橘类）

1795 年，即林德去世后的第 2 年，英国海军在对法国革命政权的严酷战争中，终于采纳了林德生前的建议，给海军士兵们食用酸橙汁，从此坏血病在英国海军中得到根除。

正是林德对保护海员健康和防治坏血病等疾病做出了杰出贡献，被后人称为“英国海军卫生学之父”。

19 世纪末，日本海军不断发展壮大，士兵们常受脚气病的困扰，研究防治脚气病也有新的突破。1882 年，一艘名叫“龙骧”号的日本军舰从东京驶向新西兰。在 272 天的远航过程中，有 169 名船员出现全身浮肿、肌肉疼痛、四肢无力等脚气病症状，其中严重者 25 人死亡。当时的日本军医高木兼宽[②]经过调查后发现，脚气病的发生与吃精米有关。

---

① 詹姆斯•库克（James Cook，1728 ~ 1779）是英国著名的航海家、探险家和制图师，人称库克船长。

② 高木兼宽（1849 ~ 1920）是日本海军军医总监，以通过食物改良，在脚气预防方面最先获得成功之人而著称。

1849 年 9 月 15 日，高木兼宽出生于日本九州最南端的鹿儿岛县一名木匠家庭，幼名藤四郎。青少年时跟随兰方医生石神良策[①]学医。庆应三年（1867 年）末，藤四郎被任命为随军医生开赴京都，从此改名兼宽，并继承了先祖的“高木”之姓。1875 年，高木兼宽在恩师石神良策的推荐下，成为日本海军派往英国留学的第一名医学生。五年的留学生涯，兼宽以获得 13 次优秀奖和名誉奖的优异成绩结束了学业回到日本。1880 年 12 月，高木兼宽被任命为日本海军病院院长。次年，高木兼宽开始了一直困扰着日本海军士兵的脚气病的调查研究。

高木兼宽

脚气病并不是我们现在所说的“香港脚”（“香港脚”是由一种真菌感染的脚癣），脚气病患者，刚开始感觉到两脚麻木，行动不便，慢慢地这种麻木感蔓延到上肢，严重者会突发心脏疾病而死亡。因为这种病开始于足部，所以古人称之为“脚气”。自江户时代（1603 ~ 1867）开始，脚气病就已经成为日本医学界普遍关心的疾病之一，也出现了大批以“脚气”为名的医学专著，但这些专著对脚气的解释，都认为是感受“水毒”之气，所以病从脚起；而由脚气病引起的突发心脏病变，则是中国唐代以来传入的说法，称之为“脚气冲心”。1868 年明治天皇建立了新政府致力于发展海军，随着海军规模不断扩大，海军士兵患脚气者也不断增加。由于日本皇族中也有人死于脚气病，所以政府曾投入大量资金成立专门的研究机构和医院来研究脚气病，但效果甚微。

作为海军病院院长的高木兼宽有责任攻克这个长期以来困扰的难题。高木兼宽的研究从医学典籍和实践调查开始。他发现，西方基本没有脚气病的案例，所以在日本的西方医生并不认识这种疾病，只把它作为日本特有的风土病，认为是“血液的变质”或“由微生物传染”导致的。其中，认为脚气病是由微生物传染导致的看法，是由于受到法国微生物学家巴斯德[②]的影响，认为疾

①19 世纪以前，日本的医学主要是汉方医学，但 19 世纪时，荷兰医学也由长崎传入日本，称之为兰方医，与汉方医相对，这有点类似中国的中医与西医之分。石神良策（1821 ~ 1875）是兰方医生。

② 路易斯·巴斯德（Louis Pasteur，1822 ~ 1895）是法国著名的微生物学家、爱国化学家，以发明“巴

病都是由微生物引起的，何况脚气病容易发生在人口稠密的东京，而且夏季高温多雨，这非常符合传染病流行的环境，所以他们认为脚气病是一种传染病。但高木兼宽从调查统计的资料中发现，秋冬季节同样也有不少脚气病患者，显然不能单从季节考虑病因。1875 年“筑波”舰的一份航海记录引起了高木兼宽的关注，因为该舰在一次赴海外训练时，有 160 天的航程，意料之中地的出现了大量的脚气病患者，但仔细辨别这些脚气病患者的发病日期，发现都不在停靠于美国港口期间。同样的“奇怪”现象还有：1877 年的一份去澳大利亚的航海记录，在远航过程中有大量的士兵患脚气病，但停靠在澳大利亚港口时却无人患病。为什么士兵们在靠岸期间不会患脚气病？这其中有什么奥秘呢？高木兼宽开始实地调查访问“筑波”舰的官兵，了解他们在泊港时的生活情况。最终高木兼宽认为患脚气病可能与士兵的饮食有关。

高木兼宽还发现，脚气病患者中以普通士兵居多，军官却极少，这是由当时日本海军普通士兵和军官在饮食质量上有很大差异造成的。日本海军普通士兵一般出生于贫困家庭，他们按照规定只需交纳购买米、酱、咸菜的基本金额，拼命地把“菜金”的支出节省下来以资家用。这样，许多士兵都会营养不良。但军官待遇好，不会出现营养不良的情况。这些都强化了高木兼宽“是饮食造成了脚气病”的认识。1882 年，高木兼宽改任“海军医务局副长专任”，不再担任院长之职，也有更多的时间去钻研脚气病。高木兼宽把调查研究的工作集中在日本海军士兵的饮食结构上。高木兼宽发现，当时日本海军士兵食物中蛋白质与碳水化合物摄入比是 1 : 28，而不是正常的 1 : 15，也就是说，日本海军士兵的饮食中，蛋白质含量极低。这样，他认为脚气的真正病因是由于食物

日本当年的军粮：“日之丸便当”。成分是：大米，食盐，咸梅干

氏消毒法”而闻名，此法沿用至今。

中的蛋白质过少引起的。

由于日本长久以来就想发展海军，有成为海洋大国的野心。而当时横亘在现实与野心之间的，就有严重困扰日本海军士兵的脚气病这个因素。这刺激了高木兼宽加快速度寻找到预防治疗脚气病的方法。此时的高木兼宽深信，只要增加每位士兵的蛋白质摄入量，并仿照西方海军士兵饮食结构，将面包代替米饭，就能解决预防脚气病的发生。

但是，要想全面推行改变海军士兵饮食结构的政策，并非易事。在军费不能增加的前提下，这种改变意味着士兵们再也不能节约"菜金"补贴家用了，而许多士兵之所以服兵役，就是看准了这项可以为贫困家庭补贴家用的机会。另外，日本人的饮食习惯除了鱼类之外，对牛肉等畜牧肉类并不太习惯，况且以面包代替米饭，这也是无法接受的。所以即便高木兼宽如何言之凿凿地说改变饮食结构可以预防脚气病，但这样的改变已经损害了海军士兵的"核心利益"，政策无法推行。1884 年，35 岁的高木兼宽被任命为总管海军全部医疗事务的最高责任人，虽然他的提议没有被推行，但他在东京海军病院中进行实验，希望以无法辩驳的实验事实来说服海军高层对海军士兵的饮食进行改良。高木兼宽通过对 10 名脚气病患者的四周饮食进行对比实验后发现，食用富含蛋白质食物的脚气病患者的病情有较大好转，实验效果非常明显。此时，高木兼宽设法越过海军高层直接向政府要员推行他的研究成果，这在当时的日本，有"大逆不道"之嫌。但高木兼宽的坚决果敢，最终使他的建议被日本海军陆续接受并实施，但这个过程非常艰辛，也惊险！

高木兼宽屡屡游说重臣、面谒天皇、争取到 5 万元特别航海费，这无疑是向海军省[①]"以身家性命为担保"来说明自己的饮食改良对防治脚气病是有效的。1885 年 2 月 3 日，在高木兼宽的坚持下，"筑波"舰改变原来的航程，与"龙骧（xiāng）"舰航程完全相同。通过这次"筑波"舰航行时出现的脚气病患病率，与"龙骧"舰进行对比，就可以直观地看出改良饮食是否有效。

高木兼宽这次给士兵准备的每日食谱是：

米 675 克；面 75 克；豆类 45 克；鱼类 150 克以上；肉类 300 克以上；牛乳

① 是公元 1872 年至公元 1945 年间日本帝国海军的军事行政机关。

45 克;油脂类 15 克;砂糖 75 克;咸菜 75 克;蔬菜 450 克;水果适量;酒类 187.5 克;茶 7.5 克;酱 52.5 克;酱油 60 克;醋 7.5 克;香料 1.125 克;盐 7.5 克。

1885 年 5 月 28 日,茶饭不思、焦灼煎熬中的高木兼宽终于接到"筑波"舰从新西兰发来的第 1 次海员健康电报,统计表明有 4 人表现出"轻微的胫(jìng,小腿)部浮肿"症状,但无需服药治疗。这样的结果并未让高木兼宽有丝毫的宽慰,因为"龙骧"舰在这段航程中也只有 3 名脚气患者出现。到了夏季,终于从海军省获得"佳音",从 1 月至 6 月份统计结果显示,日本全体远航的海军士兵 5638 人中,脚气病患者仅有 145 名,这个数目相比去年同期的 525 名已经减少了四分之三!这说明海军士兵饮食改良对预防脚气病的效果是十分明显的。但是,那些认为脚气病是传染造成的人还是坚持认为,这次脚气病患病率大大降低与传染病固有的流行周期有关。这样,高木兼宽只能把最有说服力的证据寄托在有对比性的"筑波"舰上。到了秋季,高木兼宽收到了"筑波"舰从南美智利发来的第 2 份健康状况报告。这次有 6 名海军士兵患了轻微的脚气病,其中 4 名在航行途中痊愈了,2 名在泊港后恢复健康。这样的结果也并非与"龙骧"舰有本质的区别,因为"龙骧"舰在这段航程中脚气患者也只有 7 名。最关键的结果还是在从智利到夏威夷的这段航程中。10 月 9 日晚,心情忐忑不安的高木兼宽终于接到了"筑波"舰抵达夏威夷时发回来的第 3 次健康状况报告:"脚气一例未有,请安心!"这份电文对高木兼宽来说,无疑是天籁之音。而最后正式的航海报告显示,"筑波"舰此次航行全程中共有 15 名士兵患脚气病,其中 8 人是因为饮食习惯问题无法按规定食用肉类,而另 4 名未饮用炼乳。这个结果相比相同行程的"龙骧"舰的"169 名患者,其中 23 人死亡"的结果,简直是天壤之别。

谷物、肉类里富含维生素 B1

客观地讲,高木兼宽的成功并不是科学研究上的成功,而仅仅是一种经验性的成功,更是一种巧合的成功,因为脚气病是由于食物中缺乏维生素 B1 造成的,而高木兼宽根据实践经验,通过改良的食谱

谷物、肉类里富含维生素 B1

增加蛋白质，恰好富含蛋白质的食物大多也富含维生素 B1。

西方学者在科学研究上十分注重独创性，以及研究成果的实用性，高木兼宽的工作非常符合这样的标准，所以他的事迹被许多研究与介绍维生素的欧洲学者在专著中广泛传颂。但是，高木兼宽对脚气病的理论性解释并不科学，虽然他不认为脚气病是致病微生物引起的，但他认为是精米（碳水化合物）中含有某种毒素造成的，而蛋白质却具有解毒（中和）的功能。高木兼宽曾在调查脚气病的资料时，看到过汉方医远田澄庵[1]“脚气其原在米”的言论，这对他具有极强的启发意义，所以高木兼宽也不只是强调增加蛋白质，而是提倡以麦代米。现在我们知道，以麦代米对防治脚气病有效果，是因为相对精米来说，麦里含有丰富的维生素 B1。

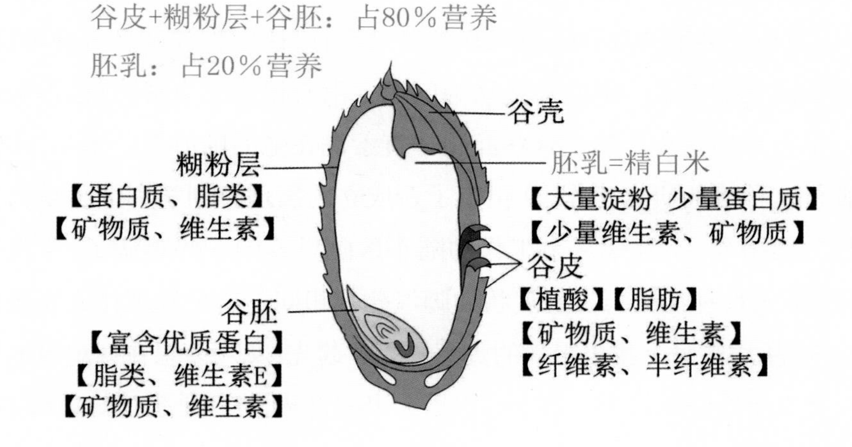

精米在加工过程中，除了脱壳外，还要用木杵去捣，以去除稻米外层中富含维生素 B1 的糠。经过加工的精米，口感和外观都比糙米要好，但维生素 B1 的含量大大下降

与高木兼宽认识非常相类似的，是 1886 年被派往印度尼西亚的荷兰医生艾克曼[2]。艾克曼发现，米糠具有治疗脚气病的作用，因此他与英国的生物化学家霍普金斯[3]分享了 1929 年度的诺贝尔生理学或医学奖。

① 远田澄庵（1818 ～ 1890）日本中医。

② 克里斯蒂安•艾克曼（Christiaan Eijkman，1858 ～ 1930）是荷兰医生和生理学教授。

③ 弗雷德里克•霍普金斯（Frederick Hopkins，1861 ～ 1947）是英国生物化学家。

1858 年 8 月 11 日，艾克曼出身于荷兰的书香门第，父亲是一所学校的校长，艾克曼是七位兄弟姐妹中最小的。艾克曼的哥哥约翰 · 弗雷德里克 · 艾克曼也是一位化学家[①]。

1875 年，艾克曼成为荷兰阿姆斯特丹大学军事医学院的学生，在那里他以优异的成绩成长为一名陆军医务人员。1883 年 7 月 13 日，艾克曼获得博士学位。其后，他在东印度群岛的荷兰殖民地成为一名医生。由于他染上了疟疾，不得不在 1885 年返回欧洲治病。回到荷兰的艾克曼先后在阿姆斯特丹和德国柏林的实验室找到了差事，进行他的科学研究。

自 1888 年 1 月 15 日至 1896 年 3 月 4 日，艾克曼一生中最重要的研究工作都在这段时间里完成。当时东南亚各国普遍流行脚气病，严重影响了殖民地统治者和被殖民者的健康。荷兰政府派出一个调查"脚气菌"的团队前往印度尼西亚，艾克曼作为助手参与了这项工作。调查团的科学家和医生们认为，脚气病是一种多发性的神经炎。医生们从脚气病人血液中分离出了一种细菌，认为是这种细菌导致了脚气病的蔓延，所以认定脚气病是一种传染病。随后调查团就撤走了。但艾克曼认为问题并没有得到完全解决：这种病如何防治？是否真的是传染病？这些问题一直萦绕在他的脑海里。于是，艾克曼继续进行这种病的研究工作，并担任了新成立的病理解剖学和细菌学的实验室主任。1890 年，艾克曼从事工作的陆军医院里养的一些鸡病了，这些鸡得的就是"多发性神经炎"，发病症状和脚气病状相同。这个发现让艾克曼很高兴，他决心从病鸡身上找出得病的真正原因。起先，艾克曼想在病鸡身上检测细菌。艾克曼给健康的鸡吃从病鸡胃里取出的食物，也就是想让健康的鸡"感染"上脚气病菌，但结果出乎意料：健康的鸡竟然安然无恙。这个实验说明病菌并不是引起脚气病的原因。1893 年，艾克曼再次来到印度尼西亚的爪哇岛。当时岛上居民正流行严重的脚气病。艾克曼用了很多办法来医治这种脚气病，但病情并没有好转。很快，艾克曼自己也被"传染"上了，而且连用来做实验的鸡也未能幸免。但非常奇怪的是，艾克曼的那些患脚气病的病鸡很快不治而愈了。艾克曼认真观察研究那些病鸡的行为，终于发现，鸡是否患脚气

① 约翰 • 弗雷德里克 • 艾克曼（Johann Frederik Eijkman，1851 ~ 1915）是荷兰化学家。

病与食物有关：那些只吃精米的鸡就容易患上脚气病，而那些吃粗饲料的鸡则安然无恙。于是，艾克曼自己也改吃粗粮，很快脚气病就痊愈了。艾克曼通过分析认为，稻米生长时，其谷粒外包裹着一层褐色的谷皮，稻谷辗出来后还带有这种皮就是糙米，而去掉这层谷皮就成为精米。印尼人喜欢吃精米，也给鸡吃这种精米煮的剩饭，所以一段时间后，鸡与当地的人一样，患上多发性神经炎。这样想来，艾克曼认为在谷皮中有一种重要的物质，人体若缺乏这种物质，就会患多发性神经炎。艾克曼想通过自己的实验来证实自己的推测。艾克曼又选出几只健康的鸡，开始时喂养它们精米，过一段时间后，这些鸡果然患上了多发性神经炎。然后艾克曼改用糙米来喂这些病鸡，这些鸡神奇般地又都痊愈了。艾克曼反复做这样的实验。最后，艾克曼可以随心所欲地使鸡随时患病，又随时恢复健康。后来，艾克曼还把监狱里的犯人分成两组进行类似的实验：一组只让犯人吃精米，另一组则让他们吃糙米；结果吃精米的那一组犯人患脚气病的比例远远高于另一组。这样，艾克曼就把糙米当作“药”，给许多患脚气病的人吃，果然“药到病除”。艾克曼还把米糠浸泡出来的水用某种薄膜过滤出来，发现这种滤液也有类似的功效。于是艾克曼认定，那奇特的物质不但溶于水，而且是小分子，因为大分子不能透过薄膜。根据这项发现，艾克曼否定了脚气病是由细菌引起的说法。但是，艾克曼还是错误地认为，精米中含有一种毒素，而米糠中恰好含有解毒的物质。

1897 年，艾克曼将自己的研究成果写成论文在学术刊物上公开发表，引起科学家浓厚的兴趣，生理学家们纷纷对此进行深入的研究。1901 年，艾克曼的学生格里金斯[①]通过研究发现，精米中并没有什么“毒素”，粗粮中也没有什么“解毒”物质，这是精米中因缺乏某种存在于粗粮之中的因子。虽然格里金斯还是没有弄清精米中缺乏的物质是什么，但他所倡导的理论是正确的。刚开

① 格里金斯（Gerrit Grijns，1865 ~ 1944）是荷兰生理学家。

始，艾克曼非常反对自己学生的见解，但后来随着研究的深入，在 1906 年还是接受了格里金斯的观点。

1911 年，艾克曼终于成功地从米糠中初步提炼出这种物质。这是一种可以溶于水或酒精的物质；能透过薄膜，是一种小分子物质；可以用来治疗脚气病。

同年，日本农业化学家铃木梅太郎[①]也从稻米壳中提取了预防治疗脚气病的白色晶体，取名为维生素 B1。但是铃木梅太郎的工作并没有在科学界引起多大的反响，这与他在西方科学界的影响力和地位有关。

波兰科学家冯克在阅读了艾克曼关于“食用糙米可以比食用精制白米的人减少患脚气病的可能”的文献后，决定将糙米中的这种成分分离出来。1912 年，经过千百次实验后的冯克，终于成功地分离出了治疗脚气病的有效成分并发表了这项研究成果。因为这种物质含有氨基，所以被他命名为 vitamine，这是拉丁文的生命（Vita）和氨（-amin）缩写而创造的词，在中文中被译为维生素或维他命。冯克还证明，如果人体缺少这种物质，就会容易疲倦、食欲不振、浑身酸痛，并患上脚气病。冯克发现的维生素与铃木梅太郎发现的维生素 B1 是相同的东西，但当时的科学发展前沿阵地主要在欧洲和美国，冯克很快被人们所熟知，所以他被认作是维生素的发现者。冯克后来又发展了自己的理论，认为维生素还可以治疗佝偻病、糙皮病等；还定义了当时存在的几种营养物质，如维生素 B1、维生素 B2、维生素 C 及维生素 D。1936 年，冯克确定了硫胺（àn）的物质结构，后来又第一个分离出了烟酸（维生素 B3）。再后来，科学家发现了许多和这种维生素相似，但功能并不相同的维生素，都把它们归为一类，称做 B 族维生素。按照发现的先后，在这个家庭成员中分别以阿拉伯数字作标记，分别称作 B1、B2…… B17。

如今，科学家发现的维生素种类更多了。为了便于记忆，维生素就按 A、B、C 一直排列到 L、P、U 等几十种。

① 铃木梅太郎（1874 ~ 1943）是日本农业化学家和营养学家，著有《植物化学生理学》《维生素》《荷尔蒙》《食品工业》等。

探索血压和血压计的故事

当我们去医院体检时，测量血压是其中必不可少的项目。

血压是血液在血管内流动时，作用于血管壁上的压力，它是推动血液在血管内流动的动力。心室收缩，血液从心室流入动脉，此时血液对动脉的压力最高，称为收缩压。心室舒张，动脉血管弹性回缩，血液仍慢慢继续向前流动，但血压下降，此时的压力称为舒张压。在临床上，测量血压是判断人体生命体征的关键指标之一。

但人类对血压的认识，与人类对其他生理机能认识一样，经过了一个漫长的探索过程，发生许多惊悚的、感人的故事。当然，人类在认识血压的过程中，也在不断地发明、完善测量血压的工具 —— 血压计。

《剑桥世界人类疾病史》的编撰者们认为，人类认识血压的历史最早可以追溯到公元前 2500 年前，当时的中国医学家们就已经通过“切脉”来诊断病人的病因，这些都可以从最早的医学典籍《黄帝内经》中寻找到证据。《黄帝内经》总结了根据病人不同脉象来诊断疾病：脉滑曰风，脉涩曰痹，缓而滑曰热中，盛而坚曰胀。但《黄帝内经》的结论往往是经验性的，是中国古代医学家根据长期的实践过程凝炼出来的，并不能揭示血压的科学本质。

真正提出血压概念的，是被誉为“现代生理学之父”的英国医生哈维[①]。1628 年，哈维出版了著作《心血运动论》，第一次对血液循环系统进行了较全面的描述，阐述了血液在全身的循环和心脏的功能。哈维在实验中发现，当人体动脉被割破时，血液就好像受到了压力驱使，从血管中喷涌而出，这种力在触摸脉搏时也可以感受到。但哈维生前并没有提出任何可以测量血压的办法。

第一次对动物血压进行测量的，是英国生理学家海尔斯[②]。他用于测量马的血压的办法，现在看来非常血腥，但却非常科学。

海尔斯

海尔斯测量马动脉血压

① 威廉•哈维（William Harvey，1578 ~ 1657）是英国著名的生理学家和医生，发现了血液循环的规律，著有《心血运动论》。可参阅本书中的《探索血液循环的漫漫长路》和《生理学上的哥白尼革命》两篇文章。
② 斯蒂芬•海尔斯（Stephen Hales，1677 ~ 1761）是英国植物学家、化学家和生理学家。

1733 年，海尔斯做了测量马的血压的实验。海尔斯准备了一支长 9 英尺（274 厘米）、直径约六分之一英寸（0.43 厘米），尾端接有小金属管的玻璃管，将它竖起插入一匹马的颈动脉，血液立刻涌入玻璃管内，形成一段高达 8.3 英尺（270 厘米）的“血柱”。这说明马的颈动脉血压可维持 270 厘米高的血柱，如果把马血的密度近似等于水的密度，利用液体压强公式 $p=\rho gh$ 就可以计算出马的动脉血压为 26.46 千帕。这种测量马的血压的方法，对测量的马造成了创伤，甚至因为无法止血而影响到马的生命，肯定不适合测量人的血压。然而，从历史的眼光来看，毫无疑问海尔斯打开了人类测量血压的大门。

1827 年，英国病理学家理查德·明[①]在对尸体解剖时发现，一些患有慢性肾脏疾病的病人，心脏有明显增大的趋势。理查德·明根据收集到的众多案例，提出了“血管阻力增加与心脏扩大有关”的猜测。在这里，理查德·明首次提出了“血压对人体生命活动有影响”的观念。但是，苦于当时对直接测量人体血压技术与方法的缺乏，理查德·明对血压的研究也是束手无策了。所以，发明一种无创的能准确测量人的血压的仪器，成为当时医学发展非常迫切的需要。

理查德·明

人的血压的测量还真不是那么方便，一方面受制于医学家们对血压本质认识的局限，特别是对人体循环系统认识的局限；另一方面，医学家们不太可能在人身上进行直接测量血压的实验，即使在动物身上进行研究，也受到诸多条件的限制。但历史在前进，科技在发展，对血压测量的迫切性需要，使众多医学家前赴后继。

法国生理学家泊肃叶[②]在学生时代就发明了用来测量狗主动脉血压的血压计。泊肃叶血压计采用的是内装水银的玻璃管，由于水银密度是水的 13.6 倍，他的血压计大大缩短了玻璃管的长度，使用起来更加方便。比起海尔斯对测量血压的贡献，泊肃叶不仅把测量血压的方法进行了改进，而且在 1838 年

① 理查德·明（Richard Bright，1789 ~ 1858）是英国病理学家和医生，也是肾脏研究的先驱。
② 泊肃叶（Jean Léonard Marie Poiseuille，1797 ~ 1869）是法国物理学家、生理学家和医生。

通过一系列实验，探究血压对人体生命活动的意义，并取得一定成果。同时，泊肃叶也发现：液体流量与单位长度上的压强差以及管径的四次方成正比，这就是著名的泊肃叶定律[1]，它确定了流体流量大小与管径、压强、管长及液体粘滞程度之间的定量关系，这种关系也适合于血液。

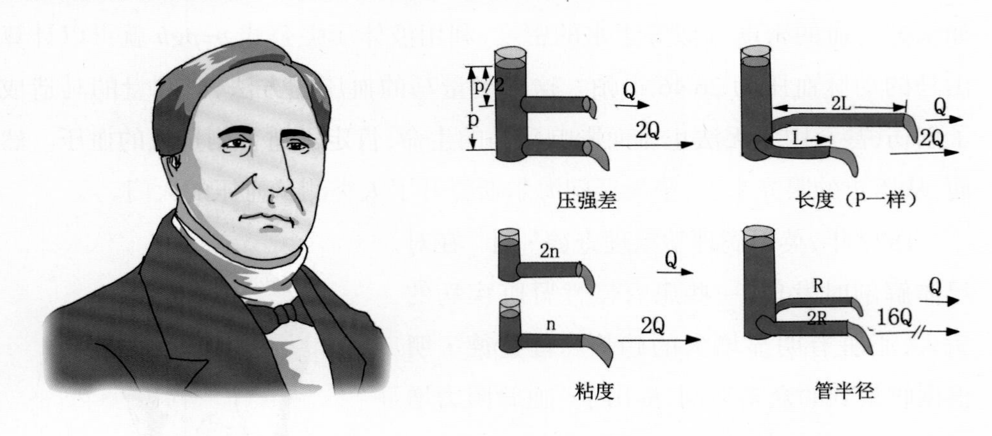

泊肃叶　　泊肃叶定律

德国生理学家路德维希[2]对血压和血压计的研究，也给这段医学史留下了精彩的一笔。路德维希设计的这种仪器相当精密，它不仅可以绘制出脉搏波动的波形，还可以测量出血压。

路德维希波动曲线记录仪的主要结构包括U型水银压强计、插入动脉的黄铜导管、细连接线、浮标、烟纸鼓、齿轮和记录笔。实验时，将U型水银压强计右端连接的黄铜导管插入被测者的动脉，由于动脉血压的存在，U型水银压强计上水银柱液

路德维希　　路德维希的波动曲线记录仪

① 泊肃叶定律可以用公式 $Q=\pi r^4\Delta p/(8\eta L)$ 来表示。公式中Q代表流量体积，Δp 代表两端的压强差，r代表管的半径，L是管长，η 代表流体的粘滞系数。由于德国工程师哈根（Gotthilf Hagen，1797 ~ 1884）在1839年也曾得到同样的结果，德国物理化学家、1909年诺贝尔化学奖获得者威廉•奥斯特瓦尔德（Wilhelm Ostwald，1853 ~ 1932）在1925年建议称该定律为哈根-泊肃叶定律。

② 卡尔•路德维希（Carl Ludwig，1816 ~ 1895）是德国医生和生理学家。

面出现了高度差，这个高度差就是被测试者的血压造成的，通过液体压强公式就可以计算出血压的大小。此时，左侧水银面上有个浮标随着液面的升降在上下浮动。浮标的上下浮动会带动通过连杆连接的圆柱体的转动，再带动齿轮转动，齿轮带动记录笔在烟纸鼓上绘制波形。

不管是海尔斯、泊肃叶还是路德维希，他们测量血压的方法过于血腥。谁会冒着血流不止的生命危险去测血压呢？所以从文献记载来看，他们测量血压的方法很少应用在临床上。

其实，医学家们也会反思，既然体表就能感知脉搏的跳动，为什么还要切开动脉？但是，不切开动脉，如何通过仪器能精确地测量血压，这是一个核心问题。

1855 年，德国生理学家维尔特[①]提出了无创血压测量的想法，并且将自己的想法付诸于实际行动，制成了脉搏扫描器。维尔特的设计还是非常有创意的，它的脉搏扫描器中就包括杠杆等结构，并利用外界压力使血液停止流动、血液受力平衡力的原理，只要测出外力的大小，就可以获得血压的数据。但维尔特的这个装置体积非常庞大，使用极为不便，最重要的是测量出来的血压结果不太精确，所以并没有获得同行和医生的认可。

维尔特　　维尔特的脉搏扫描器（部分）

此时，生理学家们对血压与人体健康关系的认识也越来越深刻，特别是对

① 卡尔·冯·维尔特（Karl von Vierordt，1818 ~ 1884）是德国生理学家。

人体高血压产生的原因和危害有了一定的研究，虽然有些观点是错误的。

1856年，出生于波兰的德国医生特劳贝[1]推测，人体血压升高是为了克服动脉血管壁增厚的阻力、使肾脏能够维持正常排泄功能所出现的一种保护措施。显然，特劳贝的推测是有一定道理的，但把动脉血压升高看成对人体无害的观点，却是大错特错。这种观点在当时非常普遍，而且“统治”和影响了相当长的时间，从而使生理学家和医生们也错误地认为，给病人降血压对人体是非常有害的。

但不管生理学家和医生对高血压的认识如何，他们对精确测量人体血压的追求，还是非常强烈的。

1860年，法国生理学家马雷[2]在维尔特脉搏扫描器的基础上进行了改进，装置更加简便，测量的精确度也大大提高。这样，人类历史上第一台无创精确的血压计诞生了。在使用马雷的血压计时，首先将被测者的手腕放一个封闭的水包，这个水包同时与脉搏描记器及波动曲线记录仪相连接；封闭的水包与一个容积可变的水箱及一个水银压强计相连；当第一次观察到脉搏描记器绘制出最大的波峰间，且水箱的容积到达最大时，此时水银压强计的读数即为被测者的血压。

马雷的无创血压计（部分图）　　马雷

马雷设计的血压计已经是史无前例的“先进”，测量的结果也精确，但医生

① 路德维希·特劳贝（Ludwig Traube，1818 ~ 1876）波兰裔德国医生。

② 艾蒂安-朱尔·马雷（Étienne- Jules Marey，1830 ~ 1904）是法国科学家和生理学家。

们在实际使用过程中还是觉得操作太复杂，而且从外观上一看，也让许多医生望而却步。

1881年，苏格兰医生杜登[①]设计出一款与众不同的便携式血压计。杜登认真研究了前辈们设计的所有血压计，吸取了它们所有的优点，设计出小巧、操作简便的装置。这款血压计很快因获得医生们的青睐而流行。

杜登

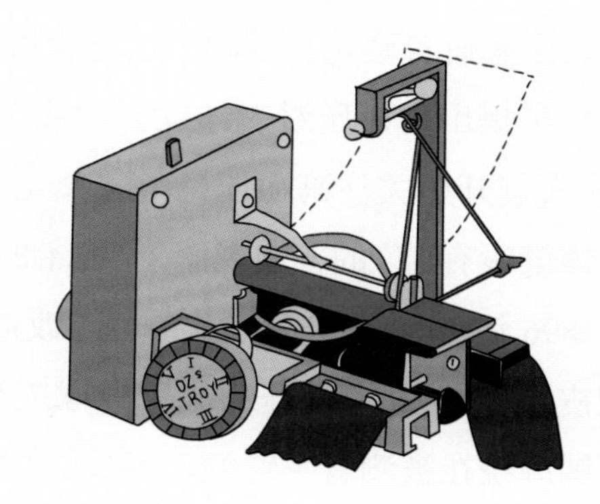

杜登便携式血压计

虽然杜登的血压计已经史无前例地简便，但并没有阻止人们对血压计继续探索改进的步伐。出生于捷克首都布拉格的生理学家巴希[②]，他本来是墨西哥皇帝马克西米利安[③]的御医，但由于1868年发生的政变，让这位本来可以享受奢华生活的御医回到奥地利维也纳大学从事教学和科学研究工作。对医学发展来说，这何曾不是一件好事，因为这位前御医在大学从事教学和研究工作过程

巴希

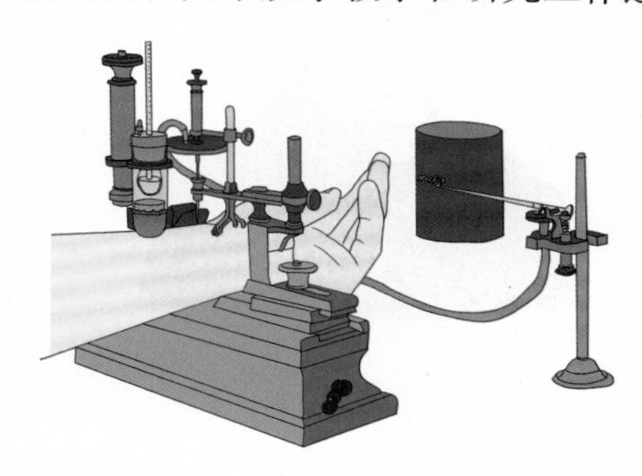

巴希的无创血压计

① 罗伯特•埃利斯•杜登（Robert Ellis Dudgeon，1820 ~ 1904）是苏格兰医生。
② 塞缪尔•冯•巴希（Samuel Von Basch，1837 ~ 1905）是捷克生理学家、医生。
③ 马克西米利安（Maximilian I of Mexico，1832 ~ 1867）是墨西哥第二帝国的唯一君主。他是奥地利皇帝弗朗西斯•约瑟夫一世（Franz Joseph I of Austria，1830 ~ 1916）的弟弟。在奥地利海军的杰出职业生涯之后，他接受了法国拿破仑三世（Napoleon III，1808 ~ 1873）提出的对墨西哥的统治。

中，设计出了三种无创血压计。使用巴希的血压计时，首先用充满水的橡皮球压迫手臂血管，同时用手指按压被检者的脉搏。这种设计确实很简便，操作也简单，但测得的桡（ráo）动脉血压不是很精确。

除了设计血压计外，巴希还通过大量的临床测试，收集了许多人体血压数据，为制定正常人体血压范围积累了大量资料。1902 年，巴希提出了“血压升高将会引起血管硬化、心肌肥大，还会影响肾脏出现蛋白尿”等观点，这是生理学家最早提出高血压对人体危害的认识，与传统的错误观点已经“背道而驰”了，为人们开始关注高血压的危害奠定了基础。但是，在当时还认为“高血压对人体健康有益”的普遍观念下，巴希的观点并没有引起人们的足够重视。

1896 年，意大利病理学家罗西[①]改进了巴希的血压计。罗西的血压计主要由橡皮压脉带（袖带）、压力表和气球三个部分构成。测量血压时，将橡皮压脉带平铺缠绕在被测者手臂的上部，用手捏压气球，然后观察压力表跳动的高度，同时医生可以切诊被测者的桡动脉脉搏，以此确定动脉血压。罗西的血压计已经非常类似于现在的水银血压计了。

罗西

罗西血压计

罗西血压计操作简便，测量时间短，结果准确，外观简单大方并且对被测者没有什么不利影响。但是它存在着那么一丁点的缺陷，那就是橡皮压脉带的宽度问题：罗西血压计的橡皮压脉带宽度只有 5 厘米，这么窄的宽度会导致

① 利瓦·罗西（Scipione Riva-Rocci，1863 ~ 1937）是意大利病理学家和医生。

测量的血压偏高（过宽的宽度会导致测量的血压偏低）。1901 年，德国病理学家雷克林豪森[1]意识到罗西血压计存在这种问题，就将橡皮压脉带的宽度改为 12 厘米，使测量结果更精确。

弗兰克

1905 年，俄国外科医生柯罗特科夫[2]对罗西的血压计进行了完善。在测血压时，科罗特科夫在橡皮压脉带上加上了听诊器，这就是沿用至今的柯氏音法。柯氏音法的原理是：先用一连接 U 型水银柱的橡皮压脉带将被测者的臂膀扎住；将听诊器听筒放在袖带与臂膀之间动脉附近，听脉搏跳动的声音；关闭橡皮压脉带连接 U 型水银柱阀门，对橡皮压脉带打气，再适当松开阀门进行放气。开始时，因为橡皮压脉带压力大，会将脉搏阻断，几乎没有听到脉搏的声音；随着橡皮压脉带压力下降，脉搏跳动声音逐渐增大，在一个点上会感到声音明显增大，到最大后再逐渐减小，最后声音变调、消失。脉搏跳动声音最大的时刻所对应的水银柱高度就是收缩压，而脉搏音从大到小开始变调的时刻对应为舒张压。

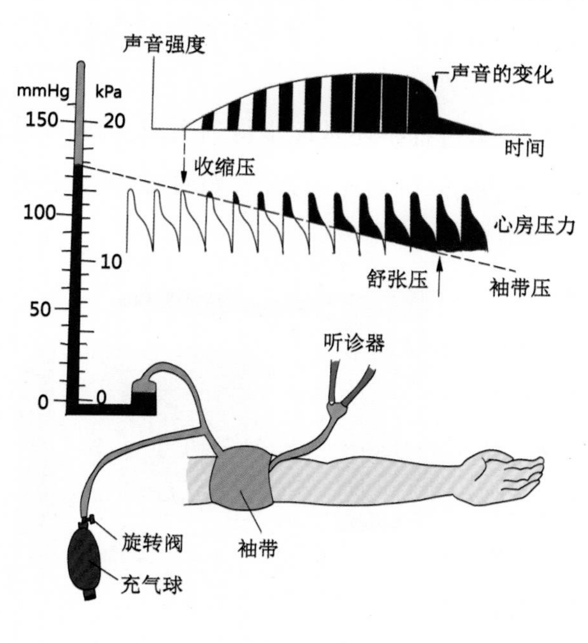

柯式音法

表现上看来，柯罗特科夫仅仅只是对罗西的血压

① 弗里德里希·冯·雷克林豪森（Friedrich von Recklinghausen）是德国病理学家。
② 尼古拉·柯罗特科夫（Nikolai Korotkov，1874 ～ 1920）是俄国外科医生。

计作了很小的一点改进，但就是这点改进，非常完美地解决了罗西的血压计测量的精准度问题，使血压测量达到了非常高的水平。这种方法一直沿用了100多年，如今还有许多国家和地区还在使用此法。虽然柯罗特科夫的改进是神来之笔，有锦上添花之效，但人们还是普遍认为，是袖带血压计的发明者罗西为精确测量血压作出了重大贡献。为了纪念罗西，如今那些在高血压研究领域取得突出成绩的学者，会被意大利高血压学会授予“里瓦罗西奖”。

1911年，德国医生和生理学家富兰克[1]第一次提出了“原发性高血压”这个名称，这是一种指“不能发现导致血压升高确切病因”的高血压。

当人们普遍认识到高血压给人的健康带来严重影响时，纷纷寻找可以降低血压的方法。到20世纪30年代，一些外科医生发现，切断病人颈部神经节可以降低血压。但是，实践发现，这种被当时生理学家认为是降低血压法宝的外科手术，由于阻断神经节，也产生了一系列生理功能的障碍，由于这是一种弊大于利的治疗方法，很快被抛弃了。虽然外科治疗高血压的方法被抛弃，而阻断交感神经兴奋达到降低血压目的的设想激励着人们继续探索更科学合理的降血压方法。

生理学家的种种理想，在不断的探索过程中还是逐步得到实现。到20世纪50年代以后，已经发明了很多利用药物来降血压的方法，如通过利尿剂、神经节阻断剂和甲基多巴等药物。如今，已经有六大类近百种的降压药问世。

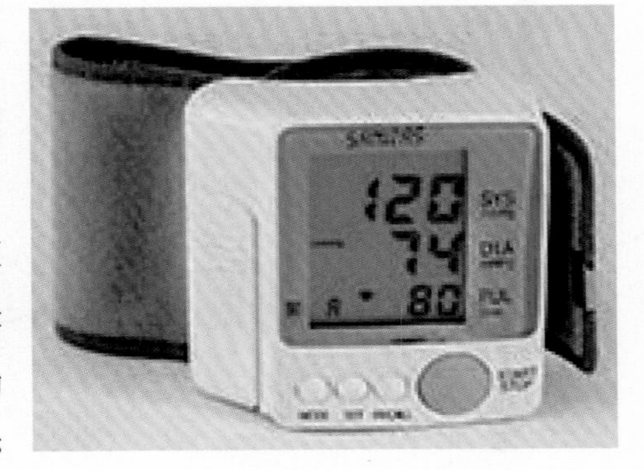

24小时心电血压血氧检测仪

同样，对于血压的测量，由于科技的迅猛发展，医疗仪器更新换代也日新月异，血压计得到非常大的发展。目前，在大型综合性医院中，设立了24小时连续监测血压的检查项目，病人在一天内的血压变化全部可被记录在测量仪中，帮助医生掌握高血压病人一天内的血压波动情况、用药时间和用药剂量。

① 奥托·富兰克（Otto Frank，1865 ~ 1944）是德国医生和生理学家。

探索血液循环的漫漫长路

在一个月黑风高的夜晚，两位蒙面人偷偷摸摸地向一个新建的坟头靠近。

这两位蒙面人为何不怕死人，在如此恐怖的夜晚来坟墓作甚？

原来，这个新建的坟墓里，白天刚刚下葬了一位因病去世的青年男子，两位蒙面人是来盗尸的。

这两位蒙面人为何对尸体有兴趣？

他们不怕上帝的惩罚吗？不怕统治者的刑罚吗？

谁都会怕死，这两位也不可能例外。但这两位可不是一般的人物：其中年长者为罗马帝国的医学大师盖仑[1]，而另一位年轻人，则是他忠诚的弟子。两位也算是名满罗马及周边城邦的医学家，为何还要冒天下之大不韪（wěi，是、对）来盗尸呢？

原来，盖仑急需一具人的尸体，用来解剖研究人体的血液到底是怎么回事……

上面这段文字是我的杜撰，并不是根据史料考证写出来的。但根据盖仑对人体血液运动的研究情况，去偷盗人的尸体来研究，也不是不可能的事情。

盖仑到底有没有去盗过人的尸体，其实并没有确切的文字记载。不过当时的罗马是严禁对人的尸体进行解剖，这是人们信仰上的禁忌。而盖仑之所以被称为“解剖学家”，是因为他解剖过大量的猪、山羊、猴子和猿类等活体动物，通过这些解剖实验，盖仑在解剖学、生理学、病理学及医疗学方面有了许多新发现。特别是对哺乳动物的血液循环系统，有了科学的认识。

对于人类自身的认识，也是人类探索自然界奥秘的一项重要内容。对于血液循环系统的认识，在医学极不发达的2000多年前，人类就通过各种各样的观察，形成了对人体血液运动的许多经验性看法，这些看法中也不乏真知灼见（正确而深刻的认识和高明的见解）。

① 盖仑（Galen，129～约210）是古罗马医学家、自然科学家和哲学家。

古希腊哲学家恩培多克勒[①]认为，胎儿的所有器官中，心脏在子宫内最先产生；人体的血液通过孔窍或血管流遍全身；心脏是血管的系统中心，所以也是生命中枢。恩培多克勒的这些观点传给了亚里士多德后，一直保留到今天，促成西方许多词语的产生与“心”有关：当我们没有某种意愿去做某事时就用“无心去做”；当我们要表达勇敢大胆时，就用“雄心”；当我们表示失望时，就用“心碎”等。

恩培多克勒

古希腊医学理论家阿尔克迈恩[②]，相传是著名哲学家毕达哥拉斯[③]的弟子，是解剖学的先驱，已经识别了动脉和静脉。

希波克拉底

公元前4世纪，以“希波克拉底誓言”流传至今，而被称为“现代医学之父”的古希腊医圣希波克拉底[④]，就已知晓人体的心脏位置以及它与血管的联系。在希波克拉底生活的古希腊时代，尸体解剖是被宗教和习俗所禁止的，尸体解剖被认为是大逆不道之事，是冒犯神灵的行为。但希波克拉底能勇敢地冲破这个禁忌，首先在于他不迷信，不相信鬼神之说。这对于生活在2 000多年前到处充斥着鬼神怪异的年代，是非常了不起的进步。但希波克拉底为了自我保护，对人的尸体的解剖也是秘密进行。希波克拉底通过解剖获得了人体结构的许多知识，其中就有关于循环系统的。他发现，在人的尸体中，几乎所有的血液都被驱入静脉，而动脉则是空的，所以希波克拉底错误地认为，动脉是被来自肺里的空气所充满。此外，希波克拉底为了反驳当时流行的“神赐疾病”的荒谬性，以科学的方法探索人的肌体特征和疾病成因，提出了著名的“体液

① 恩培多克勒（Empedocles，约前495～约前435）是古希腊时期著名的哲学家、思想家、科学家和政治家。
② 阿尔克迈恩（Alcmaeon，前510～？）是古希腊最著名自然科学家和医学理论家之一。
③ 毕达哥拉斯（Pythagoras，前570～前495）是古希腊著名的数学家和哲学家。
④ 希波克拉底（Hippocrates，前460～前370）为古希腊著名医生，有“医学之父”的美誉，是西医的奠基人，提出过“体液学说”。他的医学观点对西方医学的发展有巨大影响。

学说”。“体液学说”认为，人体由血液、黏液、黄胆和黑胆这四种体液组成，这四种体液在人体内的比例不同，就形成了不同的气质。如胆汁质的人性情急躁、动作迅猛；多血质的人性情活跃、动作灵敏；黏液质的人性情沉静、动作迟缓；抑郁质的人性情脆弱、动作迟钝。在希波克拉底看来，一个人所具有的体液特性不同，它的气质也就相应的不同，这是人的先天性特征。当然，人的性格也会随着后天环境的变化而相应地改变。希波克拉底还认为，人之所以会得病，就是因为四种体液在人体内的不平衡造成的，而体液不平衡又是外界因素影响的结果。所以，希波克拉底认为，一个医生要进入某个城市，首先要注意这个城市的方向、土壤、气候、风向、水源、水、饮食习惯、生活方式等，这样才能对这个城市病人的疾病有“对症下药”之方。

四种典型气质类型

站在现代医学角度来评价希波克拉底对人的气质成因的解释，其实并不正确，但希波克拉底提出的气质类型的名称及划分，却一直沿用至今，这不得不说是医学或心理学史上的奇迹。

在古代学者中，对血液循环作过较系统研究的人寥寥无几，但人类智慧的集大成者、古希腊著名学者亚里士多德绝对算一个。

亚里士多德

亚里士多德对人体内的血管进行了系统的观察。在亚里士多德看来，人体内的血管系对人体生命活动是非常重要的，而心脏则是人体最早成熟但最后死亡的器官。亚里士多德详细描述了心包[1]和心脏的轮廓，以及大血管在心脏的出入口。在亚里士多德认为，人体血液是从心脏流至全身的，并为全身提供了营养，最终流过全身各处之后的血液又流回心脏，这里已经有了血液循环往复的思想。亚里士多德的这种血液循环思想，与他对自然界的认识和自然哲学观是分不开的。在亚里士多德看来，宇宙中的天体在永不休止地作匀速圆周运动，地球上的一切自然现象也有类似的规律。

爱拉吉斯拉特在给病人治病

此外，古希腊解剖学家爱拉吉斯拉特[2]在埃及的亚历山大城创立了一所解剖学校进行医学研究。爱拉吉斯拉特把心脏比作铁匠用的“风箱”，认为心脏的收缩和舒张是其内在力量造成的。爱拉吉斯拉特还探索了肉眼看得见的血管，包括遍布全身的静脉和动脉；描述了半月瓣、键索，并给三尖瓣命名；同时指出，动脉、静脉是由看不见的管口连接的，这些发现都是非常了不起的。但爱拉吉斯拉特对循环系统也有错误的认识和杜撰的成分，如他认为血液流动方向是从肝动脉到心，再到肺静脉。爱拉吉斯拉特沿袭前辈的“灵气说”，认为动脉在正常情况下是装满活力灵气的。这样，尽管爱拉吉斯拉特已经抬起了手要去推血液循环的大门，但把力用错了方向，血液循环的大门并没有向他敞开。

不管是希波克拉底还是亚里士多德，对西医的发展有重要影响。而在遥远的东方，古老的中华大地上，中医的发展也为世界医学之林增添了不少亮色。一般医学史家认为，人类从整体上比较全面地认识血液循环，还是在古老的中国，因为古代的中医是深受中国古代道家哲学思想的影响，讲究循环往复，讲求和谐平衡。

① 心包是指包在心脏外面的一层薄膜。心包和心脏壁的中间有浆液，能润滑心肌，使心脏活动时不与胸腔摩擦而受伤。

② 爱拉吉斯拉特（Erasistratus，前310～约前250）是古希腊亚历山大时代的解剖学家。

被称为四大中医典籍[①]之首的《黄帝内经》中就记载了“气血循环”的现象，比如“…… 心生血，血生脾，心主舌。其在天为热，在地为火，在体为脉，在藏为心 ……”“心主身之血脉”“经脉流行不止，环周不休”“经络之相贯，如环无端”“人受气于谷，谷入于胃，以传与肺，五藏六腑，皆以受气，其清者为营，浊者为卫，营在脉中，卫在脉外，营周不休，五十度而复大会，阴阳相贯，如环无端”。在这些文字中描述了心脏与血管的循环往复的关系，尽管这种描述还是比较简朴的，其中也有许多主观臆测的成分，但在这里明确地指出了血液的运行是“流行不止”“营周不休”“如环无端”，这已经是非常接近血液循环的思想了。

回到本文开头那个年老的“盗尸者”盖仑身上，他是古罗马时期，自古希腊希波格拉底以来最伟大的医学家。盖仑是古代著述最多的作者之一，相传他雇佣 20 名书记员，以半自传的形式来记录他的思想、言行和学术研究成果，有 500 多部哲学和医学著作问世，但流传下来的不到三分之一。这位著名的医生、动物解剖学家和哲学家，生活在古罗马帝国鼎盛时期。盖仑对医学的主要兴趣，就在于对人体的解剖上，但自约公元前 150 年开始，罗马法律已经不允许解剖人的尸体了，所以盖伦只能对动物的活体或者尸体进行解剖，主要以猪和灵长类动物为主。这样的解剖工作还是非常有用的，因为在盖仑看来，这些动物的生理结构与人类是相似的。我们现在可以用“无与伦比”来形容盖仑在解剖学上取得的成果，因为他的成就在其后的 1 500 年中，没有受到威胁性的挑战。直到

盖仑正在解剖猴子

① 传统医学四大经典著作除了《黄帝内经》之外，还有《难经》《伤寒杂病论》《神农本草经》。《黄帝内经》相传为黄帝所作，因而得名，但后世普遍认为此书最终成型于西汉，作者亦非一人，而是由中国历代黄老医家传承增补发展创作而来的；《难经》原名《皇帝八十一难经》，又称《八十一难》，成书年代与作者都不确定，一般认为成书于东汉之前，作者是春秋战国时期的名医扁鹊（前 407 ~ 前 310）。《伤寒杂病论》是东汉末年著名医学家张仲景（约 150 ~ 约 215）的著作，如今还是中医院校的主要基础课程之一。《神农本草经》又称《本草经》或《本经》，起源于神农氏（炎帝，前 3245 ~ 前 3080），是代代口耳相传产生的，在东汉时期整理成书；成书并非一时，作者亦非一人。

16 世纪中叶，意大利帕多瓦大学的解剖学教授维萨留斯[①]非常有幸，在一位法官的允许下获得一位囚犯的尸体进行解剖，从而发现了人体结构与动物的不同之处。当然，“现代医学之父”哈维对盖仑医学学说的质疑、补充、发展和更正，也是比较彻底的，这自是后话了。

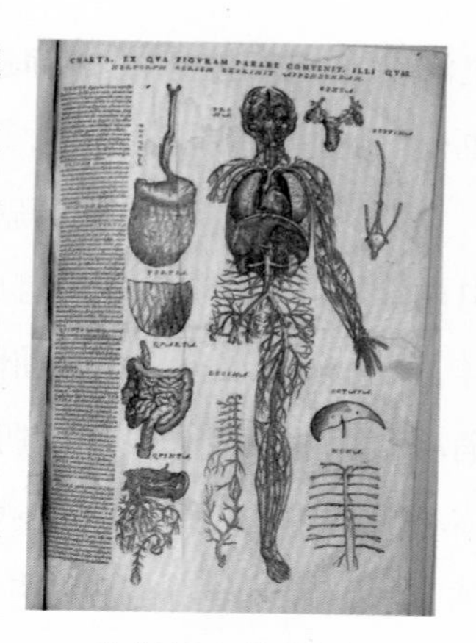

维萨里血管解剖图

我们可以想像，在近 2 000 年前的古罗马，盖仑进行解剖的实验条件是何等的简陋，但是盖仑有天才的解剖能力和他的“奇思妙想”还是为他在循环系统的研究中“拔得头筹”。盖仑是人类历史上第一位认识到静脉血（暗）和动脉血（明亮）之间存在明显差异的人；同时，他也研究了心脏、血管和脉搏，认为心脏有左、右两个心室。盖仑对人体循环系统、神经系统和呼吸系统等的认识，主要是基于对动物体解剖实验上，但人体与动物体在结构上有所差别，所以他的研究结果也有许多错误的地方。盖仑认为，血液在“自然灵气”的推动下，一部分由肝脏送往身体各处，另一部分则由肝静脉流经下腔静脉再注入右心室，然后通过心室隔膜上的小孔，一滴一滴地流入左心室。盖仑还认为，

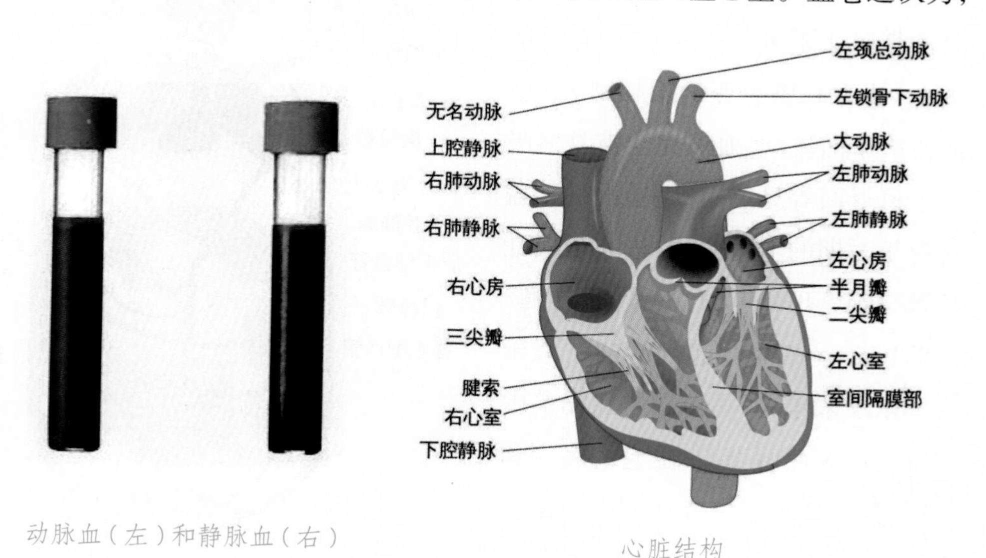

动脉血（左）和静脉血（右）

心脏结构

① 安德烈·维萨留斯（Andreas Vesalius，1514 ~ 1564），比利时医生、伟大的生物学家、近代人体解剖学的创始人。可参阅《不再孤独》一书中的《脑与神经的认识历程》一文。

血液在左心室注入了由肺进入的“活力灵气”,从而使原来的静脉血变为动脉血;动脉血再流向全身时,其中进入脑部的动脉血,原有的“活力灵气”就变成了“动物灵气”,这样全身就有了感觉。总而言之,在盖仑看来,血液循环系统由两个独立的单向系统组成,而不是我们现在所认识的统一的循环系统。同样,盖仑认为静脉血是在肝脏中形成的,静脉血流经全身后,会被其他器官所消耗;而动脉血形成于心脏,也会在流经全身后被器官所消耗。我们知道,人体心脏的左心室壁比右心室壁厚,这是因为左心室收缩,把动脉血输送到主动脉,从而流向全身各处,这是体循环的动力,相比右心室收缩产生的肺循环动力来说,肯定要强一些;而盖仑却认为,左心室壁厚是为了保持心脏的垂直位置,使含气多的左心室与含血多的右心室保持平衡。盖仑认为,静脉壁多孔的目的在于血液可通过静脉壁而向全身提供营养,而动脉壁厚而致密则是保护其腔内气体不外溢。

这样看来,盖仑已部分正确地认识到血液在人体内运行的方向,但深受亚里士多德宇宙观的影响,也遏制了他对血液循环的正确认识。比如,盖仑把呼吸的功能也算在了心脏的头上,认为心脏扩张时会吸进空气;而血液单向流动,血液完全被身体吸收不再返回等见解,都是错误的。盖仑晚年时期的罗马帝国,进入了战乱频繁、仍民不聊生的“三世纪危机”初期(193 ~ 284),这段时期类似于中国东汉末年,罗马帝国也在动荡中被分裂为东西两部分,盖仑的名字和他的著作一起消失在中世纪“黑暗时代”的茫茫长河之中。所幸的是,

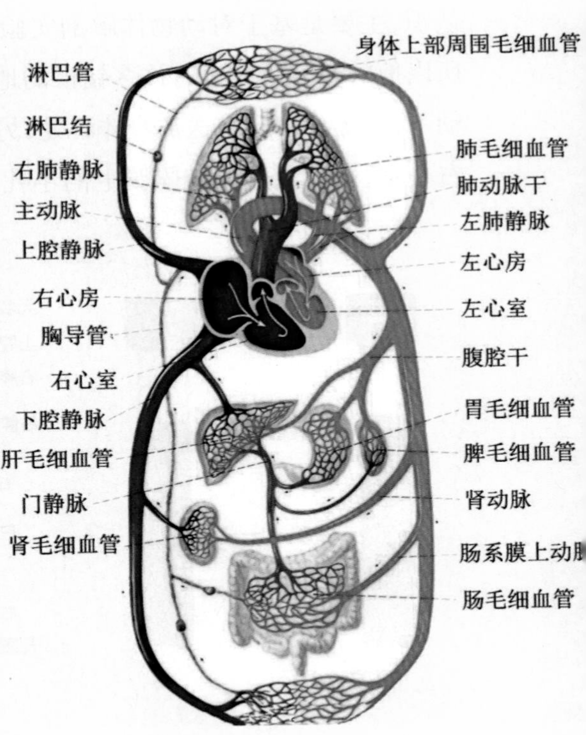

人体血液循环图

在4世纪的东罗马帝国，拜占廷①的一些学者们开始热衷于学习和研究古希腊和古罗马文化，尤其是哲学和医学。这样，盖仑的著作被重新发现和传播，并被翻译为阿拉伯文传入了波斯和伊斯兰。波斯著名思想家阿维森纳②等人对翻译盖仑的著作和发展阿拉伯医学起重要作用，他们把盖仑学说提升为“盖仑主义”，成为医学的教条，盖仑的著作也成为医学教材。到了11世纪，阿拉伯医学传入欧洲，盖仑著作的阿拉伯文版本与希腊文原著又在它产生的那片大陆上重逢了，并被译为拉丁文，成为欧洲大陆医学经典和医学教科书。盖仑的医学哲学观点一直占统治地位，那些想像出来的“精气”“活力灵气”“左右心室之间有小孔”等也成为阻碍人类更科学认识人体的桎梏（zhì gù 像镣铐般约束、妨碍或阻止自由动作的事物）。

科学发展规律表明，任何错误的存在迟早会被“清算”、否定和抛弃。特别是随着欧洲文艺复兴，人们对医学的认识也与科学一样，不再迷信传统的观点，盖仑错误的医学哲学观和对血液循环的认识，也逐渐受到质疑与挑战。

生活在伊斯兰黄金时代的叙利亚著名医学家纳菲斯③在他所著的《医典解剖学注》中，首次提出了“血液小循环”的理论。纳菲斯根据自己长期临床实践经验，指出心脏的隔膜很硬，心室之间没有孔，否定了盖仑关于血液自右心室通过隔膜的小孔直接进入左心室的观点。纳菲斯指出，血液必须通过肺，从右心室流到左心室。纳菲斯的这个发现比西班牙医生塞尔维特④的同一发现早了250年。但纳菲斯的观点一直未被世界医学界所知，直到20世纪初，人们才发现他的著作和学说。

纳菲斯

文艺复兴时期意大利著名艺术家、科学家和发明家达·芬奇对人体心脏

① 东罗马帝国的别称。

② 阿维森纳（Avicenna，980 ~ 1037）是波斯著名医生、天文学家思想家和作家。

③ 伊本·纳菲斯（Ibn al-Nafis，1213 ~ 1288）是叙利亚著名医学家。

④ 迈克尔·塞尔维特（Michael Servetus，1509 ~ 1553）是西班牙宗教改革家和医生。他是一位百科全书式的学者，精通数学、天文学、气象学、地理学、人体解剖学、医学、药理学、法学、翻译和诗歌等。

描绘过一幅逼真的图画。这说明达·芬奇是仔细观察并研究过人体心脏的。达·芬奇还在实验中发现,无论对肺怎么使力,也都无法将空气经过气管到达心脏。达·芬奇还通过实验证实,大血管根部的瓣膜(动脉瓣)只允许血液单向流动,瓣膜起到了阻止血液逆流的作用,从而也否定了是肺静脉将空气输入心脏的说法。

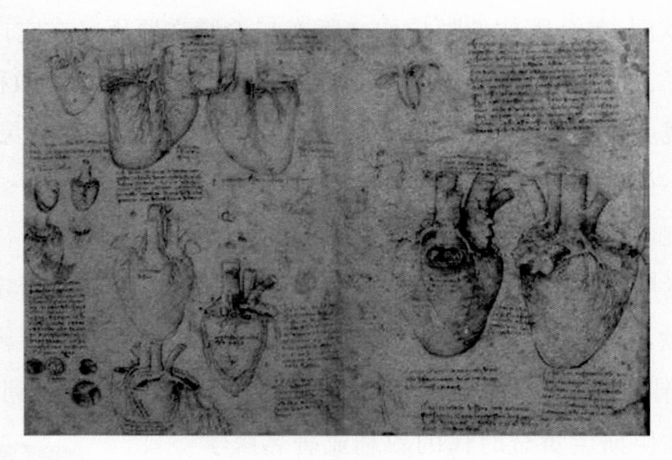

达·芬奇绘制的心脏图解

对盖仑的血液循环理论质疑过的维萨留斯出生于比利时的荷兰解剖学家,他在当时是位与哥白尼[①]齐名的自然科学开拓者。维萨留斯18岁进入法国巴黎大学学医,期间就因为富有革新的个性,以及从绞刑架上偷回犯人尸体进行解剖等惊世骇俗的举动,被学校不容。在16世纪的欧洲宗教统治世界里,因为"上帝厌恶流血"的宗教观念而把人体解剖当作禁忌。1537年,维萨留斯担任意大利帕多瓦大学的解剖学教师。维萨留斯不是一位只重视理论而不实践的教授,他有"注重实际的解剖结果胜于思辨"的观念,经常亲自给学生展示人体的各个部分,并动手解剖动物的尸体。也就在1543年哥白尼发表《天体运行论》那一年,维萨留斯也出版了他的伟大著作《论人体构造》。在这本书里,维萨斯阐述了骨骼、肌肉、血管、神经、腹部、胸部内脏、脑等器官,对盖仑的学说提出挑战。特别在血液循环方面,维萨留斯批判了盖仑所说的"血液可以通过人的心脏中隔膜从右心室渗入左心室"错误结论。虽然维萨留斯还

① 尼古拉·哥白尼(Nicolaus Copernicus,1473 ~ 1543)是文艺复兴时期的波兰天文学家、数学家、教会法博士、神父,以"日心说"闻名于世。可参阅本书《那些不平凡的伯乐舅舅》一文。

不能指明血液是怎样从右心室流到左心室的，但他却开创了利用解剖研究血液循环理论的新思路，并否定了盖仑在医学上的部分错误结果与观念。这位被誉为“解剖学之父”的著名解剖学家，被宗教裁判所[①]因“巫师”“盗尸”等罪名判处死刑，但因为他当时是西班牙国王的御医而幸免，只是没收他的全部财产作为惩处。

维萨留斯

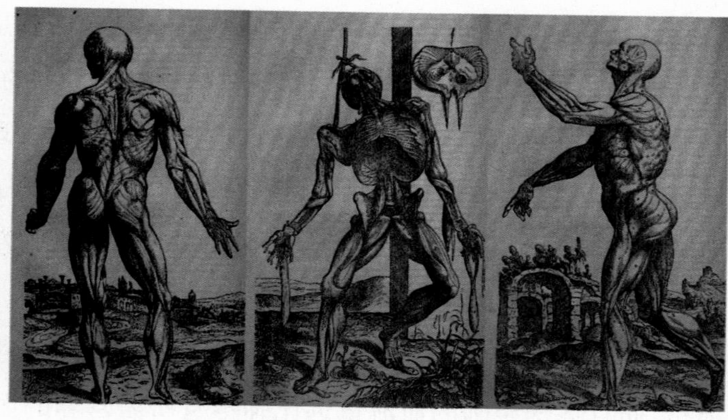

《论人体构造》一书中的插图

前面提到的西班牙宗教改革家和医生塞尔维特是近代最先对血液循环作出合理解释的学者。塞尔维特是文艺复兴时代的自然科学家，肺循环的发现者，也是一位宗教改良家。1535 年到 1538 年期间，塞尔维特在法国巴黎研究医学，并学习解剖学，是解剖学家维萨留斯的学生。塞尔维特提出的血液循环观点与当时流行的盖仑的观点相矛盾，并敢于挑战权威，建立自己的科学理论。盖仑认为，人体在生理上受三种独立的、不同等级的器官、液体和灵气所支配，人体的生理机能也就分为三个等级：一是吸收营养和生殖的植物性机能，它位于肝脏，通过暗红色的静脉血和它的自然灵气发挥作用；二是运动与肌肉活动的动物性机能，它位于心脏，通过鲜红的动脉血和它的活力灵气发挥作用；三是管理身体应激性与感受性的神经机

塞尔维特

① 宗教裁判所或称异端裁判所、异端审判，是 1231 年天主教会设立的宗教法庭，负责侦查、审判和裁决天主教会认为是异端的法庭，曾监禁和处死“异见分子”。

能,它位于脑髓,受神经液和它的动物灵气所支配。塞尔维特否定了盖仑的所谓三个等级的说法,也否定了身体中分别含有“自然灵气”“活力灵气”和“动物灵气”三种不同血液的观点。塞尔维特认为,人体就只有一种血液,血液里也只有一种精气,灵魂本身就是一种血液。当然,塞尔维特的理论并非都是科学的,如他关于血液中精气一说,就不太科学:精气是由物质产生的,它来源于左心室,靠肺的帮助而产生;纯净的精气是红黄色的,是吸入的空气与血液中大部分物质的混合物。但塞尔维特认为左右心室中的血是交流的,并不是盖仑所说的由心室的小孔相连通,这是很伟大的科学发现。塞尔维特最大的贡献还是发现了人体循环系统中的肺循环路径:血液由右心室出发,经肺动脉到达肺,通过肺后再经过与之相连的肺静脉,最后流入左心房。塞尔维特还认为,在肺循环过程中,存在许多很巧妙的装置(看不见的微血管)和极微细的肺动脉分支和肺静脉分支相连结。塞尔维特观察到连接右心室与肺的肺动脉很粗,而且运送至肺的血流量远比肺本身所需营养的血液量要多得多,这样大的血液量通过肺一定有其本身重要的生理意义,这种生理意义就在于使暗红色的静脉血在肺内转变成鲜红色的动脉血,即血液在肺中摄取吸入的空气,排出不干净的物质,在肺血管内经过“加工”后就变得更“澄清”。囿于当时的现实条件,塞尔维特并没有提出系统的循环概念,也没有用“循环”一词来表示它的发现,但塞尔维特对血液流动的描述,已经有了“肺循环”之实,所以后人还是将肺循环称为“塞尔维特循环”。

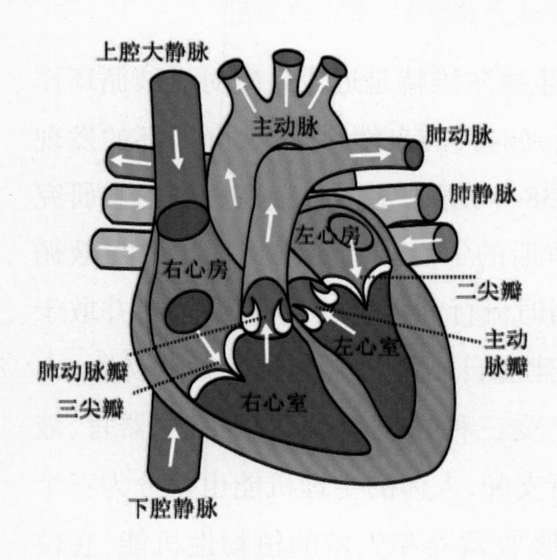

肺循环示意图

1553年,作为宗教改革家的塞尔维特秘密出版了《基督教的复兴》一书。就是在这本书里,塞尔维特用六页的篇幅,基于一元论[①]的观点,阐述了肺循环理论。塞尔维特的书触动了天主教徒的神经,被视为异端邪说,所以他被宗教

① 一元论认为,世界只有一个本源。

赛尔维特被处以火刑

裁判所缉捕并判处火刑。塞尔维特拒绝了宗教裁判所让他放弃自己观点可以减刑求生的要求，坚持真理，逝不回头，后来虽然成功越狱，但还是被加尔文[1]告发而在瑞士的日内瓦被捕，最终被烧死在火刑柱上。与他一起葬身火刑场的，还有他的大部分著作，只有其中的三卷免遭焚毁的厄运。就像恩格斯所描述的：当塞尔维特正要发现血液循环的时候，加尔文活活地烧死了他，而且还愤怒地把他烧了两个小时。

塞尔维特被宗教裁判所判处死刑，当然不仅仅只是提出了与盖仑相左的肺循环理论，更多的还有宗教方面的冲突，所以也不能把他的牺牲完全看成是科学革命的代价。但塞尔维特冒宗教裁判所之大不韪，敢与当时宗教改革家加尔文“纠缠”（塞尔维特经常写信给加尔文辩论教义问题，在加尔文看来就是无端纠缠），这是他相信科学、相信自己信念的结果。

至此，人类历史还在等待一位真正生理学革命者的到来，把真正的现代血液循环理论建立起来，他就是英国生理学家和医生哈维。

关于哈维建立近现代血液循环理论的过程，我们将在下一节内容中进行全面介绍。

[1] 翰•加尔文（John Calvin，1509 ~ 1564）是法国著名的宗教改革家、神学家，是基督教新教的重要派别加尔文教派的创始人。1541 年，加尔文重返日内瓦，获得日内瓦市政当局支持，建立日内瓦改革宗教会。是加尔文向日内瓦市政当局报告了被宗教裁判所判处死刑的越狱犯塞尔维特入境日内瓦的。所以严格意义来说，并非是加尔文处死了塞尔维特，加尔文仅仅是“告密者”。

生理学上的哥白尼革命

天文学上的哥白尼革命，几乎是整个科学革命的象征。而生理学上的类似于哥白尼革命的事件，非哈维出版的《心血运动论》莫属。哈维，也像哥白尼等人一样，成为革除陈旧观念，扫清前进障碍，开创康庄大道的著名旗手。

1578 年 4 月 1 日，哈维出生于英国肯特郡福克斯通镇富裕的贵族家庭。从小开始，哈维就在坎特伯雷的著名私立学校接受严格的初、中等教育，15 岁时进入剑桥大学学习了两年与医学有关的学科，1597 年拿到学士学位后，与当时贵族子弟一样，到欧洲大陆游学。哈维先后去过法国、德国等国家，并于 1599 年到当时欧洲最著名的高等学府 —— 意大利帕多瓦大学学习，成为著名解剖学家法布里克斯[①] 的学生。在帕多瓦大学期间，哈维是位真正的“学霸”，

① 法布里克斯（Hieronymus Fabricius，1537 ~ 1619）是意大利解剖学家。

哈维

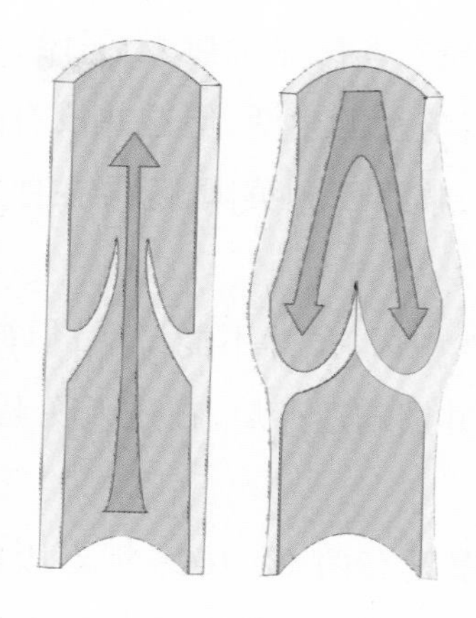

人静脉瓣有防止血液倒流的作用

不但刻苦钻研前辈的理论著作，而且躬身践行，成为同学眼中的“小解剖家”。法布里克斯在血液循环研究方面最大的贡献就是发现了血管中的瓣膜，当法布里克斯在对静脉血管进行解剖以研究静脉瓣时，哈维是老师的得力助手。1602 年 4 月 25 日，哈维以优异的成绩毕业于帕多瓦大学，获得医学博士学位，之后回到英国，同时又在剑桥大学获得医学博士学位，时年 24 岁。就像史学家评价的一样：哈维在考试中表现出色，显示出了优秀的技能、记忆和学习，他甚至表现出远远超过考官对他的伟大的希望。自 1603 年起，哈维开始在英国伦敦行医，并成为剑桥大学冈维尔与凯斯学院的研究员。1604 年 10 月 5 日，哈维成为英国皇家内科医师学院的一员。不久他就与伊丽莎白女王的御医布朗[①]的女儿结婚。这桩婚姻对哈维的事业有很大的帮助，但他们一生无儿无女。

1607 年，哈维成为皇家医学院院士。在其后的医学研究和习医生涯中，哈维被形容为刻苦努力实践探索的医学家和宅心仁厚（人忠心而厚道）、富有人道主义精神的医生。

1616 年 4 月，哈维在一次讲学中第一次提出了血液循环理论。这次讲课的手稿是用拉丁文写成的，至今仍保存在大英博物馆。哈维的讲演非常生动，他利用动物的结构来描述人体的相应结构；哈维对胸腔和胸部器官进行了详细的描述，特别是对心脏结构、心脏运动及心脏和静脉中的瓣膜功能。哈维明确指出，人体中血液不断流动的动力来自于心肌的收缩压。

1618 年开始，哈维担任英国王室御医，在此期间，他仍积极投身于医学研究工作，多次陪同王公（一种皇室成员的爵位封号）大臣游历欧洲大陆，与同

① 朗斯洛 • 布朗（Lancelot Browne，1545 ～ 1605）是英国医生。

行交流研究成果。1640 年英国资产阶级革命爆发后，哈维因为王室御医的特殊身份，被迫随同王室成员过着流亡的生活，但这并没有阻碍他的研究工作，也几乎未影响他的生活。后来，哈维回到英国，隐居在他弟弟的家里，专心致志地继续探索人体的奥秘。

1657 年 6 月 3 日，哈维突然中风，虽然不能说话，但神志依旧清醒。在井井有条地向侄儿们交待了后事并馈赠遗产后，在这天晚上，这位生理学革命的伟大舵手与世长辞。

哈维一生公开出版的著作只有两部：1628 年出版的《心血运动论》和 1651 年出版的《论动物的生殖》。前一部著作在生理学上的革命性意义自不必说，后一部著作的出版，标志着当代胚胎学研究的真正开始，而哈维也成为现代胚胎学研究的鼻祖。

哈维对血液循环的研究，是长期观察和实验的结果。除了 1616 年 4 月的那次演讲之外，哈维还于 1615 年在伦敦英国皇家学会上阐述了血液循环理论。当时，哈维已经确认静脉瓣膜的作用只允许血液向心流动，而不能反向流动；动脉瓣膜则只允许血液背心流动；血液流动是持续不断的，而且永远向一个方向流动。哈维通过比较合理的假设进行了计算：通过假设心脏的容量，计算出由心脏流出的血量和流回心脏的血量；也计算出了血液循环一次所需要的时间等。哈维假定，每个心室能容纳 2 盎司[①]血液，脉搏每分钟跳动 72 次，1 小时跳动了 4 320 次；则在 1 小时内，左心室的血液流入主动脉，或者右心室的血液流入肺动脉的量就是：4320×2 盎司（英制计量单位）=8640 盎司，约合 540 磅（约 245 千克）。一个小时从心室流向动脉的血液的质量，已经是人体质量的好多

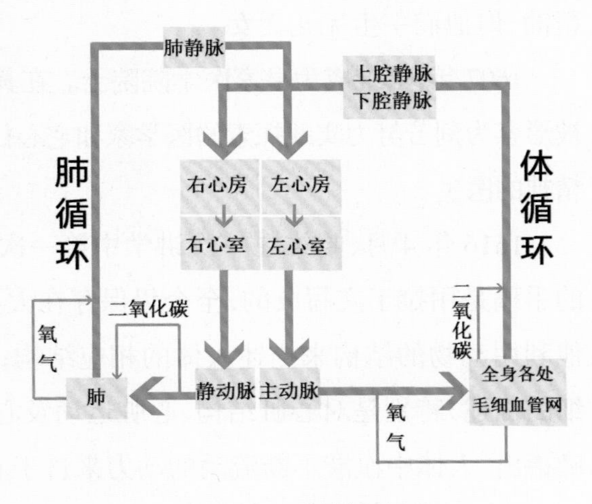

血液循环系统概念图

①1 盎司 =31.1035 克。

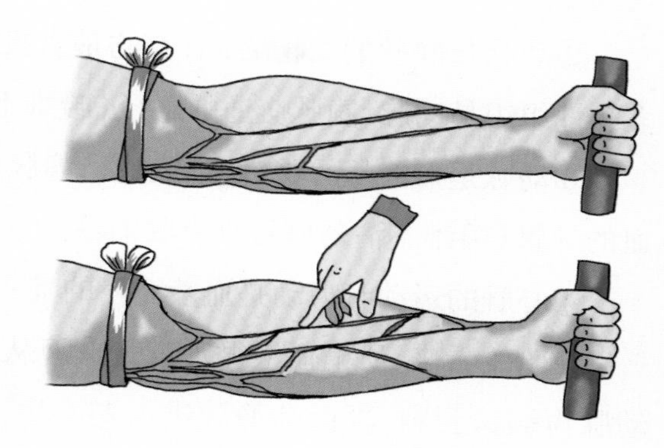
哈维的心血运动论实验

倍！这充分说明血液是在循环往复的。为证实自己的假设，哈维通过解剖各种动物来做实验；同时，哈维也观察自身的“血脉”。比如哈维用手握一根木棍，另一只手的手指压迫自己上臂的浅表静脉；仔细观察发现，如果上臂的浅表静脉受到压迫，血液不能畅通，会致使近心端的静脉处于空虚状态而干瘪，而远心端的静脉则非常充盈而鼓胀。这个实验说明，血液确实是从静脉流回心脏的，从而间接地推论出，血液是循环流动的。

1628 年，哈维终于在实验的基础上，收集了确凿的证据，发表了他的专著《心血运动论》。该书的出版，震惊了当时医学界和生理学界，因为它的观点从根本上与统治人们上千年的关于心脏运动和血液运动的经典观点是对立的，哈维提出了血液是循环运行的，心脏是有节律的持续搏动，而正是由于心脏的节律运动，成为血液在全身循环流动的动力源泉。

《心血运动论》比较详细地描述了心脏：心脏的运动就像闪电一样迅速，刚刚才见到它在收缩，倏忽之间就已经在扩张了，有时竟然不能分辨出它到底是在收缩还是扩张，几乎很难找到适当的词语来形容它。哈维说他很难找到别人可以信赖的话去描述心脏的运动，他认为亚里士多德用来形容心脏运动的“像是海潮，忽来复往”还是不准确，没有描述出心脏运动的迅速。所以，在这研究过程中，哈维需要否定权威的勇气和探索真理的毅力，他非常煎熬而痛苦，甚至有时情绪濒临到绝望的境地。但哈维还是夜以继日地工作。通过细心观察用 80 多种动物做的实验后，哈维终于摆脱了一度陷入的迷惘状态，发现了心脏和血液运动的机制。

哈维总结了人体血液循环的特征[①]：

①血液是循环运动着的。

① 哈维不清楚有毛细血管的存在，也不清楚血管具有收缩性。

②动脉与静脉的交汇之间，有的是直接交汇的，有的经过肌肉的间隙，即多孔性组织是动脉、静脉交通的路径（哈维不清楚有毛细血管的存在）。

③动脉是血液从心脏输出的血管，静脉是血液返回心脏的血管，两者都是血的导管（哈维不清楚血管具有收缩性）。

④心脏的运动和搏动是血液循环的唯一原因，即是血液循环的动力。

在哈维看来，所谓血液循环就是血液从大静脉进入右心房，由右心室经肺动脉再输送到肺，再由肺静脉进入左心房，由左心室流经大动脉再至全身各处，而后由静脉返回到右心房。在这里需要说明的是，哈维对血液循环的这种描述，除了没有弄清血管具有收缩性和不清楚毛细血管的存在之外，其他内容与我们现在知道的血液循环是完全一样的。

哈维的发现和成功绝非偶然。哈维是如此的努力，那锲而不舍的追求在《心血运动论》的字里行间跃然纸上。当然，仅仅依靠努力还不够，科学探索还是要有天赋和科学方法的，哈维几乎都具备了这些条件，特别是他通过观察和实验的方法，在前人取得的解剖学和生理学贡献的基础上，昂然前行。

史学家在对哈维的成功进行研究时，发现有如下特征：

首先，哈维做到了观察与实验并重的科学研究方法，特别是对实验的重视，让他能够超越同时代的许多生理学家。我们知道，哈维在意大利帕多瓦大学的老师法布里修斯也在探索过程中发现了静脉瓣，但未能发现它的功能；而哈维则做到了，这与他敏锐的观察能力有关。

其次，哈维把数学思维与科学推理结合起来，使他对事物的本质特征认识更加深刻。就像前面提到的，哈维通过计算得出每小时就有约 245 千克的血液从心脏流向全身各处，如果按照盖仑的理论，流出之后的血液不再返回心脏，人体在 1 个小时内怎么可以产生这么多的血液？这样的计算结果，证明盖仑的结论违反常理，从而使哈维合理地推断出血液一定是在持续不断地循环着的。

第三，哈维的研究工作并非都是独创的，他对前辈研究的继承与发展做到了“吸取精华，去除糟粕”。在人类文明发展历程中，无数前辈虽无须“浴血奋战”，但为科学“献身”，为科学“衣带渐宽终不悔，为伊消得人憔悴”的比比皆是。这些前辈都取得了可喜可贺的研究成果，都是科学家对探索未知世界继续前行的宝贵经验。哈维在他的著作中曾明确地记录他深受哥白尼“日心说”思想的影响，这充分体现了他对前辈有益思想的吸收。当哈维发现血液循环运动之后，“知其然”还要“知其所以然”，他把目光投向了血液循环产生的原因。哈维从唯物论思想出发，通过解剖动物，观察动物离体心脏，发现了心脏结构的特征：一个中空的肌性器官。心脏的收缩与舒张正是血液循环的动力。

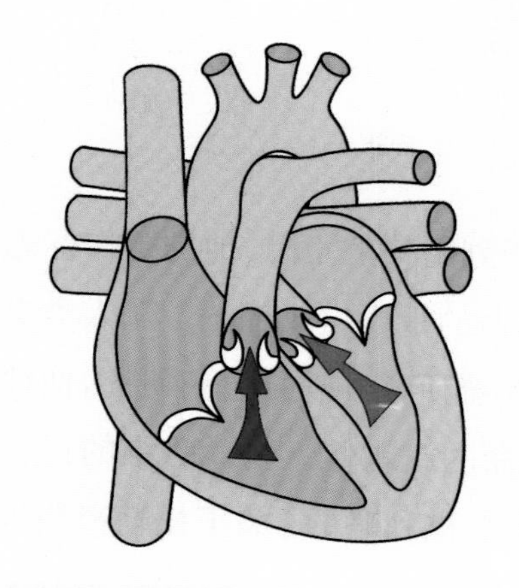
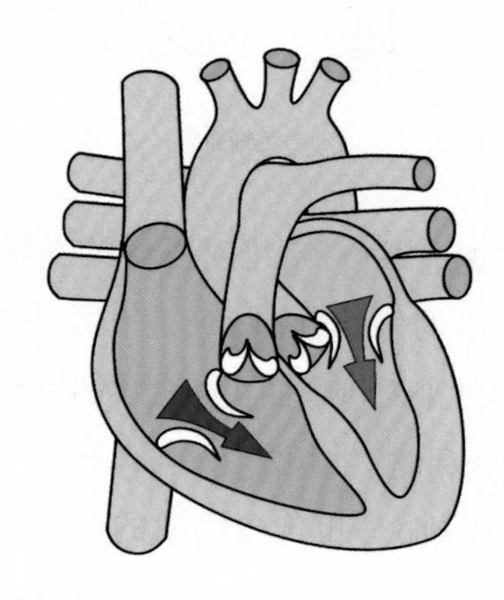

心室收缩期和舒张期的血液流动

第四，哈维取得的成就，也印证了胡适[①]那句著名的“大胆假设，小心求证”的格言。在哈维生活的时代，因为人类对毛细血管还没有深入研究，不知道它的功能，所以还无法解决“动脉血如何变成了静脉血”这个问题。但哈维对这个问题并没有刻意回避，他是利用已有的观察实验结果，利用理性思维进行大胆的猜测与假设，认为动脉和静脉之间肯定存在某种“中介物”进行联系，从而进行了推测和预言。哈维认为，是动脉把血液输送到肌肉中，再通过肌肉中的小孔渗透到静脉中来。以现在的眼光来判断，哈维虽然没有明确提出毛细血管的存在，也没有详细阐明血液在“肌肉中的小孔渗透”的情况，但他的这个假设，给出了对肌肉中存在毛细血管的预言：肌肉中还存在着一种能使动脉

① 胡适（1891 ~ 1962）是著名思想家、文学家和哲学家，以倡导“白话文”、领导新文化运动闻名于世。胡适一生的学术活动主要在文学、哲学、史学、考据学、教育学、红学等方面，主要著作有《中国哲学史大纲》（上）《尝试集》《白话文学史》（上）和《胡适文存》（四集）等。

血变为静脉肉的结构。约50年后，英国化学家玻意耳、意大利解剖学家和医生马尔比基[①]、荷兰显微镜学家和微生物学的开拓者列文虎克[②]等人分别通过自己的研究证实了哈维的预见是正确的。

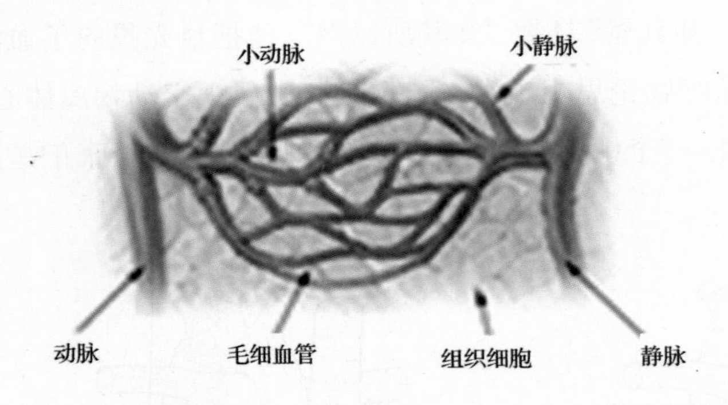

血液由心脏流向大动脉，再流到小动脉，最后流到更窄的毛细血管，通过组织后，毛细血管变大成为小静脉，然后再成为静脉，将血液输送回心脏

客观地评价，哈维对医学的发展做出了划时代的贡献，他的工作标志着新生命科学的肇始，成为16世纪欧洲科学革命的重要组成部分。从人类文明发展的角度来看，哈维因为他开创性的心血系统研究和动物生殖研究，使他与哥白尼、伽利略、牛顿等人一样，成为科学革命的旗帜性人物。哈维的代表著作《心血运动论》也像哥白尼的《天体运行论》、伽利略的《关于托勒密和哥白尼两大体系的对话》、牛顿的《自然哲学的数学原理》等著作一样，成为科学革命时期最具代表性的重要文献。无产阶级革命导师恩格斯曾赞叹："哈维由于发现了血液循环而把生理学（人体生理学和动物生理学）确立为科学"。

哈维解剖尸体

① 马尔比基（Marcello Malpighi，1628 ~ 1694）是意大利生物学家和内科医生。

② 安东尼·列文虎克（Antony van Leeuwenhoek，1632 ~ 1723）是荷兰显微镜学家和微生物学的开拓者。列文虎克磨制的透镜远远超过同时代人；同时他是首次发现微生物、最早纪录肌纤维、微血管中血流的科学家。

血型的秘密

在临床急救过程中，给失血过多的病人输血，往往能把他们从死亡线上拉回来。同样，一些贫血或低蛋白血症、重症感染、凝血机制障碍等病人，也需要进行输血。

但是，在人类还不了解血型的年代，因为胡乱输血而造成的“医疗事故”比比皆是，有时候因输血导致的可怕后果是惨不忍睹的。

据《罗马城日记》记载，1492 年 7 月，在罗马教皇谱系排名第 215 位，被后世形容为荒淫无道的罗马教皇英诺森八世[①] 持续发烧，陷入病危，群医束手

① 英诺森八世（Pope Innocent VIII，1432 ~ 1492）是罗马教皇，曾在全欧洲掀起捕杀女巫的高潮，还屡次与意大利境内各国交战。

无策。他的犹太医生建议给他输“神圣纯洁”的男童的热血,以救其性命。这样,三名男童就被残忍地割开了动脉,血流入铜器皿中,三位男童因失血过多而死亡。医生将铜器皿中的血注入了英诺森八世的血管中,很快教皇感到胸闷窒息而死亡。值得指出的是,这个轶事中的诸多细节,在不同的版本中各不相同。而这个轶事是否真实发生过,还是存疑的。特别是给教皇输血的医生的“犹太民族血统”的突出,所以史学家一般认为,这是反犹人士对犹太人的栽赃陷害,是无稽之谈。

不管发生在教皇英诺森八世身上的事件真实性如何,输血已经成为医生治疗病人的手段之一。到 1628 年,英国著名医生哈维出版了他的《心血运动论》之后,血液循环在临床医学上得到广泛应用,很多医生将药物输入血管中来治病。但这种方法危险性非常高,常常医死人,后来医生只能停止用这种方法。

人类第一次成功地进行输血实验是由在英国皇家学会工作的医生莱恩[①]完成的。

莱德

莱恩是 17 世纪医学的先驱,至今仍然被认为是牛津最优秀的医生之一。莱恩青少年时代在威斯敏斯特学校接受教育。在那里,他与后来成为英国著名哲学家和医生洛克[②]成为同学。后来,在上牛津大学时,莱恩受到著名医生威利斯的赏识[③],跟随他来到伦敦,在英国皇家学会从事医学研究工作。在皇家学会里,莱恩还与著名科学家胡克等人合作过。1665 年 2 月,莱恩给一条狗进行输血:他先把这条狗的血液抽出一部分,使这条狗的生命体征处于衰竭状态;然后,把另一条非常强壮的狗的血液直接注入到这条已

① 理查德·莱恩（Richard Lower，1631 ~ 1691）是英国医生。
② 约翰·洛克（John Locke，1632 ~ 1704）是英国哲学家。洛克的思想对后代政治哲学的发展产生了巨大影响，并且被广泛视为启蒙时代最具影响力的思想家和自由主义者。
③ 托马斯·威利斯（Thomas Willis，1621 ~ 1675）是英国医生，在解剖学、神经病学和精神病学史上发挥了重要作用。他也是英国皇家学会的创始人之一。

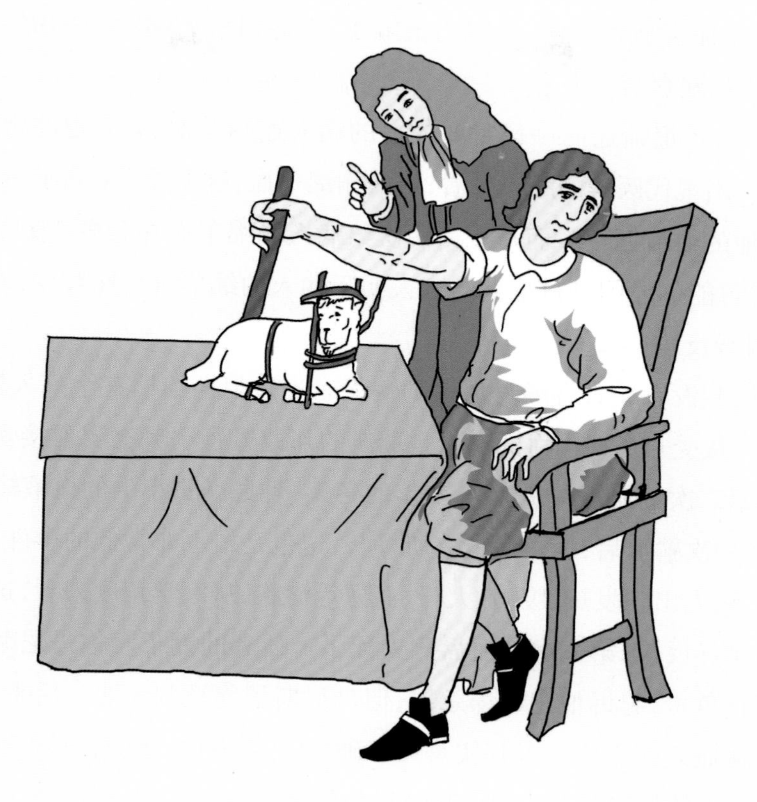

莱德将羊血输入志愿者体内

衰竭的狗的血管里；结果，这条垂死的狗竟然恢复了正常的生命状态，成功地活了下来。在 1667 年 11 月 23 日，莱恩与威尔斯的另一名学生找到了接受输羊血的“志愿者”，并在英国皇家学会的一次会议上，把羊血输入该志愿者体内而获得“成功”。当时很难找到一位接受动物血的志愿者，毕竟这种实验充满了未知的危险性，随时可能丢掉性命。

其实，在他们做这个实验之前，已经有人做过给人类输动物血的实验。

人类历史上第一次将动物血输给人体的实验发生在 1667 年 6 月 15 日，是由法国国王路易十四[①]的著名御医丹尼斯[②]进行的。丹尼斯向一位因用水蛭

① 路易十四（Louis XIV，1638 ~ 1715）是波旁王朝的法国国王和纳瓦拉国王，在位长达 72 年 3 月 18 天，是在位时间最长的君主之一，也是有确切记录的在欧洲历史中在位最久的独立主权君主。

② 让·巴蒂斯特·丹尼斯（Jean-Baptiste Denys，1643 ~ 1704）是法国医生。

放血20次而失血过多的15岁男孩输了12盎司（约340克）的绵羊血，男孩竟非常幸运地存活下来了。

后来，丹尼斯还向一位需要输血的病人输绵羊血，病人也非常幸运地活了下来。用现代医学的眼光来看，给人输绵羊血，这无异于将濒临死亡的病人掐断了他的血液循环。而丹尼斯两次给病人输绵羊血并获得“成功”，史学家猜测，最可能的原因是丹尼斯给病人实际输入的绵羊血量比较少，使病人“挺过”了排异反应①。

幸运并没有一直眷顾丹尼斯的病人。当丹尼斯给第三个病人输血时，却失败了。接受丹尼斯输血的病人是瑞典的邦德男爵②，邦德男爵接受了两次输血并在第二次输血后去世。1667年的冬天，丹尼斯将小牛的血液输给另一名患者：第一次输血后，病人病情有所好转，这也是概率非常低的事件；但第二次输血后，病人出现发热、腹痛、大汗、血尿等症状，从医学角度来看，这是典型的特异性排异反应；第三次输血后病人死了。死者的妻子声称丹尼斯应对他丈夫的死亡负责，起诉他犯有谋杀罪，但丹尼斯最终被判无罪。后来研究证实，第三次输血后死亡的患者其实是死于砷（shēn）中毒。然而，丹尼斯将动物血液输送给人体的实验在法国引起激烈的争论。

给人体输动物血存在如此大的风险和安全不确定性，为什么当时还有好多医学家“乐此不疲”地去做这样冒险的尝试呢？其中的一个原因是当时有一种“说法”，认为将绵羊血输入人体内，可以利用绵羊柔顺的性情改变人类急躁的性情。当然，这都是当时某些医学家的臆想。

但毕竟给人体输动物血的危险性很高，医疗事故频发。在经过激烈的辩论之后，1668年，英国皇家学会和法国政府都明令禁止此实验。紧随其后，英国议会和罗马教廷也如法炮制，发布了类似的禁令。

在随后的150多年时间里，关于输血的研究，也就成为医学家非常“隐晦”的研究领域。

---

① 排异反应是异体组织进入有免疫活性宿主的不可避免的结果，这是一免疫过程。我们可以使用免疫抑制剂来减少或消除排异反应。

② 古斯塔夫·邦德男爵（Gustaf Bonde，1620 ~ 1667）是瑞典政治家。

1825年,英国妇产科医生布伦德尔[①]将一个人的血液直接输给另一个人,并取得成功,这是人类历史上首例人给人输血成功的案例。

布伦德尔

布伦德尔出生在伦敦,从小就接受他的叔叔——著名医生和生理学家海顿[②]的教育,对医学研究非常感兴趣,并在伦敦盖伊医院学习。1813 年,布伦德尔毕业于爱丁堡大学医学院,获得医学博士学位。一年后,布伦德尔开始了他的妇产科医生和教师的职业生涯。

作为妇产科医生,布伦德尔看到许多产妇在生产过程中因为大量出血而死亡。1818 年,布伦德尔提出,输适量的人血给生产过程中严重出血的产妇,有利于挽救她们的生命。当时,布伦德尔非常清楚,把一个物种的血液输给另一个物种,对受血物种是非常有害的。因此,布伦德尔首先进行的实验是通过同种动物之间进行输血。布伦德尔通过实验观察到,只要在同种动物之间快

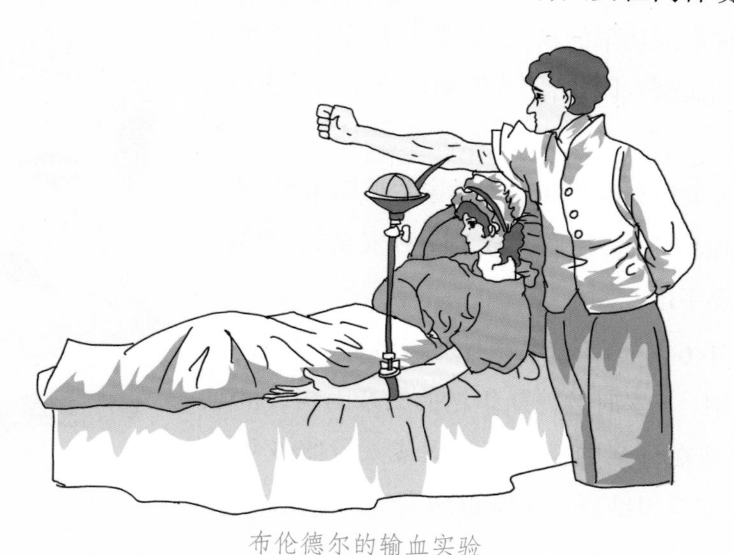
布伦德尔的输血实验

① 詹姆斯•布伦德尔(James Blundell,1791 ~ 1878)是英国妇产科医生。
② 约翰•海顿(John Haighton,1755 ~ 1823)是英国著名医生和生理学家。

速地输血，即使血液收集进容器后再用注射器进行输血，也会成功。布伦德尔还发现了在输血之前，把注射器里所有空气排出去的重要性。

布伦德尔的人体输血实验到底是在1818年还是1829年做的，现在史学家对此还有争议。但史学家更认同在1829年进行，因为在1829年，布伦德尔在英国著名的医学杂志《柳叶刀》上发表了他的一篇关于给人体输血成功的文章。第一次输血，是布伦德尔利用注射器从患者丈夫的手臂上提取了4盎司（约113.4克）的血液，并成功地将其输入患者体内，而受血患者并没有出现明显的排异反应。在其后的五年时间里，布伦德尔进行了十次输血实验，并都有记录，其中有五次改善了患者的病情，并公布了结果。

布伦德尔对医学发展的贡献远不限于此，他还设计了许多输血用的器械，这些器械部分在今天的临床中仍在应用。

1840年，在伦敦的圣乔治医学院，英国外科医生朗尔[①]在布伦德尔博士的帮助下，为一位血友病患者进行了人类历史上第一次全血[②]输血，并获得成功。

然而，实践数据表明，早期输血的成功具有很大的偶然性。先不说布伦德尔输血有记录的10次实验中就有5次不成功，19世纪末英国有记录的346人接受过输血治疗的案例和129人接受输入动物血液的案例，成功的比例也非常低。这种低成功率的输血，根源在于当时人们还没有认识到血型。因此，因为输血而发生医疗事故比比皆是。

当美籍奥地利医生和生理学家兰德斯坦纳[③]发现人类的血型之后，输血才成为一种安全的、救死扶伤的重要手段。

1868年6月14日，兰德斯坦纳出生于奥地利首都维也纳。6岁时兰德斯坦纳的父亲因病去世，兰德斯坦纳在母亲的抚养下长大成人。1885年，17岁的兰德斯坦纳通过了维也纳大学医学院的入

兰德斯坦纳

① 塞缪尔·阿姆斯特朗·朗尔（Samuel Armstrong Lane，1802 ~ 1892）是英国外科医生。
② 将人体内血液采集到采血袋内所形成的混合物称为全血，即包括血细胞和血浆的所有成分。
③ 卡尔·兰德斯坦纳（Karl landsteiner，1868 ~ 1943）是美籍奥地利医生和生理学家。

学考试。在维也纳大学医学院学习期间，兰德斯坦纳接受了早期的医学训练，并对化学研究有极大的兴趣。20 岁时，因为要服兵役，兰德斯坦纳不得不休学一年。23 岁时，兰德斯坦纳从医学院毕业，从事医生和生理学研究工作。

1900 年，正在维也纳病理研究所工作的兰德斯坦纳发现，血清有时会与血细胞发生凝集反应。这个现象当时并没有引起医学界足够的重视，但在临床医学中确实威胁着病人的生命安全。兰德斯坦纳对此非常感兴趣，就着手进行深入研究。针对输血时受血者死亡的现象，兰德斯坦纳经过长期思考，认为是输血者与受血者的血液混合时，可能产生了病理变化，从而导致受血者死亡。为了证实自己的猜想，兰德斯坦纳用 22 位同事的正常血液进行交叉配血，发现有些血浆能促使红细胞发生凝集反应现象，但也有不发生凝集现象。于是，兰德斯坦纳将 22 人的血液实验结果编制成一个表格进行梳理。通过仔细观察比对这份表格中的结果，兰德斯坦纳终于发现，人类的血液根据红细胞与血清中的不同抗原和抗体有不同的类型。兰德斯坦纳把这些不同类型的血液分成了 A、B、O 三种血型。1902 年，兰德斯坦纳的两名学生进行了更大范围的血液凝集反应实验，他们从 155 人中获得血细胞和血清的样本。实验时发现除了 A、B、O 三种血型外，还存在着一种较为稀少的第四种类型，后来称为 AB 型。1907 年，捷克医生扬斯基[①] 总结归纳了这四种血型的相互关系，把血型统一划分为 A 型、B 型、O 型和 AB 型四种，这就是 ABO 血型系统。

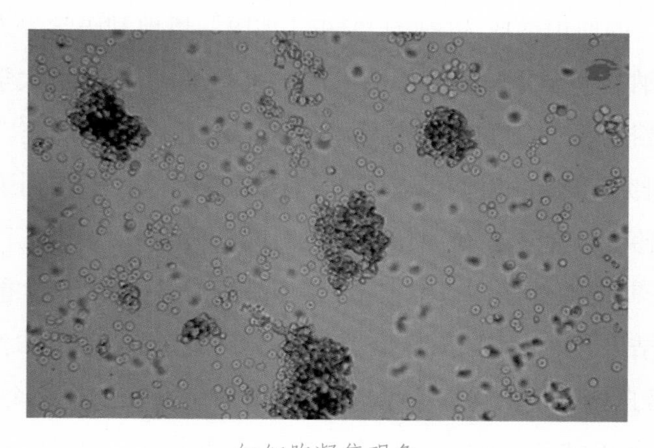

红细胞凝集现象

① 扬 • 扬斯基（Jan Janský，1873 ~ 1921）是捷克医生。

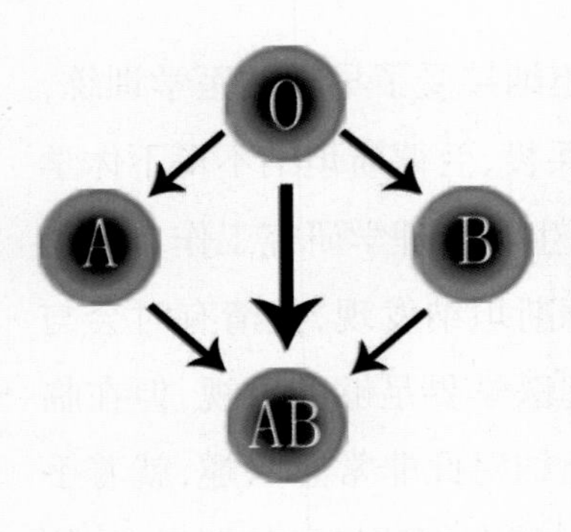

ABO 血型系统

兰德斯坦纳的研究成果虽然解释了以往输血失败的主要原因,也为安全输血提供了理论指导,但当时的奥地利生理学家们未能看清楚这项科学发现在临床医学上的重要意义,所以并没有过多地重视兰德斯坦纳的研究成果,直到八年后,一个偶然事件才使兰德斯坦纳声名大噪。

1908 年,兰德斯坦纳离开维也纳病理研究所,到威海米娜医院当医生。一天上午,兰德斯坦纳经过医院大厅时,听到一位妇人凄惨的痛哭声,这哭声吸引了兰德斯坦纳。原来妇人的孩子发烧几天了,已出现下肢瘫痪的症状,对此医生们都束手无策,都认为这是一种不治之症。身为母亲的妇人悲痛万分!人都有恻隐之心,看到妇人如此伤心欲绝,兰德斯坦纳不能见死不救!他仔细检查了患者的情况,心中有了对策。但是,这个医疗计划虽说是他多年理论研究的成果,但还没有在临床实践中应用过一次,能否成功不可预知。兰德斯坦纳把这种情况如实地告诉了妇人。看到已经“无可救药”的儿子又有了一丝希望,妇人满口应答了兰德斯坦纳的医疗计划。兰德斯坦纳运用血清免疫的原理,把病人的病原因子输到一只猴子身上,待猴子体内产生抗体后,把猴子的血制成含有相应抗体的血清再接种到患者身上,孩子很快就恢复了健康。

一时间,兰德斯坦纳成为家喻户晓的“神医”,奥地利医学界人士不得不承认,兰德斯坦纳是一位非常有才华的生理学家和医生,维也纳大学也因此聘请他为病理学教授,但此时的兰德斯坦纳最关心的还是血型研究。既然兰德斯坦纳的血型研究工作在奥地利得不到应有的重视,他就辗转到了美国洛克菲勒医学院做研究员(他先在荷兰做过一段时间的研究)。

按照兰德斯坦纳的血型研究成果,是不是只有输同型血,才能成功呢?临床实践表现,结果并非如此,以 A、B、AB、O 四种血型进行输血时,偶尔也会发生输同型血后自然产生溶血[①]现象,这对患者的生命安全是一个极大的威胁。1927 年,兰德斯坦纳和美国免疫学家莱文[②]合作发现了血液中的 M、N、P 因

① 溶血是指红细胞(红血球)因各种原因造成细胞膜破裂,使血红蛋白从细胞内逸出的现象。
② 菲利普·列文(Philip Levine,1900 ~ 1987)是俄罗斯出生的美国血液免疫学家。

左边试管:没有发生溶血现象的血红细胞的悬浮液,淡红色不澄清。 中央试管:静置后的悬浮液,上半部分澄清无色。 右边试管:正常溶血现象,红色液体澄清,长期静置无沉淀。

子,从而比较科学,完整地解释了某些多次输同型血发生的溶血反应,以及妇产科中新生儿溶血症[①]问题。

1929 年,兰德斯坦纳加入了美国国籍。因发现了人类不同血型,兰德斯坦纳获得 1930 年诺贝尔医学或生理学奖。

1937 年,兰德斯坦纳和美国免疫学家维纳[②]共同发现了 Rh 因子。刚开始,连他们自己也不太清楚这项发现对医学意味着什么。后来临床实践表明,正是这项发现,拯救了很多从母亲那里得到不匹配的 Rh 因子而有可能丧命的胎儿的生命。

兰德斯坦纳是位非常“多产”的科学家,他一生对科学的主要贡献是在免疫学、细菌学和病理学领域。除了在血型研究上取得重大成果外,兰德斯坦纳

① 孕妇一般情况不会出现溶血,也并非所有的胎儿都会出现溶血,只有在母子血型不合时才会造成新生儿溶血症,主要是母亲为 O 型血,子女为 A 型或 B 型血的缘故。在正常情况下,母体与胎儿的血液在胎盘中被一层天然屏障——胎盘的一层膜隔开,通过这层膜进行物质交换,保证胎儿的营养和代谢物质的出入,但母体和胎儿的血液并不是相通流动的。而如果母亲是 O 型,胎儿是 A 型,由于某种原因,胎盘的天然屏障遭到破坏,胎儿有少量的血液流入母体,这就等于胎儿给母亲输血。由于母子血型不一样,胎儿的血刺激母体产生抗体。母亲的这种抗体会通过胎盘带给胎儿,进而与胎儿红细胞发生作用,尤其在有较多的抗体进入胎儿体内时,便会破坏红血球,造成新生儿溶血症,也就是 ABO 溶血症。除了 ABO 溶血症外,还可发生其他血型系统的溶血症。新生儿溶血症,轻者表现为黄疸、贫血和水肿等;重者发生核黄疸(dǎn),使脑神经核受损,出现抽风、智力障碍症状;更为严重者,胎儿可在母体内死亡。新生儿溶血病只要能及时发现,尽早给予光疗,药物治疗,疗效还是令人满意的。

② 亚历山大・所罗门・维纳(Alexander Solomon Wiener,1907 ~ 1976)是美国免疫学家。

在动物实验中识别了与免疫反应有关的作用剂,检测了抗原和抗体的反应,并研究了过敏反应;他还测定了骨髓灰质炎的病毒性起因,该项研究也为骨髓灰质炎疫苗的最终发展奠定了基础;他也发现了很多简单的化学制剂,这些化学制剂一旦与蛋白质接触,就会产生免疫反应。

兰德斯坦纳在他的维也纳实验室工作(奥地利1000先令纸币的反面)

2001年,在南非约翰内斯堡举办的第八届自愿无偿献血者招募国际大会上,世界卫生组织、红十字会与红新月会国际联合会、国际献血组织联合会、国际输血协会四家旨在提高全球血液安全的国际组织联合倡导,将兰德斯坦纳的生日(即每年的6月14日)定为"世界献血者日",这个建议从2004年起正式实行。